AF542269

Ließmann | Gröbner – Die Mineralien des Harzes

Wilfried Ließmann | Joachim Gröbner

Die Mineralien des Harzes

Entdecken – Sammeln – Bestimmen

Quelle & Meyer Verlag Wiebelsheim

Die Angaben in diesem Buch sind von den Autoren und dem Verlag sorgfältig erwogen und geprüft, dennoch kann keine Garantie übernommen werden. Eine Haftung der Autoren bzw. des Verlags und seiner Beauftragten für Personen-, Sach- und Vermögensschäden ist ausgeschlossen.

Bibliografische Information der Deutschen Nationalbibliothek
Die Deutsche Nationalbibliothek verzeichnet diese Publikation in der Deutschen Nationalbibliografie; detaillierte bibliografische Daten sind im Internet über http://dnb.d-nb.de abrufbar.

www.quelle-meyer.de

Umschlagabbildungen: W. Hajek (hinten u.r.), J. Gröbner (restliche Bilder)
Druck und Verarbeitung: Westermann Druck Zwickau GmbH
Printed in Germany/Imprimé en Allemagne
ISBN 978-3-494-01826-3

Inhalt

1 Allgemeiner Teil

1.1 Mineralienreicher Harz

Das landschaftlich reizvolle Harzgebirge in der Mitte Deutschlands zeichnet sich neben einer großen geologischen Vielgestaltigkeit und einem bemerkenswerten Reichtum an Bodenschätzen auch als Fundgebiet für zahlreiche schöne und oft auch sehr seltene Mineralien aus. Bis heute ließen sich hier etwa 400 Mineralarten nachweisen.

Viele der hier gefundenen Kristallstufen verdanken ihre Entdeckung dem Bergbau, der mehr als zwei Jahrtausende lang diese Region prägte und als „klassisches Land der Erze und Metalle" bekannt machte. Die von den Bergleuten ans Tageslicht gebrachten funkelnden Naturschätze mit herrlich geformten Kristallen begeisterten schon früh die Menschen und fanden seit der Renaissance Eingang in erste Kuriositätenkabinetts an den Fürstenhöfen. Später, einhergehend mit der Aufklärung und einer zunehmend naturwissenschaftlichen Sichtweise der Dinge, entfaltete sich eine „Lust an der Natur", wozu auch schöne Steine zählten. Das Sammeln von „Fossilien", wie man Kristallstufen damals nannte, erfasste neben akademischen – bald auch bürgerliche Kreise und entwickelte sich spätestens im 20. Jahrhundert zu einer beliebten Freizeitbeschäftigung für Naturliebhaber.

So begann, begleitet von der geognostischen Erforschung des Harzes Mitte des 18. Jahrhunderts, auch die wissenschaftliche Sammeltätigkeit, anfangs ausgehend von den Universitäten Göttingen und Halle, dann aber auch von der 1775 in Clausthal gegründeten Bergschule, die sich später zur Bergakademie und heutigen Technischen Universität weiterentwickelte. So bilden historische Stufen aus dem Harz oft die Keimzellen großer „klassischer" Sammlungen.

Sein gutes internationales Renommee verdankt der Harz vor allem den reichen Erzvorkommen, die durch den Bergbau gut aufgeschlossen und erforscht wurden, wobei sich früh eine besonders große mineralogische Vielfalt abzeichnete. So fanden Namen wie Rammelsberg, Sankt Andreasberg, Neudorf, Wolfsberg, Tilkerode oder Ilfeld Eingang in allen Lehrbüchern der Mineralogie.

Mit dem Ende des aktiven Bergbaus, 1990 im Unter- und Mittelharz, 1992 im Oberharz und 2007 im Südwestharz, versiegte eine wichtige Quelle für attraktive Neufunde. Neue Aufschlüsse bieten weiterhin die im Harz betriebenen Steinbrüche, in denen sich hin und wieder interessante Mineralisationen zeigen, die aber im laufenden Abbaubetrieb rasch wieder verschwinden und für den Privatsammler meist unzugänglich bleiben.

Als Erbe des „Alten Mannes" blieben ausgedehnte Halden, die zwar von der Natur immer stärker zurückerobert werden, trotzdem aber gelegentlich interessante Funde ermöglichen. Auch wenn hier nicht mit Schaustücken zu rechnen ist, so lassen sich mit etwas Glück doch interessante Erzstücke oder kleine Belegstufen finden.

Auch im Harz erfuhr das Mineraliensammeln in den letzten 30 Jahren eine Neuausrichtung hin zu Kleinstufen und Micromounts, wobei zunehmend die „bunten", meist ziemlich kleinen, oft aber sehr komplexen Verwitterungsneubildungen („supergene Minerale") in den Mittelpunkt des Interesses rückten. Diese zeigen mancherorts eine erstaunliche Arten- und Formenvielfalt, zu deren Bestimmung allerdings ein Stereomikroskop und einige Erfahrung unbedingt erforderlich sind.

Ohne Anspruch auf Vollständigkeit möchte der vorliegende Leitfaden dem Einsteiger wie auch dem fortgeschrittenen Mineralienfreund einen Überblick über die, aus Sicht des Sammlers, interessanten Mineralisationen des Harzes geben. Als Grundlage zum Verständnis der Mineralbildung in dieser Region sind kompakte Darstellungen zur geologischen Entwicklung und zu den recht verschiedenartigen Erzlagerstätten vorangestellt. Es schließt sich eine Kurzeinführung in die Mineralbestimmung nach äußeren Kennzeichen an, außerdem werden zum besseren Verständnis der Systematik die häufigsten Mischkristallbildungen erläutert. Der systematische Hauptteil umfasst, beginnend mit einer Aufführung der im Harz vorhandenen „Typlokalitäten", eine Beschreibung der für den Mineralienliebhaber interessanten Mineralarten des Harzes, gruppenweise geordnet gemäß eines kombinierten Systems nach Bildungsmilieu und chemischer Zusammensetzung.

Die von den Autoren subjektiv getroffene Auswahl liegt auf den „sammelwürdigen" Mineralen, wobei sich der Blick vor allem auf die Minerale der Erzlagerstätten und die sie begleitenden supergenen Neubildungen richtet, einbezogen dabei sind auch die aktuellen, teilweise bisher noch nicht publizierten Neufunde. Besondere Berücksichtigung finden in diesem Rahmen die Vielzahl der Mikromineralien sowie die nur auflichtmikroskopisch erkennbaren seltenen Erzphasen, deren Vorstellung sich aber auf eine tabellarische Auflistung beschränkt. Bewusst wurde hier auf die sicherlich wünschenswerten auflichtmikroskopischen Fotografien verzichtet, um dem Charakter eines „Mineralienbuches" noch gerecht zu werden. Die vorwiegend gesteinsbildend auftretenden Silikate hingegen werden nur dann betrachtet, wenn sie in außergewöhnlichen Mineralisationen vorliegen. Regional einbezogen wird der dem Harzrand folgende Zechsteingürtel mit der bedeutsamen Kupferschieferlagerstätte. Die Liste der beschriebenen Minerale umfasst insgesamt mehr als 350 Arten. Keine Berücksichtigung finden dabei jedoch die als „Schlackenminerale" bezeichneten kristallinen Neubildungen in den historischen Harzer Verhüttungsprodukten und Ofensteinen (vgl. Schnorrer-Köhler 1987).

Als Anregung für eigene Sammelexkursionen werden rund 100 bemerkenswerte Sehenswürdigkeiten, Aufschlüsse und Fundstellen vorgestellt, die mithilfe von GPS-Koordinaten bequem auffindbar sind.

An dieser Stelle wird auch auf die aktuellen Fundmöglichkeiten eingegangen. Viele Fundstellen sind heute nicht mehr oder nur noch eingeschränkt zugänglich.

Der Anhang enthält neben einer Auswahl aus dem umfangreichen geowissenschaftlichen Harzschrifttum eine Auflistung von mineralogischen Standardwerken und Bestimmungsbüchern. Ein angefügtes Mineralienverzeichnis sowie ein Orts- und Sachregister mögen die Handhabung dieses Buches erleichtern.

Wilfried Ließmann (li.) und Joachim Gröbner

Danksagung

Die Autoren möchten sich ganz herzlich bei allen Menschen bedanken, die mit zum Gelingen dieses Buches beigetragen haben.

Ganz besonderer Dank gilt Herrn Dr. Johannes Heider (Sangerhausen) für die Anfertigung und Begutachtung unzähliger Erzanschliffe und die freundliche Überlassung seiner wertvollen Beobachtungen und Informationen, sowie das Zurverfügungstellen zahlreicher Fotos aus seiner Sammlung. Ebensolcher Dank gebührt Herrn Dr. Klaus Stedingk (Ermlitz) für die das Beisteuern exzellenter Fotos und Grafiken sowie die Hilfe bei Probenahmen und aufwendigen untertägigen Fotoaktionen.

Wertvolle Informationen über aktuelle Funde sowie weiteres Bildmaterial verdanken wir Herrn Walter Hajek (Braunschweig) und Herrn Rolf Junker (Sondershausen), der sein großes Wissen insbesondere zur Mineralogie des Ostharzes und auch ein Foto zur Verfügung stellte.

Herr MSc. Jonas Alles und Frau Dietlind Nordhausen (Institut für Endlagerforschung der TU Clausthal) unterstützten dieses Projekt maßgeblich durch die Anfertigung zahlreicher, nicht immer einfach zu erzielender Mikrosondenanalysen, ohne die viele Minerale nicht zweifelsfrei zu bestimmen gewesen wären.

Für die Bereitschaft, Stücke aus ihren Privatsammlungen ablichten zu lassen, danken wir den Herrn Herbert König (Clausthal-Zellerfeld), Reinhard Kulzer (Ebsdorf) und Dr. Uwe Steinkamm (Goslar). Fotografiert wurde außerdem Material aus der Geosammlung der TU Clausthal und dem Bergwerksmuseum Grube Samson in St. Andreasberg, wofür der Dank Herrn Dr. Karl Strauß bzw. Herrn Christian Barsch für die gewährte Unterstützung gilt.

Letztendlich sind wir auch Herrn Gerhard Stahl vom Quelle & Meyer Verlag und seinen Mitarbeitern zu großem Dank verpflichtet, insbesondere für den großzügig gewährten Freiraum für die Realisierung dieses Projekts und die professionelle Umsetzung.

Allen ein herzliches Harzer Glück auf!

Wilfried Ließmann

Joachim Gröbner

1.2 Geologie und erdgeschichtlicher Werdegang des Harzes

Im Harz kann auf rund 500 Millionen Jahre Erdgeschichte zurückgeblickt werden. Während dieser langen Zeitspanne haben sich eine Fülle unterschiedlicher Gesteinsarten und vielfältiger Erz- und Mineralvorkommen gebildet. Schon frühzeitig zog dieses Gebirge daher neben Fachwissenschaftlern auch Naturfreunde und Mineralienliebhaber an, denen sich hier mannigfaltige Aufschlüsse und Fundstätten boten. Wegen der hervorragenden Studienmöglichkeiten erhielten der nordwestliche Teil des Gebirges samt des angrenzenden Vorlandes schon im 19. Jahrhundert die nicht unverdiente Bezeichnung *„klassische Quadratmeile der Geologie“*. Heute ist die Harzregion Teil eines „UNESCO Global Geoparks“. Neben dem UNESCO-Weltkulturerbe (Bergwerk Rammelsberg, Altstadt Goslar & Oberharzer Wasserwirtschaft) und dem Nationalpark Harz eine dritte hohe Auszeichnung für das kleine, außergewöhnlich facettenreiche Mittelgebirge.

Die geologischen Einheiten

Als rund 100 km lange und etwa 30 km breite Grundgebirgsscholle erhebt sich der Harz markant aus dem von ungefalteten jüngeren Deckschichten gebildeten hügeligen Vorland. Als Teil des gegen Ende des Erdaltertums entstandenen variszischen Gebirgsgürtels bestehen die Berge in der Hauptsache aus Meeresablagerungen mit Einschaltungen ganz verschiedener magmatischer Gesteine und teilweise damit verknüpfter Mineralisationen.

Höchster und markantester Harzgipfel – der aus Granit bestehende 1141 m hohe Brocken

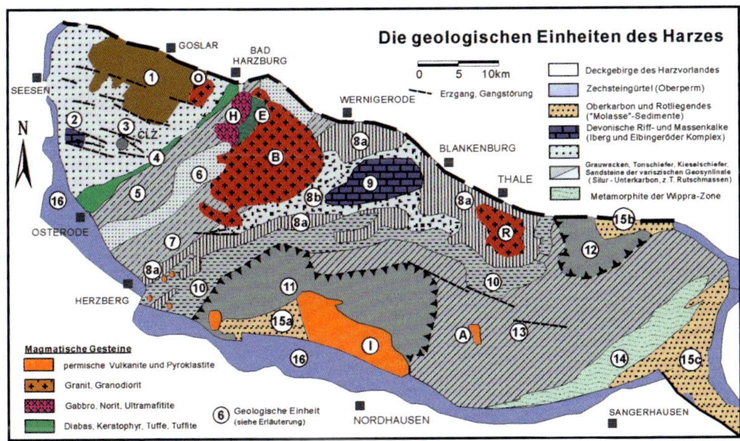

Fußend auf der Gesteinsausbildung und der tektonischen Stellung lässt sich der Harz in folgende geologischen Einheiten gliedern (MOHR 1993):
Zum **Oberharz** *zählen: 1 Oberharzer Devonsattel, 2 Iberg-Winterberg-Riffkalk-Komplex, 2 Clausthaler Kulmfaltenzone, 4 Oberharzer Diabaszug, 5 Sösemulde, 6 Acker-Bruchberg-Zug.*
Der östlich anschließende **Mittelharz** *umfasst: 7 Lonauer Sattel und Siebermulde, 8a und 8b Blankenburger Zone, 9 Elbingeröder Komplex, 10 Tanner (Grauwacken) Zone,*
Der **Unterharz** *im Südosten besteht aus: 11 Südharz – Mulde, 12 Selke-Mulde, 13 Harzgeröder Zone und 14 metamorphe Zone von Wippra. Eine Sonderstellung nimmt der Eckergneis (E) ein.*
Jünger als die Harzfaltung sind: 15a Ilfelder Becken, 15b Meisdorfer Becken, 15c Hornburger Sattel und 16 Zechsteingürtel. Ebenfalls nach der Faltung erfolgte die Platznahme die Harzer Intrusivgesteine: Harzburger Gabbronorit (H), Okergranit (O), Brockengranit (B) und Ramberggranit (R)

Geografisch und geologisch gliedert sich das Gebirge in drei Teile. Der nordwestliche Abschnitt wird als **Oberharz** bezeichnet. Wesentliche Teileinheiten sind die aus Grauwacken, Ton- und Kieselschiefern aufgebaute *Clausthaler Kulmfaltenzone* und der sich südlich von Goslar erstreckende *Oberharzer Devonsattel*, der aus mächtigen Sandstein- und Tonschieferfolgen, untergeordnet auch Kalksteinen, besteht. Dieser ist Träger der berühmten Metallerzlagerstätte *Rammelsberg*, die unweit entfernt vom Harzrand bei Goslar liegt. Ebenfalls ein devonisches Alter weist das isoliert liegende Riffkalkvorkommen des *Iberg-Winterberg-Komplexes* bei Bad Grund auf, das wegen seiner besonderen Erz- und Mineralvorkommen bemerkenswert ist. Weiter östlich folgen der nur schmale, von devonischen Vulkaniten geprägte *Oberharzer Diabaszug* und die *Söse-Mulde*. Die natürliche Grenze zum **Mittelharz** bilden der mehr als 800 m hohe, aus Quarzsandstein bestehende Kamm des *Acker-Bruchberg-Zuges* und der 1141 m hoch aufragende Brocken als höchster Punkt und Zentrum des gleichnamigen Granitplutons, der einschließlich der umgebenden Kontaktgesteine den „Hochharz“ bildet. Weiter im Nordwesten, an den Oberharzer Devonsattel grenzend, ist mit dem *Okergranit* ein weiterer, aber wesentlich kleinerer Intrusivkörper aufgeschlossen. Den dritten Harzer Granitkörper bildet der ganz im Nordosten des Mittelharzes bei Thale, von der tief eingeschnittenen Bode hervorragend aufgeschlossene *Rambergpluton*. Als bemerkenswertester und mineralogisch vielfältigster magmatischer Körper darf der vereinfacht „*Harzburger Gabbro*“ genannte Basitkomplex im Nordharz bezeichnet werden. Dieser unterlagert gewissermaßen im Nordwesten den Brockengranit, wobei beide Einheiten aber durch die dazwischenliegende Scholle des hochmetamorphen *Eckergneises* getrennt sind.

Eine markante, aus devonischen Vulkaniten und Kalksteinen bestehende Einheit ist der *Elbingeröder Komplex* im zentralen Mittelharz. Ebenfalls zum Mittelharz zählen *Sieber-Mulde*, *Blankenburger-* und *Tanner Zone*, die devonische bis unterkarbonische Sedimentgesteine (Kalksteine, Grauwacken, Ton- und Kieselschiefer) sowie vulkanische Einschaltungen umfassen.

Geografisch recht unscharf ist die Grenze zum **Unterharz**, der sich im Süden und Südosten anschließt und lithologisch recht ähnliche Gesteinsserien wie der Mittelharz umfasst. Das eingerumpfte Gebirge bildet eine Hochebene, die im Osten zunehmend niedriger werdend, flach unter die Deckschichten des Mansfelder Landes abtaucht. Im östlichen Teil des Gebirges erweisen sich die geologischen Verhältnisse als überaus kompliziert, denn über weite Bereiche lässt sich keine normale stratigraphische Abfolge erkennen. Erst Mitte des 20. Jahrhunderts folgerten die Geologen, dass der Unterharz weitflächig „verkehrt gestapelt“ ist. Man postulierte ein tektonisches Deckensystem, wie es ähnlich aus den Alpen bekannt ist. *Südharz-* und *Selke-Decke* bilden große Gesteinsschollen, die während der Gebirgsbildung durch flache Überschiebungen über weite Distanzen transportiert wurden. Kennzeichnend für die jüngere, heute darunterliegende *Harzgeröder Zone* sind mächtige Olisthostrome. So bezeichnet man chaotische Absätze gewaltiger untermeerischer Rutschmassen, worin bis mehrere Kilometer große Bruchschollen und Trümmer von Fremdgesteinen eingelagert sein können.

Den südöstlichsten Teil des Unterharzes bildet die sogenannte *metamorphe Zone von Wippra*, die infolge tieferer Versenkung während der variszischen Gebirgsbildung stärker regionalmetamorph überprägt wurde und sich dadurch, mit Ausnahme der Eckergneisscholle, von allen anderen geologischen Einheiten des Harzes unterscheidet.

An einigen Stellen, vornehmlich nahe des Gebirgsrandes, finden sich Reste eines permokarbonischen „Tafeldeckgebirges“, das im Anschluss an die im Oberkarbon erfolgte Harzfaltung auf dem Festland abgelagert wurde und neben klastischen Sedimenten lokal auch mächtige Vulkanitserien umfasst. Hierzu zählen das *Ilfelder Becken* im Süden, das *Meisdorfer Becken* im Nordosten und das *Saalebecken* ganz im Osten.

Als jüngste paläozoische Harzeinheit umgeben die Ablagerungen des Zechsteins insbesondere den südlichen Gebirgsrand etwa von Seesen im Nordwesten bis Sangerhausen im Südosten als schmaler Gürtel. An dessen Basis liegt der als polymetallische Metallerzlagerstätte bekannte Kupferschiefer, gefolgt von verschiedenen Serien von Kalk-, Dolomit-, Gips- und Salzgesteinen, die oberflächlich vielfältige Karstphänomene aufweisen. Ein etwa 200 km langer „Karstwanderweg" erschließt diese abwechslungsreiche Landschaft am Gebirgsrand.

Gesteine und erdgeschichtliche Entwicklung

Der Harz zählt zur nördlichen Zone des gegen Ende des Erdaltertums, vor rund 320 Mio. Jahren, gefalteten „Variszischen Gebirges"– einer großen Faltenkette, die den Unterbau von fast ganz Mitteleuropa bildet, aber größtenteils unter jüngeren Deckschichten verborgen liegt. Benannt nach dem Harz und dem Rheinischen Schiefergebirge wird diese, auch im Hinblick auf ihre Erz- und Mineralvorkommen recht ähnlich aufgebaute Einheit als **„Rhenoherzynikum"** bezeichnet.

Die eigentliche Harzgeschichte begann vor rund 450 Millionen Jahren gegen Ende des Ordoviziums, als das heutige Mitteleuropa noch weit südlich des Äquators lag. Zwischen einer großen, **Laurussia** genannten Landmasse im Norden und dem Kontinent **Gondwana** im Süden öffnete sich, infolge anhaltenden Auseinanderdriftens der Erdplatten ein in Südwest-Nordost-Richtung gestreckter, **Rheia** genannter Ozean.

Dieser bestand mehr als 100 Millionen Jahre lang und umfasste ganz unterschiedliche Ablagerungsräume, die sich mit der Zeit verschoben, sodass sich tiefe Becken und flache Schwellenregionen abwechselten. Die Harzregion lag damals am Südrand eines **Ost-Avalonia** genannten Teilkontinents, wo sich zunächst ein Schelfbereich mit geringer Meerestiefe erstreckte. Vom angrenzenden Festland wurde anfangs größtenteils feines und später zunehmend grobes Material eingetragen. Der Sedimentationsraum verschob sich allmählich von Südosten nach Nordwesten und senkte sich infolge anhaltender Dehnung immer stärker ab. Hierdurch zeigt sich im Harz insgesamt eine starke Zunahme der Ablagerungsmächtigkeiten von weniger als 1000 m im Südosten auf mehr als 5000 m im Nordwesten.

Die ältesten Harzer Schichtglieder ganz im Südosten weisen ein ordovizisches bis silurisches Alter auf. Diese bestehen aus phyllitischen Tonschiefern, Quarziten und Grünschiefern und prägen die Wippraer Zone, die infolge tiefer Versenkung bei Temperaturen von ca. 320 °C und einem Druck von 2,5–3 kbar eine regionalmetamorphe Überprägung erfuhren. Bereichsweise hat sich hier aus Mangan-haltigen tonigen Edukten das sonst relativ seltene silikatische Manganmineral Karpholith gebildet.

Mitteldevonischer Tonschiefer in der ehemaligen Dachschiefer-Grube Nordberg bei Goslar

Der harte unterkarbonische Quarzsandstein des Acker-Bruchberg-Zuges formt, wie hier an der Hans-kühnenburg, markante Felsen und Blockmeere

Die vorwiegend pelitische Sedimentation setzte sich im nachfolgenden Silur fort. Kennzeichnend sind schwarze kohlenstoffhaltige Tonschiefer, welche als die ältesten Harzer Fossilien Graptolithen führen, eine heute ausgestorbene Art von polypenähnlichen kolonienbildenden Meeresbewohnern.

Sandsteine, Tonschiefer und Kalksteine

Während des Unterdevons entwickelte sich ein allmählich tiefer werdendes Becken, in das zunächst sandiges und später dann zunehmend toniges Material eingetragen wurde. Durch anhaltende Absenkung des Meeresbodens summierten sich die Ablagerungen im Bereich des Oberharzer Devonsattels (Raum Wolfshagen – Goslar) auf mehr als 2000 m. Prägend für das Unterdevon sind feinkörnige Sandsteine, die aufgrund ihrer Verwitterungsresistenz heute den Bocksberg und das Kahleberg-Schalke-Massiv formen, die als 700 m hohe „Härtlinge" die Oberharzer Hochfläche markant überragen. Während des Mitteldevons lagerten sich unter zunehmend küstenfernen Bedingungen feinsandige und tonige Sedimente ab, aus denen dunkelgraue Tonschiefer („Sandbandschiefer" und „Wissenbacher Schiefer") entstanden, die im Raum Goslar seit Jahrhunderten zur Herstellung von Dachbelägen und Wandbehängen gewonnen wurden und bis heute das Bild der Altstadt prägen.

Eine andere den Harz prägende Gesteinsart ist Kalkstein, der sich vor allem im Mitteldevon und Oberdevon in flacheren Meeresteilen ablagerte. Häufig wirkten dabei kalkproduzierende Meeresbewohner mit, wie zahlreiche Fossilfunde belegen. Durch die anhaltende Drift der Erdplatten lag Mitteleuropa damals noch südlich des Äquators im Tropengürtel der Erde. Auf untermeerischen Vulkansockeln entwickelten sich im warmen und lichtdurchfluteten Meerwasser ausgedehnte Korallenkolonien, die über Jahrmillionen konstant weiterwuchsen und mächtige Atolle entstehen ließen. Hiervon zeugen der Korallenkalk des Iberg-Winterberg-Massivs bei Bad Grund und in Lagunen abgelagerte Massenkalke im Raum Elbingerode-Rübeland. Der an beiden Stellen in großen Tagebauen gewonnene hochreine Kalkstein enthält massenhaft die versteinerten Reste der einstigen Riffbildner und -bewohner.

Im frühen Oberdevon endete die üppige marine Faunenentwicklung ziemlich abrupt infolge eines globalen Massensterbens, das vor 373,5 Millionen Jahren (Übergang vom Frasnium zum Famennium, vormals Adorf) einsetzte und eine durch organische Substanzen schwarz gefärbte, nur wenige Dezimeter mächtige Kalksteinlage – den Kellwasserkalk – hinterließ. Benannt nach seiner Typlokalität, dem Kellwassertal bei Altenau, spricht man international vom **Kellwasser-Event** (Gereke et al. 2014). Dieses auf der ganzen Erde nachweisbare Ereignis führte zum Aussterben von 50 % der marinen Lebensformen im Flachwasser der Schelfe. Spekulativ bleibt der Auslöser dieser globalen Katastrophe, möglicherweise eine Absenkung des Meeresspiegels infolge starker Vereisung Gondwanas im Südpolbereich.

Während des Oberdevons und frühen Unterkarbons lagerten sich in küstenfernen Meeresbecken unter ruhigen Bedingungen vornehmlich Schlämme aus den Resten winziger Kieselalgen (Radiolarien) ab. Aus diesen entstanden die heute im gesamten Harz recht verbreiteten, meist dichten, manchmal gebänderten Kieselschiefer. Heute als Lydit (schwarz) oder Adinol (grünlich bis rötlich grau) bezeichnet.

Steinbruch Winterberg bei Bad Grund – der tektonisch stark zerrüttete devonische Riffkalkstein ist netzwerkartig durchzogen von mineralisierten Klüften und Gängen

370 Millionen Jahre alte Korallen aus dem Winterberg – gewachsen als unsere Region noch in tropischen Breiten südlich des Äquators lag (BB ca. 5 cm)

Eisenhaltiger Riffschuttkalk vom Krockstein bei Rübeland (BB 20 cm)

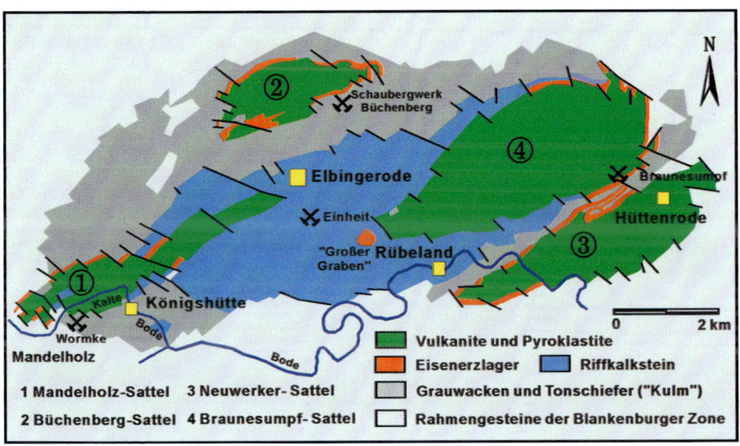

Lageskizze des vorwiegend aus devonischen Vulkaniten und Kalksteinen bestehenden Elbingeröder Komplexes im Mittelharz

Basaltvulkanismus am Meeresboden

Insbesondere während des Mitteldevons kam es im heutigen Harzraum zu starken vulkanischen Aktivitäten, die sich vornehmlich unter dem Meeresspiegel abspielten. Infolge anhaltender Dehnung der Erdkruste öffneten sich

Bruchspalten, auf denen im oberen Erdmantel gebildete basaltische Schmelzen aufstiegen und entweder direkt am Meeresboden oder in den darunterliegenden weichen Sedimenten Platz nahmen und erstarrten.

Charakteristisch für die relativ ruhig am Boden der Tiefsee ausgeflossenen Lavaströme sind kugelige Absonderungen, die als *„Kissen“* (engl. *pillows*) bezeichnet werden. In Bereichen geringerer Meerestiefe ereigneten sich heftige Explosionen, in deren Gefolge große Mengen vulkanischer Lockerprodukte abgelagert wurden. Solche chaotischen Gemenge aus vulkanischen Aschen, Lapilli und Bomben, früher *Schalsteine* genannt, werden heute als Tuffe und vulkanische Bekzien bezeichnet. Durch den Kontakt mit vulkanisch aufgeheiztem Meerwasser erfuhren die Basalte eine durchgreifende Umwandlung und „vergrünten“ unter Neubildung von Mineralen wie Chlorit, Albit und Calcit. Diese als *Diabase* oder petrografisch korrekt als *Spilite* bezeichneten Gesteine führen oft interessante Kluftmineralisationen mit Zeolithen, Prehnit oder Datolith.

Der beim Straßen- und Eisenbahnbau sehr geschätzte Diabas wurde früher an vielen Stellen im Harz abgebaut, etwa bei Wolfshagen (heute renaturierter Steinbruch am Heimberg) und Langelsheim, entlang des „Oberharzer Diabaszuges“ oder bei Neuwerk an der Bode. Einzige verbliebene Gewinnungsstätte ist der Steinbruch Huneberg unweit von Torfhaus. Hier blieb die Schmelze in Form eines Lagerganges in nur wenig verfestigten Meeresbodensedimenten stecken.

Der Diabassteinbruch Huneberg mit dem Brockengipfel im Hintergrund

Eine recht große Vielfalt vulkanischer Gesteine (Schalstein, Keratophyr) und damit verknüpfter vulkanosedimentärer Mineralisationen beinhaltet der heute aus vier markanten Sattelstrukturen bestehende Elbingeröder Komplex (Abb S. 17).

Diabas in Form von „Kissenlava" zeugt, wie hier im Wäschegrund bei St. Andreasberg, von untermeerischen Vulkanausbrüchen

Pistaziengrüner Epidot tritt häufig als Kluftfüllung im Diabas – hier vom Steinbruch Huneberg – in Erscheinung (BB ca. 10 cm)

Dieser als „Bombenschalstein" bezeichnete Pyroklastit bildet hier in der Grube Weintraube bei Lerbach das Nebengestein von hämatitischen Eisenerzlagern

Grauwacken

Mit Beginn des Unterkarbons setzten von Südosten nach Nordwesten fortschreitend grobkörnige Schüttungen ein, wofür große Flüsse sorgten, die von nicht weit entfernten Landmassen gewaltige Mengen von Abtragungsmaterial an fächerförmigen Deltas ins Meer schütteten. An untermeerischen Hängen gerieten die unverfestigten Sedimente immer wieder in Bewegung und glitten als Suspensionsströme in die Tiefe. Nacheinander lagerten sich erst grobes und dann zunehmend feinkörniges Material ab. Solche „*Turbidite*" bilden als rund 1000 m mächtige Wechsellagerung aus metermächtigen Grauwackebänken und dünnen Tonschieferzwischenlagen den Untergrund fast des gesamten nordwestlichen Oberharzes (Clausthaler Kulmfaltenzone).

Grauwacke ist ein unreiner, oft recht grober Sandstein, der reichlich eckige aber auch abgerundete Bruchstücke älterer Gesteine enthält.

Entlang der Innerste zeugen zahlreiche ehemalige Grauwackesteinbrüche von der intensiven früheren Nutzung dieses Materials als Bau- und Pflasterstein. Heute findet eine aktive Gewinnung nur noch am Einersberg unweit von Clausthal-Zellerfeld, am Unterberg bei Ilfeld und Rieder bei Gernrode im Ostharz statt.

Typisch für den nordwestlichen Oberharz: Wechsellagerungen von unterkarbonischen Grauwacken und Tonschiefern – Steinbruch am Einersberg bei Clausthal-Zellerfeld

In Falten geworfener Meeresboden

Während des Oberkarbons, vor rund 300 Mio. Jahren, begannen die Kontinentalblöcke im Norden und Süden auf Kollisionskurs zu gehen und schoben die dazwischenliegenden Meeresablagerungen wie ein Tischtuch zusammen. Gleich einer von Südosten nach Nordwesten fortschreitende Wellenfront erfasste die sogenannte variszische Faltung den Harzraum. Es resultierte ein Südwest-Nordost- gerichteter Faltenbau mit ausgeprägten Sätteln und Mulden mit Südwest-Nordost („erzgebirgisch") streichenden Achsen. Verknüpft damit ereigneten sich vielfältige bruchhafte Verformungen, wobei die Schichten verworfen, zerschert und bereichsweise deckenartig überschoben wurden.

Granit und Gabbro – der Harzer Tiefenmagmatismus

In der Tiefe vollzog sich mit der Gebirgsbildung einhergehend eine teilweise Aufschmelzung des versenkten Gesteinsmaterials. Gegen Ende der Harzfaltung, als die Spannung nachließ und die verdickte Erdkruste sich langsam entspannte, stiegen diese Magmen, tektonischen Schwächezonen folgend, in mehreren Schuben auf und blieben rund 4–5 km unter der damaligen Erdoberfläche als Intrusivkörper (Plutone) stecken. Den Anfang machten kieselsäurearme „basische" Schmelzen, die aus größerer Tiefe, vermutlich dem Übergangsbereich von Erdkruste zum Erdmantel, gefördert wurden. Diese bilden

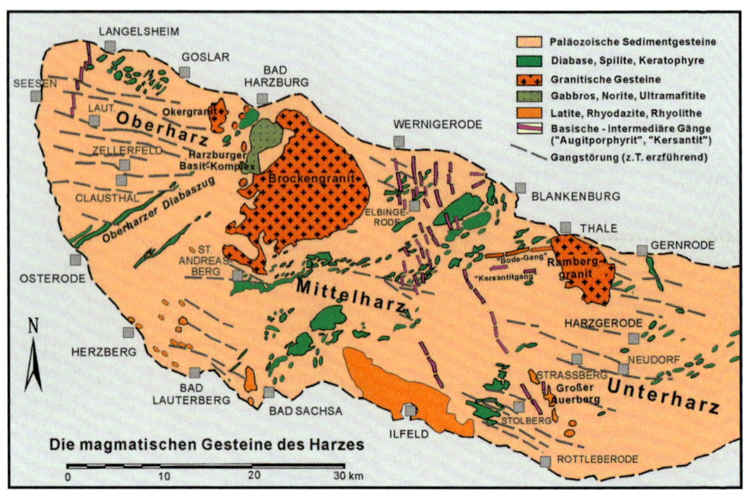

Die Vorkommen magmatischer Gesteine im Harz

heute den „Harzburger Gabbro“, wobei es sich genauer betrachtet aber um einen kompliziert gebauten Komplex aus sehr verschiedenen mafischen und ultramafischen Gesteinen handelt. Diese bestehen in ganz unterschiedlichen Anteilen aus Plagioklas, Ortho- und Klinopyroxenen, Olivin und verschiedenen Erzmineralen. Prominentester Vertreter ist Harzburgit, ein aus orthorhombischen Pyroxenen und Olivin bestehendes, fast schwarzes Tiefengestein, dessen Typlokalität im Radautal bei Bad Harzburg liegt.

Einzige Gewinnungsstätte von Gabbronorit ist derzeit der Großsteinbruch im Radautal, der neben unterschiedlichen Gesteinsaufschlüssen auch ein beachtliches Spektrum an gut kristallisierten Mineralien aufzuweisen hat (Gröbner & Steinkamm 2019).

Etwas später, vor 290 Mio. Jahren, folgten kieselsäurereiche Schmelzen, die in Form von pilzförmigen Intrusionen erstarrten und später als Oker-, Brocken- und Ramberggranit freigelegt wurden. Die mit Abstand größte Fläche umfasst der Brockenpluton mit dem höchsten Harzgipfel. Das ebenmäßig geklüftete, leicht rötliche mittelkörnige Gestein wurde früher bei Braunlage, Schierke und Wernigerode als Werkstein gewonnen. Die dabei aufgeschlossenen Klüfte waren nicht selten mineralisiert und lieferten schöne Drusen mit Orthoklas, Albit, Rauchquarz, Schörl, Epidot oder Fluorit. Während der sehr langsamen Abkühlung vollzog sich eine anhaltende Temperung des umgebenden Nebengesteins, wodurch es zur Ausbildung einer etwa 1000 m breiten Zone der kontaktmetamorphen Überprägung kam. Die ursprünglichen

Sedimentgesteine verwandelten sich in zähharte Hornfelse. Hervorragende Aufschlüsse solcher Kontaktgesteine bieten der Rehberg nordöstlich von St. Andreasberg (Hoheklippen am Goetheplatz) und der felsige Gipfel des Achtermanns bei Königskrug.

Der Gabbrosteinbruch im Radautal bei Bad Harzburg bietet eine enorme Vielfalt an Gesteinsarten und Mineralisationsformen

Große, bronzefarben schimmernde Pyroxen-Kristalle prägen das ultramafische Tiefengestein Harzburgit, als dessen Typlokalität die Kolebornskehre im Radautal gilt (BB 6 cm)

Typische Granitlandschaft im Hochharz – der Hohnekamm im Brockengebiet

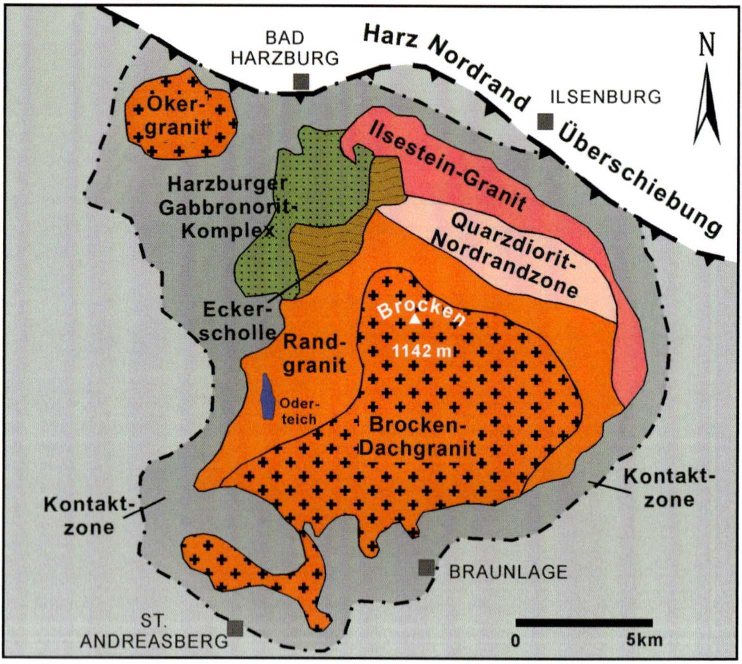

Geologische Karte des Brockengebietes, die gabbroiden und granitischen Tiefengesteinskörper sind von einer kontaktmetamorphen Hornfelszone umgeben (verändert nach MOHR *1993)*

Mit Rauchquarz, Orthoklus und Schörl mineralisierte Druse in einem Granitpegmatit aus dem Radau-Oker-Stollen im Nordharz, gefunden 1980 (BB 15 cm)

Berühmtes Harzer Geotop – die Hoheklippen am Rehberg bei St. Andreasberg, hier zeigt sich der messerscharfe Kontakt zwischen Hornfels (oben) und Brockengranit (unten) hervorragend aufgeschlossen

Kontaktmetamorph in Marmor umgewandelte devonische Kalksteine prägen die Raboklippe bei Romkerhalle im Okertal

Als kontaktmetamorphe Neubildung zeigen sich in den marmorisierten Kramenzelkalken der Raboklippe „gesprosste" grünlich gelbe Grossular-Kristalle

Vulkane in der Wüste

Das variszische Gebirge erreichte vermutlich niemals die Höhe der heutigen Alpen, sondern fiel, einem trocken heißen Wüstenklima ausgesetzt, schon zu Beginn des Rotliegenden einer intensiven Abtragung zum Opfer. Es versank gewissermaßen im eigenen Verwitterungsschutt, der große Festlandsenken ausfüllte. Namensgebend für diesen älteren Teil des Perms sind durch Eisenoxid (Hämatit) rot gefärbte Sandsteine und Konglomerate. In den Grenzschichten zwischen Oberkarbon und Perm, die im Mansfelder Land (z. B. Siebigerode) und am Kyffhäuser aufgeschlossen sind, lässt sich silifiziertes Holz, zum Teil in Form mächtiger Baumstämme, finden. Geringmächtige Flöze von aschenreichen Steinkohlen deuten auf die zeitweilige Existenz von Wäldern in sumpfigen Niederungen hin.

Prägend für das Harzer Rotliegende waren heftige Vulkanausbrüche, die durch das Aufreißen tiefer Spalten ausgelöst wurden und neben heftigen Glutwolkeneruptionen (pyroklastische Ströme) auch Lavaströme und stockförmige Quellkuppen entstehen ließen. Gefördert wurden intermediäre und vor allem kieselsäurereiche „saure“ Schmelzen, die im Süd- und Südostharz als Latite, Rhyodazite und Rhyolithe auftreten. Reste einer einst weit gespannten Lavadecke finden sich gut erhalten im Ilfelder Becken. Westlich davon, im

Die Südharzer Rhyodazite – hier am Felsentor bei Neustadt – zeugen von gewaltigen Glutwolkeneruptionen während des Rotliegenden

Raum Bad Sachsa, Bad Lauterberg und Herzberg geben nur noch vulkanische Schlot- und Gangfüllungen Zeugnis davon. Gute Beispiele sind der 659 m hohe Ravensberg bei Bad Sachsa und der 687 m hohe Große Knollen. Nur an wenigen Stellen enthalten die rhyolithischen Gesteine Hohlräume (Lithophysen), die sich postvulkanisch mit Achat und Quarz füllten. Ein weiterer markanter Rhyolithstock ist der Große Auerberg bei Stolberg. Ein weiteres Produkt dieser magmatischen Tätigkeit sind die Mittelharzer Gesteinsgänge, die als gradlinig Nord-Süd-streichende Schwärme den Ostharz durchziehen.

Im Rhyolith des Ravensbergs bei Bad Sachsa gibt es lokal bis mehr als kopfgroße, vollständig mit Achat und Quarz ausgefüllte Lithophysen (BB jeweils ca. 20 cm)

Das Geotop „Lange Wand" bei Ilfeld zeigt Ablagerungen des vorrückenden Zechsteinmeeres (von unten nach oben: Konglomerat, Kupferschiefer und Kalkstein) diskordant auf verwitterten Vulkaniten des Rotliegenden

Das Meer kehrt zurück

Während des als Zechstein bezeichneten jüngeren Perms versank der bereits stark eingeebnete Gebirgsrumpf allmählich im von Norden her wieder vorrückenden Meer („Zechsteintransgression"). Als älteste marine Einheit lagerte sich ein feingeschichteter kohlenstoffreicher toniger Mergel ab, der wegen lokal hoher Metallgehalte den Namen Kupferschiefer erhielt. Das von Wüsten umgebene und vom Ozean durch eine Schwelle abgeschnittene Binnenmeer verdampfte allmählich und hinterließ mächtige Serien von Kalk-, Gips- und Salzgesteinen. Auf Untiefen entwickelten sich Riffe aus den Resten von Moostierchen und Algen, die heute als Dolomitfelsen markant hervorstechen, wie der Römerstein bei Bad Sachsa. Heute bilden die Zechsteinschichten einen schmalen Gürtel, der vor allem durch die schneeweißen Wände der zahlreichen Gips- und Anhydritsteinbrüche ins Auge fällt. Markant sind die bei der Umwandlung von Anhydrit in Gips entstandenen sehr reinen Alabasterkugeln, der filigrane Schlangengips sowie Kluftfüllungen aus grobkristallinem Marienglas. Bedeutende Abbaustätten gibt es bei Osterode, im Raum Bad Sachsa-Walkenried-Ellrich, Appenrode-Woffleben und Niedersachswerfen sowie Rottleberode.

Während des gesamten Erdmittelalters (Trias, Jura, Kreide) lag der alte Gebirgsrumpf fast ständig unter dem Meeresspiegel. Mehr als 1000 m mächtige Sedimentschichten lagerten sich darauf ab und wurden später größtenteils wieder abgetragen. Mit dem Öffnen des Atlantiks entwickelte sich in ganz Mitteleuropa eine ausgeprägte „saxonische" Bruchtektonik, die nicht nur eine

Schneeweiße Wände machen die Abbaustätten von Zechsteingips, wie hier der Steinbruch Rüsselsee bei Appenrode, weithin sichtbar

Blauer Anhydrit umgeben von Gips im Steinbruch Rüsselsee bei Appenrode

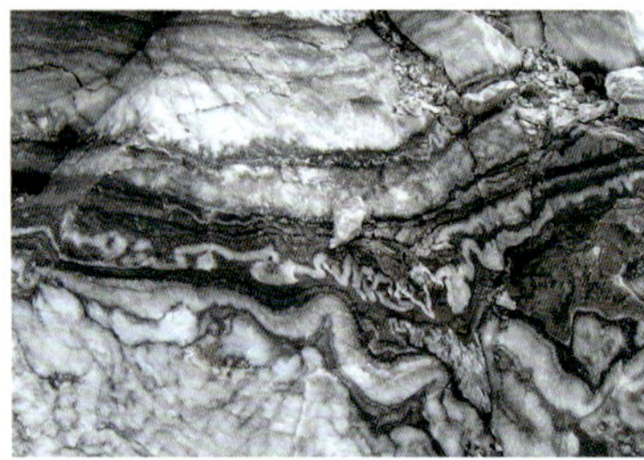

„Schlangengips" in umgewandeltem Anhydrit im Steinbruch Rüsselsee bei Appenrode

Kugelige Aggregate von weißem Alabaster in vergipstem Zechsteinanhydrit prägen die Wände der Elisabethschächter Schlotte bei Wettelrode

Untertägiges Naturwunder – die ganz mit bernsteinfarbenen Gipskristallen ausgekleidete Marienglasschlotte bei Wettelrode

Aktivierung alter Störungen und eine ruckweise Hebung der Harzscholle verursachte, sondern in der Tiefe auch die Entstehung und den Transport heißer metallführender Lösungen begünstigte, die, wie unten näher erläutert, zur mehrphasigen Mineralisation der Harzer Erzgänge führte.

Das Gebirge erhebt sich

In seinen heutigen Umrissen gibt es den Harz erst seit Ende der Oberkreide, als vor rund 80 Millionen Jahren die nordwärts driftende afrikanische Platte gegen den eurasischen Kontinent stieß und aus den dazwischen zusammengepressten Meeresablagerungen die Alpen entstanden. Gewissermaßen als Fernwirkung des alpidischen Geschehens wurde der Nordteil der Harzscholle an einer alten Bruchlinie emporgedrückt und nach Norden überschoben, wobei sich die jüngeren Deckschichten wie ein Hobelspan aufrichteten. An der Harznordrandstörung hob sich das Gebirge als „Pultscholle“ ruckweise um insgesamt mehr als 5000 m. Am Südrand, der wie ein Scharnier wirkte, taucht das Grundgebirge hingegen flach und nahezu bruchlos unter die jüngeren Deckschichten ab.

Das feucht-warme Klima des Tertiärs sorgte für tiefgründige Verwitterung und begünstigte eine weitflächige Abtragung, sodass schließlich auch die Harzer Tiefengesteinskörper ans Tageslicht gelangten. Die ebenmäßige Klüftung des Granits ließ mit der Zeit spektakuläre Felsformationen aus kantengerundeten quaderförmigen „Wollsäcken“ entstehen. Bemerkenswerte Beispiele geben unter anderem die Kästeklippen im Okertal, Feuersteinklippe, Leistenklippe und Ottofelsen im Brockengebiet sowie die imposante Bodeschlucht im Rambergmassiv bei Thale. Anderswo, wie etwa am Oderteich oder am Sonnenberg bei St. Andreasberg, zerfiel der Granit zu einem lockeren Sand („Grus“) bestehend aus Quarz und kaolinisierten Feldspatkörnern, zwischen denen sich stellenweise herausgewitterte schwarze Schörl-Kristalle finden lassen. Die hohen Kämme und tief eingeschnittenen Harztäler, die das heutige Harzer Landschaftsbild weitgehend prägen, entwickelten sich erst im Quartär, maßgeblich als Folge von drei großen Kaltzeiten. Zwar drang das von Norden vorrückende Inlandeis nur bis an den Harzrand vor, doch wies der Hochharz vermutlich eigenständige Vergletscherung auf, sodass die heute tief eingeschnittenen Täler vor allem durch Schmelzwässer geformt wurden.

Weiterführende Literatur zu Geologie, Erdgeschichte und Petrographie des Harzes:

Franzke (2014), Franzke & Schwab (2011), Knappe (2014), Knolle et al. (2018), Liessmann (2018), Meyenburg (2017), Mohr (1986, 1993, 1998), Müller & Franzke (2014), Müller et al. (2008), Müller & Strauss (1987).

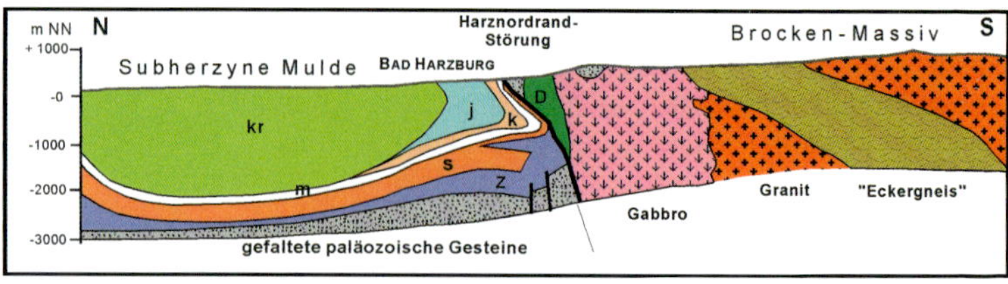

Profilschnitt durch den nördlichen Harzrand. An der Nordrandstörung wurde das Grundgebirge um mehr als 5000 m gehoben und nordwärts überschoben

Überkippte Kalksteinschichten des Jura in der Aufrichtungszone am nördlichen Harzrand – Steinbruch Langenberg (Kalkwerk Oker)

Durch „Vergrusung" während des Jungtertiärs zu Sand zerfallener Granit am Rehberger Graben bei St. Andreasberg

Schwarzer Schörl in verwittertem Granit vom Sonnenberg bei St. Andreasberg

1.3 Übersicht zu den Erz- und Minerallagerstätten des Harzes

Den recht vielfältigen Mineralreichtum verdankt der Harz ganz überwiegend seinen zahlreichen Erzlagerstätten, auf denen mancherorts bereits seit mehr als 2000 Jahren Bergbau umging. Erst durch die systematische Gewinnung der Bodenschätze gelangten die meisten Mineralstufen überhaupt erst ans Tageslicht.

Zur besseren Übersichtlichkeit erscheint es angebracht, vorab die markantesten Mineral- und Erzlagerstätten vorzustellen und auch deren Bildungsumstände zu betrachten. Obwohl die Harzer Erzvorkommen auf vielfältige Weise lagerstättengeologisch untersucht wurden (vgl. MÖLLER & LÜDERS 1993, STEDINGK & KLEEBERG 2012 sowie STEDINGK et al. 2016), konnten insbesondere für Erzgänge weder die Herkunft der Metalle noch die Prozesse, die zu deren Anreicherung führten, bislang befriedigend entschlüsselt werden.

Der Begriff ***Erz*** steht für Mineralgemenge bzw. Gesteine, die als Rohstoffe zur Gewinnung von Metallen wirtschaftlich nutzbar sind. Klassisches Beispiel aus dem Harz sind die Metallträger Bleiglanz (Bleisulfid) und Zinkblende (Zinksulfid), die, häufig innig miteinander verwachsen, *Blei-Zink-Erze* bilden. Kommen weitere Wertstoffträger, wie Kupferkies und silberhaltiges Fahlerz hinzu, spricht man von ***polymetallischen Erzen***. Die Metallträger treten gewöhnlich nicht allein, sondern bunt vermengt mit nichtmetallischen Begleitmineralen

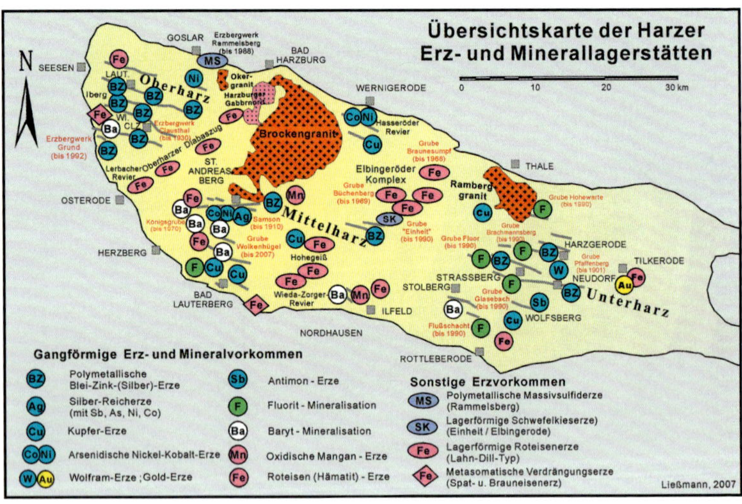

Übersichtskarte der Harzer Erz- und Minerallagerstätten

auf, die unabhängig von der Lagerstättenausbildung als ***Gangarten*** bezeichnet werden. Hierzu zählen Quarz, Calcit, Ankerit und Dolomit sowie Baryt und Fluorit. Die beiden zuletzt Genannten stellen bei entsprechend großem Potenzial selbst wertvolle Rohstoffe dar, die, ***Industrieminerale*** genannt, von der Großchemie oder für diverse andere technische Anwendungen in erheblichen Mengen benötigt werden. Erinnert sei daran, dass der Unterharz für Fluorit (Flussspat) und der Südwestharz für Baryt (Schwerspat) einst zu den bedeutendsten europäischen Vorkommen dieser Rohstoffe zählten.

Gemäß der Altersbeziehung zwischen Erz und Nebengestein werden ganz allgemein zwei Arten von Lagerstättenbildung unterschieden: entstanden die Erze etwa zeitgleich mit dem umgebenden Wirtsgestein, so werden sie als *syngenetisch* bezeichnet. Hierzu zählen die am Meeresboden aus heißen Quellen ausgeschiedenen sogenannten ***synsedimentär-exhalativen*** **Erze**, für die heute das Kürzel ***Sedex*** gebraucht wird. Erfolgte die Erzbildung erst, nachdem das Trägerstein bereits vorhanden war, spricht man von einer *epigenetischen* Mineralisation. Hierzu zählen die Erzgänge und andere an geologische Störungssysteme gebundene Vorkommen.

Eine Gesellschaft von Mineralen, die gemeinsam oder kurz nacheinander unter etwa ähnlichen Bildungsbedingungen entstanden ist, bezeichnet man als ***Paragenese***. So charakterisieren grobkristalline Verwachsungen von Bleiglanz und Zinkblende zusammen mit Quarz und Calcit die typische Paragenese der hydrothermalen Erzgänge des Oberharzes. Die Ausfüllung der Gangspalten war in der Regel kein einmaliges Ereignis, sondern vollzog sich schubweise, wobei sich meistens eine zeitliche Abfolge der Mineralabscheidung beobachten lässt. Jüngere Kristallisate verdrängen oft die Älteren oder

Die Tagesanlagen des zum UNESCO-Welterbe zählenden ehemaligen Erzbergwerks Rammelsberg beherbergen heute das größte Harzer Bergbaumuseum

umschließen sie. Durch die Auswirkung tektonischer Bewegungen zeigt sich der Altbestand oft zerbrochen (brekziiert) und wird von jüngeren Bildungen, oft in Form eigenständiger Adern (Trümer) abgeschnitten oder durchschlagen. Durch das Zusammentragen solcher Beobachtungen, sowohl im Großen an den Abbaustößen unter Tage als auch im Kleinen an Handstücken oder in mikroskopischen Präparaten, lässt sich eine relative Altersabfolge der Gangausfüllung ermitteln und in Form eines **paragenetischen Schemas** darstellen (siehe S. 54).

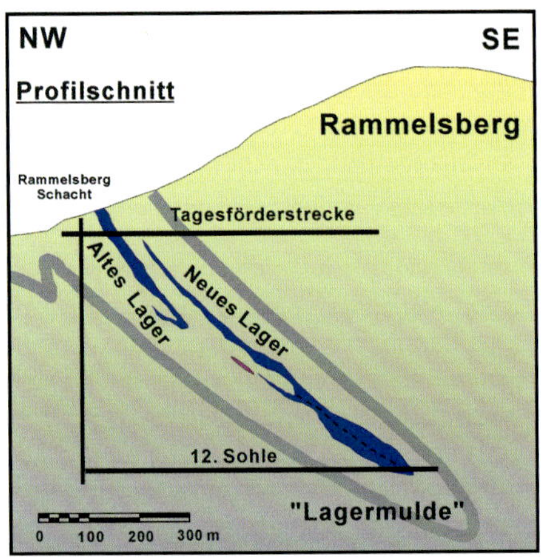

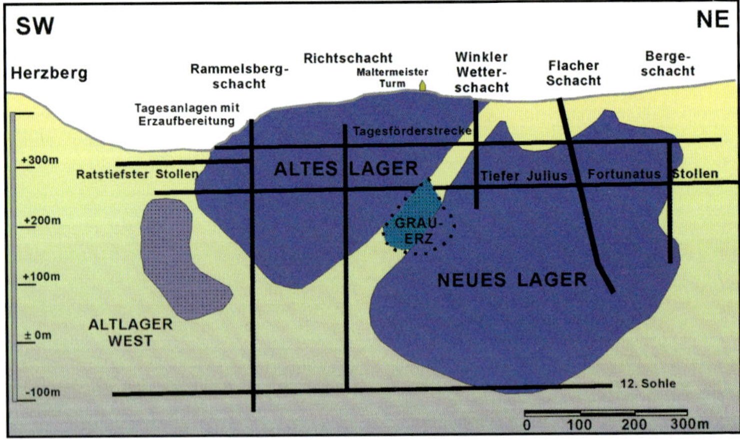

Profil- und Seigerriss der Rammelsberger Erzlager (verändert nach K*RAUME 1955)*

Lagerförmige Sulfiderze

Bedeutendster Vertreter der „Sedex-Typ Lagerstätten" ist der **Rammelsberg** bei Goslar, mit einer Tonnage von insgesamt rund 30 Millionen die größte und international bekannteste Harzer Erzlagerstätte; vom Metallinhalt her ein Vor-

Rammelsberger Erzarten
Die Gefüge der sehr feinkörnigen und oft geschichteten Rammelsberger Erze spiegeln sowohl den sedimentären Ursprung als auch die später während der Harzfaltung erfolgte Rekristallisation durch tektonische „Durchbewegung" wider.

Banderz – rhythmischer Wechsel von hellen Erz- und dunklen Tonlagen, im plastischen Zustand gefaltet (BB 30 cm)

Banderz mit einer dicken Lage von z. T. zerbrochenen Pyritknollen (BB 25 cm)

Melierterz – feinlagiges, aus schlieriger Zinkblende und Kupferkies bestehendes Lagererz (BB 18 cm)

Kupferreiches Melierterz mit Quarzmobilisat (BB 23 cm)

Pyrit-reiches Blei-Zink-Erz (BB 50cm)

Kupferkies in brekziiertem Kniest (BB 14 cm)

Prachtvoller Anblick – Auskleidung des mittelalterlichen Ratstiefsten Stollens mit bunten Vitriolen

Kupfervitriol im „Alten Mann" des Rammelsberger Alten Lagers auf der 1. Sohle (1993)

Rezente Bildung von Zementkupfer unter einer „Sauerwasser"-Tropfstelle auf einer eisernen Rohrleitung – Erzbergwerk Rammelsberg 1. Sohle (1993)

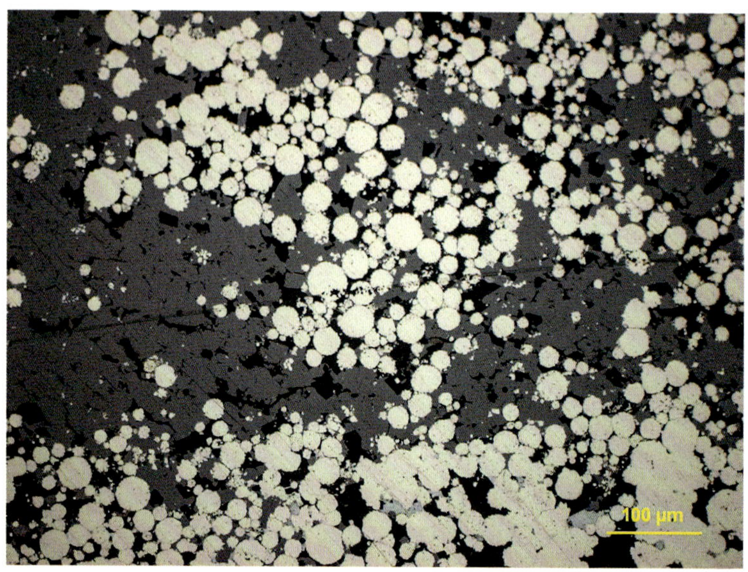

Pyritframboide im Anschliff unter dem Auflichtmikroskop

kommen der Superlative. Die beiden aus massiven Sulfiderzen bestehenden Haupterzkörper („Altes und Neues Lager") liegen eingebettet in mitteldevonische Tonschiefer und entstanden vor rund 380 Millionen Jahren. Am Grund eines tiefen Meeresbeckens bildeten sich beim Austritt heißer metallreicher Quellen (Hydrothermen) feinkörnige Erzpartikel, die sich vermengt mit tonigem Material in Mulden am Meeresboden zu einem Erzschlamm konzentrierten. Durch eine nachfolgende Überlagerung von mächtigen Sedimentschichten erfolgte eine Entwässerung und Verfestigung zu einem dichten, kompakten Erzgestein. Während der Harzfaltung im Oberkarbon erfuhren Erz wie auch Nebengestein eine durchgreifende Deformation und Umkristallisation. So liegen beide Lager heute größtenteils überkippt vor und sind in sich stark zerschert. Da die Schichten während der Gebirgsbildung nicht sehr tief versenkt wurden, erfuhren die Tonschiefer bei Temperaturen von nur wenig mehr als 200 °C eine recht schwache metamorphe Überprägung. Die Erze blieben feinkörnig, doch entwickelten sich während der Harzfaltung infolge Sammelkristallisation und Durchbewegung markante schlierige Gefüge, wie sie die markanten Melierterze zeigen. Vom sedimentären Ursprung zeugen bis nussgroße Pyrit-Markasit-Knollen und die nur mikroskopisch sichtbaren „Framboide", das sind winzige kugelförmige Pyritaggregate, die von manchen Autoren (Ramdohr in Kraume 1955) als „vererzte Bakterien" interpretiert werden.

Sedex-Erzvorkommen ähnlicher Art gibt es weltweit, ihre Bildungsalter reichen vom frühen Präkambrium bis zum heutigen Tag, denn an zahlreichen Stellen in den Ozeanen (z. B. im Roten Meer oder am ostpazifischen Rücken) entstehen, meist in Verbindung mit Basaltvulkanismus, auch aktuell derartige Vererzungen. Ein bekanntes Phänomen sind die sogenannten „black smoker“, schornsteinartige Röhren aus sulfidischen Mineralen und Gips, die bei Temperaturen von 300–350 °C einen schwarzen „Rauch“ aus feinkörnigen Erzpartikeln ausstoßen (EVANS 1992).

Das Besondere am Rammelsberg ist eine enorm große Metallkonzentration auf sehr engem Raum, die kaum anderswo auf der Welt ihresgleichen findet. Der durchschnittliche Gehalt des Lagererzes an Zink, Blei und Kupfer betrug zusammen etwa 30 %. Hinzu kommen 140 g/t Silber und 1 g/t Gold sowie merkliche Anreicherungen einer Reihe von Spurenelementen wie Selen, Tellur, Gallium, Indium und Germanium.

Die teils massigen und teils schlierig-laminierten Lagererze bestehen aus innigem Gemenge von Pyrit, Zinkblende, Bleiglanz, Kupferkies und silberhaltigem Fahlerz (Tetraedrit) sowie Ton- und Karbonatmineralen und vor allem im stratigrafisch Hangenden reichlich Schwerspat (Baryt), der durchschnittlich 30 % ausmacht, aber kaum augenscheinlich ist. Sammler schätzen insbesondere das Zink- und Kupfer-reiche, markant texturierte **Melierterz**, das sich im Neuen Lager fand und in angeschliffener Form sehr dekorativ wirkt (Tafel S. 37).

Von den nahezu nur aus Pyrit und Kupferkies bestehenden **Kupfererzen** unterscheiden sich die meist kupferfreien und oft Baryt-betonten **Blei-, Blei-Zink-** und die von Zinkblende dominierten **Braunerze.**

Ebenfalls recht markant ist das sogenannte **Banderz,** das sich aus einer feinlagigen Wechselfolge von grauen karbonatreichen Sulfiden und schwarzen Tonschiefern zusammensetzt und einen Übergangsbereich zwischen den massiven Lagererzen und dem nicht mineralisierten Nebengestein repräsentiert. Ein filigraner Spezialfaltenbau lässt sich auf Rutschungen des noch unverfestigten Sediments im plastischen Zustand zurückführen.

Als **Kniest** bezeichneten die Rammelsberger Bergleute ein schwarzes, hornfelsartiges Gestein, das durch Verquarzung (Silifizierung) der Tonschiefer im Bereich der Thermenaufstiegswege entstanden ist und ursprünglich im Liegenden der Erzkörper auftrat. Typisch für den sehr spröden Kniest ist eine Brekziierung und Durchäderung mit milchigem Quarz und teilweise auch mobilisierten Sulfiderzen.

Als **Grauerz** wird am Rammelsberg ein feinkörniger, derber Schwerspat bezeichnet, der nicht nur als unscheinbare Gangart in den Lagererzen auftritt, sondern auch eine große eigenständige Linse bildet („Grauerzkörper“), die früher bergmännisch gewonnen wurde.

Der Bergbau im Bereich des am Berghang zu Tage ausstreichenden „Alten Lagers“ begann bereits zu prähistorischer Zeit und zielte zunächst auf Kupfer. Später in den Tiefbau übergehend, rückten seit dem Mittelalter dann Blei und vor allem Silber in den Mittelpunkt des wirtschaftlichen Interesses und bescherten den deutschen Kaisern, der Stadt Goslar und seit dem 16. Jahrhundert vor allem den Welfenherzögen von Braunschweig-Wolfenbüttel reiche Gewinne. Erst seit der zweiten Hälfte des 19. Jahrhunderts trat dann die eigentliche Hauptkomponente der Lagerstätte, nämlich Zinkblende, in den wirtschaftlichen Fokus. Für einen langen Fortbestand des höchst lukrativen Bergbaus sorgte 1854 die Entdeckung des nirgendwo zu Tage ausstreichenden „Neuen Lagers“, das bis 1988 nahezu restlos abgebaut wurde. Das geförderte Lagererz enthielt durchschnittlich 14 % Zink, 6 % Blei und 2 % Kupfer. Schätzungsweise hat der Berg mindestens 3,7 Mio. t Zink, 1,6 Mio. t Blei, 0,3 Mio. t Kupfer und 1800 t Silber geliefert.

Nach der Stilllegung wurde das inzwischen bis unterhalb des Ratstiefsten Stollens geflutete Bergwerk mit seinen ausgedehnten Tagesanlagen komplett in ein Museum überführt und 1992 gemeinsam mit der Goslarer Altstadt zum UNESCO-Weltkulturerbe erklärt. Leider ist im heute museal erschlossenen Teil des Bergwerks nirgendwo mehr anstehendes Erz zugänglich. Sehr empfehlenswert ist aber ein Besuch der im Museum ausgestellten Werkssammlung des einstigen Betreibers, der Preussag AG Metall. Zahlreiche, oft angeschliffene Großexponate vermitteln einen hervorragenden Einblick in den internen Bau der beiden Erzlager.

Bemerkenswert ist die besondere Oxidationsparagenese des Rammelsberges, die sich vornehmlich im „alten Mann“ unter Tage zeigt. Hier ließen die aufgrund der Zersetzung von Pyrit sehr schwefelsauren Grubenwässer reichlich weiße, grüne und blaue Vitriole (Zink-, Eisen- und Kupfersulfate) kristallisieren, die begleitet von nadeligen Gipsausblühungen und sinterartigen braunen Ockerausscheidungen (Eisenhydroxide) die Abbauräume auskleiden. Im Rahmen von Sonderführungen können diese farbenprächtigen Mineralisationen auf dem mittelalterlichen Ratstiefsten Stollen in Augenschein genommen werden.

Weiterführende Literatur zur Lagerstätte Rammelsberg

Bartels (1988), Dietrichs (2006), Dziobek (1983), Hannak (1978), Kath (1973), Kraume (1955), Riech et al. (1987), Roseneck (2001), Schnorrer-Köhler (1991), Sperling (1986), Sperling & Walcher (1990), Spier (1988, 1992), Steinkamm & Schnorrer-Köhler (1988), Walcher (1988), Walenta (1968), Wrede (1972, 1974).

Ein weiterer Vertreter des Sedex-Typus ist die **Schwefelkies-Lagerstätte Einheit** (vormals Grube *Drei Kronen und Ehrt*) bei Elbingerode im Mittelharz, wo bis 1990 rund 13 Millionen t pyrithaltiges Roherz gefördert wurden. Bis 2015 gab es hier ein Besucherbergwerk. Das eng verknüpft mit dem untermeerischen Vulkanismus während des Mitteldevons gebildete Pyriterz ist nahezu frei von Buntmetallen und liegt teils in massiven Linsen und teils als filigranes Netzwerk im brekziierten Vulkangestein (Keratophyr) vor. Unter Mineralienfreunden ist das Bergwerk bekannt als Fundstätte von großen Calcit-Kristallen, die offene Klüfte und höhlenartige Schlotten auskleideten und während der Betriebszeit prächtige Stufen lieferten (SCHAARSCHMIDT 1992, SCHILLING 2016). Eine weitere Besonderheit ist ein filigran mit Pyrit durchäderter, teilweise mit rotem Jaspis durchsetzter grünlich grauer Keratophyr, der den lokalen Namen „*Harzer Blutstein*" erhielt und in angeschliffener oder getrommelter Form in der damaligen DDR von der Grube als „Konsumgut" vertrieben wurde. Diese 1984 rund 350 m unter Tage über der 13. Sohle entdeckte Mineralisation erwies sich als einzigartig. Der Anbruch umfasste rund 200 t, seit der Verwahrung des Bergwerks ist diese Fundstelle für immer erloschen.

Infolge tiefgründiger Verwitterung überlagert eine mächtige Kappe aus derbem Limonit als „Eiserner Hut" die ursprüngliche Schwefelkieslagerstätte. Vom uralten Eisensteinabbau zeugt der heute als Geotop ausgewiesene „Große Graben", eine tiefe ringförmige Pinge, in deren Mitte ein unvererzter Stock aus Keratophyr stehengelassen wurde. Beim Übergang in den Tiefbau entdeckte man erst um 1880 die unter dem Brauneisenstein versteckt liegende primäre Pyritvererzung.

Sensationeller Fund in der Grube Einheit 1984: eine mit großen Calcit-Kristallen ausgekleidete Schlotte

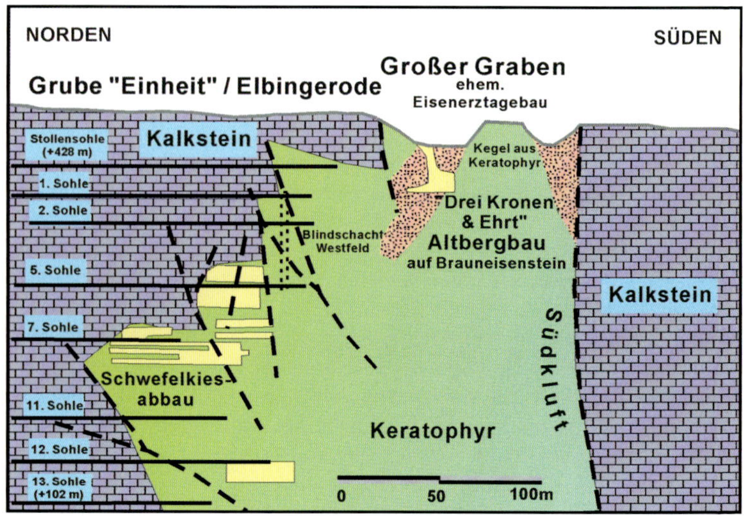

Profilschnitt durch den Pyrit-Erzkörper der Grube Einheit (nach SCHEFFLER 2001)

„Harzer Blutstein" ist der Handelsname eines mit Pyritadern durchzogenen, teilweise in Jaspis umgewandelten, kataklastischen Keratophyrs, der eine einmalige mineralogische Besonderheit der Grube Einheit darstellte (BB 12 cm)

Vergängliche Pracht: Stalaktiten aus Melanterit im „Alten Mann“ der Grube Einheit

Lagerförmige Eisenerze

Sehr verbreitet sind im Harz vorwiegend oxidisch ausgebildete Eisenerzlager, die im deutschsprachigen Raum als „Lahn-Dill-Typ-Erze“ bezeichnet werden. Die in der Regel feinkörnigen Erze enthalten neben Hämatit meist reichlich Quarz und bisweilen auch karbonatische Begleitminerale. Ihre Entstehung erfolgte vor allem während des Mitteldevons im Gefolge eines untermeerischen Vulkanismus, als neben spilitisierten Laven (Diabase) infolge explosiver Eruptionen große Mengen vulkanischer Lockerprodukte in Form von Schalstein abgelagert wurden. Im postvulkanischen Milieu entwickelten sich am Meeresboden heiße Quellen, aus denen chloridisch gebundenes Eisen beim Kontakt mit dem kalten Meerwasser oxidisch ausgefällt wurde. Hauptmetallträger sind Hämatit, in einigen Fällen auch Magnetit, gelegentlich begleitet von Pyrit und Eisen reichen Schichtsilikaten der Chloritfamilie (Chamosit, Thuringit).

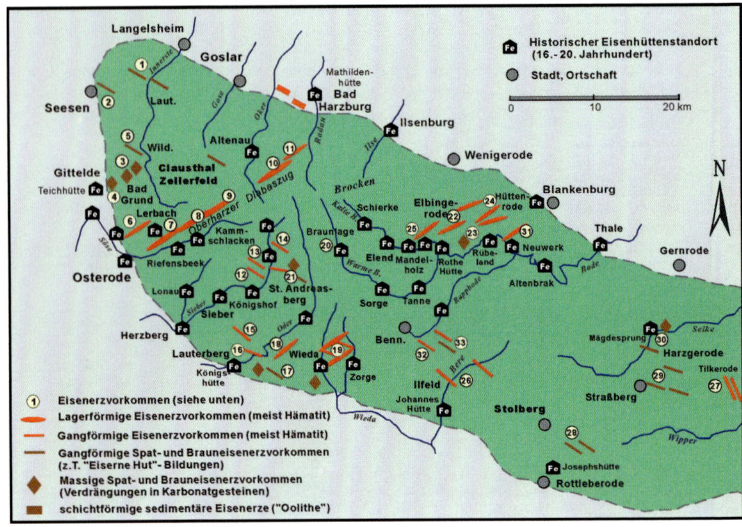

Übersichtskarte zum „Eisernen Harz“: Das Gebirge weist eine Vielzahl von sehr unterschiedlichen und zum Teil recht bedeutenden Eisenerzvorkommen auf, die seit frühster Zeit wirtschaftlich genutzt wurden, wie die meist in den Tälern des Süd- und Mittelharzes liegenden früheren Eisenhüttenstandorte belegen:

Wichtige Eisenerzvorkommen und Gruben im Harz

1 *Gegentaler Gangzug (Gruben Friederike, Wittenbergsglück) – in Limonit umgewandelte Sideriterze, brauner Glaskopf, „eiserner Hut“*
2 *Bakenberg-Lindthaler-Gangzug – in Limonit umgewandelte Sideriterze, „eiserner Hut“*
3 *Iberg-Winterberg (etwa 120 Eigenlehnerzechen) – in Limonit umgewandelte manganhaltige Sideriterze, Gänge und Verdrängungen im „Paläokarst“ des devonischen Riffkalks, „eiserner Hut“*
4 *Rösteberg bei Bad Grund – Limoniterze mit Baryt als Verdrängung im Zechsteinkalk*
5 *Hütschental bei Wildemann – Gänge mit Siderit, Quarz und Sulfiden*
6 *Hohebleeker Revier bei Osterode – Quarz-Hämatit-Erzlager (Nebenzug des Oberharzer Diabaszuges)*
7 *Lerbacher Revier (Gruben* Weintraube, Juliuszeche, Blauer Busch*) – Quarz-Calcit-Hämatit-Erzlager*
8 *Buntenböcker Revier und Kehrzug – Quarz-Hämatit-Erzlager (Oberharzer Diabaszug)*
9 *Polsterberger Revier – Quarz-Hämatit-Erzlager (Oberharzer Diabaszug)*
10 *Altenauer Revier (Rabental, Eiserner Weg, „Magnetenstollen“) – Quarz-Hämatit-Magnetit-Erzlager*
11 *Huneberg-Spitzenberger Revier (Mammutstollen) – Quarz-Magnetit-Erzlager*
12 *Große Kulmke-Königsberger Revier Quarz-Hämatit-Erzgänge*
13 *Siebertal-Königsberger Revier Quarz-Hämatit-Erzgänge*
14 *Eisensteinsberg (Gruben) – Quarz-Hämatit-Erzgänge*
15 *Knollengrube – Hämatit (Roter Glaskopf) – Baryt-Erzgänge*
16 *Gruben an Kummel- und Scholben – Hämatit (Roter Glaskopf) – Baryt-Erzgänge*
17 *Schachtberg, Winkeltal und Ahrensberg – Limoniterze als Verdrängungen im Zechsteindolomit*
18 *Grillenkopf – Hohe Thür bei Steina – Quarz-Hämatit-Erzlager*
19 *Wieda-Zorger-Revier – Quarz-Hämatit-Erzlager und Gänge*
20 *Braunlager Revier – Limoniterzlinsen in Tonschiefer*

21 *Grube* Roter Bär *St. Andreasberg – Limoniterzlinsen in Kalkstein-Tonschiefer-Wechsellagerungen*
22 *Elbingeröder Reviere (Büchenberg, Tännichen, Bomshai) – Quarz-Pyrit-Hämatit-Magnetit-Erzlager*
23 *Großer Graben (Grube* Drei Kronen und Ehrt*) – zu Limonit verwittertes Pyriterz, „eiserner Hut“*
24 *Hüttenröder Revier (Grube* Braunesumpf*) – Quarz-Hämatit-Magnetit-Erzlager*
25 *Mandelhölzer Revier (Gruben* Blanke- *u.* Bunte Wormke*) – Quarz-Pyrit-Hämatit-Magnetit-Erzlager*
26 *Ilfelder Revier (Netzberg und Unterberg) – Quarz-Hämatit (Roter Glaskopf) -Erzgänge*
27 *Tilkeröder Revier – Hämatit-Karbonat-Erzgänge*
28 *Langental („Siebengemeindehölzer Revier“) – in Limonit umgewandelte Sideriterze, „eiserner Hut“*
29 *Straßberg-Neudorfer Gangzug – in Limonit umgewandelte Sideriterze, „eiserner Hut“*
30 *Teufelsberg bei Silberhütte, Selke (Gruben* Castor *und* Pollux*) – in Limonit umgewandelte Sideriterze*
31 *Neuwerker Revier (Stahlberg) – Quarz-Hämatit-Magnetit-Erzlager*
32 *„Preußischer Büchenberg“ bei Benneckenstein – Quarz-Hämatit-Erzgänge*
33 *Bärenhöhe, Carlshaus – Limonitische Gangerze*
34 *Grube* Friederike, *Bad Harzburg-Bündheim – Oolithische Limoniterze, Unterer Jura (Lias-alpha)*
35 *Grube* Hansa, *Oker-Göttingerode – Kalkige limonitische Trümmererze, Oberer Jura (Korallenoolith)*

Die Gehalte der dunkelroten Hämatiterze („Roter Stein“) betragen im Durchschnitt kaum mehr als von 35% Eisen. Fließende Übergänge bestehen zu auffällig leuchtend hellrot gefärbten „Eisenkieseln“ oder Jaspiliten. Dabei handelt es sich um eine submikroskopisch feine Verwachsung von Hämatit mit Quarz oder Chalcedon. Dieses sehr harte und zur Eisengewinnung unbrauchbare Material bezeichneten die Eisensteinsbergleute als *„Feuerwacke“* oder *„Rotplack“* und kippten es auf die Halden. Dort lässt sich oft schön gemaserter „Jaspis“ sammeln, der zum Schleifen und Trommeln bestens geeignet ist. Wesentlich seltener waren die nur lokal ausgebildeten, meist etwas gröberen „kalkigen“ Hämatiterze, die reichlich Calcit und andere Karbonatminerale mit eingelagerten kleinen Hämatittäfelchen enthielten. Der dadurch verursachte bläulich graue Glanz gab den Anlass, diese Erzart als „Blauen Stein“ zu bezeichnen. Obwohl die Eisengehalte meist unter 30% lagen, war diese Erzvarietät wegen ihrer guten Verhüttungseigenschaften recht gefragt (SIMON 1979).

Im westlichen Harz finden sich solche meist kleinen, linsenförmigen Roteisensteinvorkommen entlang des von Osterode im Südwesten bis Bad Harzburg im Nordosten verlaufenden „Oberharzer Diabaszuges“. Lerbach und Altenau bildeten die früheren Schwerpunkte von Bergbau und Eisenverhüttung bis in die 1860er-Jahre. Noch zugänglich ist die Lerbacher Grube *Weintraube*, die bekannt wurde durch den 1829 erfolgten Fund von Selenbleiquecksilber (später „Lerbachit“ genannt).

Ganz ähnlich ausgebildete, quarzreiche Eisensteinvorkommen, hier „Felsenlager“ genannt, wurden auch bei Wieda und Zorge im Südharz bis Mitte des 19. Jahrhunderts abgebaut und verschmolzen. Entlang des beide Ortschaften verbindenden *Wiedaer Hüttenweges* bieten versteckt im Wald liegende Halden reichlich Fundmöglichkeiten für Erzproben. Berühmtheit erlangte die

Grube *Brummerjahn*, wo sich ein 1803 entdecktes, vermeintliches Silbererz als „Selenkupferblei“ (später „Zorgit“ genannt), ein inniges Gemenge von Clausthalit und Kupferseleniden, entpuppte.

Mit einem Potenzial von mehreren hundert Millionen Tonnen beinhaltet der im Mittelharz liegende Elbingeröder Komplex die mit Abstand bedeutendsten Eisenerzmengen des Gebirges. Diese konzentrieren sich auf die obersten Bereiche einer 400–1000 m mächtigen mitteldevonischen Vulkanitfolge (Schalstein-Formation) und gehen im Hangenden oft fließend in die überlagernden Kalksteine über. Die maximal 15–20 m mächtigen Erzlager erfuhren während der Harzfaltung eine starke tektonische Beanspruchung und wurden gestaucht, teilweise steil gestellt oder zu einzelnen Linsen zerschert. Einst gab es in diesem Gebiet mehrere hundert kleinere Eigenlehnerzechen, wovon noch zahlreiche Pingen und Halden zeugen. Um die an der Bode und ihren Zuflüssen angelegten Eisenhütten herum entwickelten sich Siedlungen, wie Schierke, Elend, Mandelholz, Rothehütte, Königshof, Sorge, Vogtsfelde, Tanne, Rübeland und Neuwerk. Die hiesige Eisenverarbeitung erlangte im 18. und frühen 19. Jahrhundert ihre größte Bedeutung (SCHWERDTFEGER 1998). Vom 1935 aufgenommenen und 1970 eingestellten industriellen Eisenerzbergbau zeugen die Überreste der Gruben *Braunesumpf* bei Hüttenrode und *Büchenberg* bei Elbingerode (SCHILLING 2013). Einen guten Einblick in dieses Revier vermittelt das Schaubergwerk Büchenberg, wo ein sehr instruktiver Aufschluss der Lagerstätte gezeigt wird. Von hier aus erschließt ein um den Büchenbergsattel herumführender ausgeschilderter Bergbaulehrpfad zahlreiche Gruben und andere Bergbaurelikte.

Lohnende Aufschlüsse bieten auch die Abbaupingen der ehemaligen *Gruben Blanke* und *Bunte Wormke* bei *Mandelholz* (Hotel Grüne Tanne), wo Pyritführende Hämatit-Magnetit-Erze anstehen.

Den nahezu fließenden Übergang von der ausklingenden hydrothermalen Tätigkeit zur nachfolgenden reinen Kalksedimentation repräsentieren die „bunten“, eisenschüssigen Kalksteinbrekzien (Riffschuttkalke), die am Krockstein und Weißen Stahlberg bei Neuwerk-Kreuztal links und rechts von der Bode als „*Rübeländer Marmor*“ abgebaut wurden. Bis ins 19. Jahrhundert wurde dieses Material als geschätzter Ornament- und Dekorstein verarbeitet (Abb. S. 17).

Eine Sonderstellung nehmen marin-sedimentär entstandene Eisenerze ein, die sich in den steil aufgerichteten mesozoischen Schichten des Jura am nördlichen Harzrand finden. Hier handelt es sich um die südlichsten Ausläufer der Eisenerzprovinz von Salzgitter, auf deren Basis sich seit den 1930er-Jahren eine bedeutende Stahlindustrie entwickelte (LOOK 1984).

Die *Grube Hansa* bei Oker-Göttingerode baute bis in die 1950er-Jahre auf einem kalkig-limonitischen Trümmererz des oberen Juras (Korallenoolith), das mit nur 22 % Eisen als eisenschüssiger Zuschlag Verwendung fand. Eine größere Bedeutung hatte die weiter östlich bei Bad Harzburg-Bündheim bis 1963 fördernde *Grube Friederike*. Bis in rund 400 m Tiefe wurde hier ein steilstehendes, bis 20 m mächtiges Lager von oolithischem Brauneisenerz aus dem unteren Jura abgebaut. Dieses bestand aus winzigen, um Sandkörner herum schalig gewachsenen Limonitkügelchen (Ooide), die verbacken mit einem Calcitzement vorliegen, und enthielt durchschnittlich nur 27 % Eisen. Trotz gewaltiger Vorratsmenge in diesem Distrikt führten die schließlich wirtschaftlich nicht mehr tragbaren niedrigen Eisengehalte der außerdem schwer zu verhüttenden

Hervorragender geologischer Aufschluss des aus kieseligem Hämatiterz bestehenden Schalsteinlagers im Schaubergwerk Büchenberg

Karbonatreiches Hämatiterz, der sogenannte „Blaue Stein" der Bergleute – Grube Weintraube, Lerbach (BB 15 cm)

Kieseliges Hämatiterz mit Jaspis – Grube Büchenberg, Elbingerode (BB 20 cm)

Großer Strossenbau in der Grube Weintraube, Lerbach – die stehengelassenen Pfeiler zeigen die ursprüngliche Mächtigkeit des Hämatiterzlagers

Salzgittertyperze zum endgültigen Ende des norddeutschen Eisenerzbergbaus (zuletzt Grube *Haverlahwiese* bis 1980). Fundmöglichkeiten bestehen in den renaturierten Grubenfeldern am Harzrand keine mehr.

Weiterführende Literatur zum Elbingeröder Komplex und anderen lagerförmigen Eisenerzvorkommen:
Bergverein zu Hüttenrode (2010), Harder (1978), Hesemann (1927), Pawel & Kruse (2012), Pawellek & Betzler (2013), Ramdohr (1927), Schaarschmidt (1992, 2014), Scheffler (2001), Schilling (2013 und 2016), Schwerdtfeger (1998), Simon (1979), Witzke (2013).

Gangförmige Buntmetallerze
Die Harzer Blei-Zink-Erzgänge zählen zu den bedeutendsten europäischen Metallerzvorkommen.

Zahlreiche, vorherrschend parallel zum nördlichen Harzrand (Nordharzstörung) *hercynisch* (Westnordwest – Ostsüdost) streichende Gangzüge durchziehen das Gebirge. Einzelne der bis zu 50 m breiten Gangspalten lassen sich 20 km weit verfolgen. Die Füllung besteht größtenteils aus tektonisch zerriebenem Nebengestein und meist nur abschnittsweise aus hydrothermal gebildeten Mineralanreicherungen.

Die Anlage dieser tiefreichenden Bruchspalten erfolgte bereits im Anschluss an die Harzfaltung. Infolge komplizierter tektonischer Bewegungen öffneten und schlossen sich die Risse mehrfach und dienten zeitweise als Aufstiegswege für heiße metallreiche Lösungen. Im nordwestlichen Teil des Gebirges (Oberharz) führten von 18 solcher Gangzüge überhaupt nur sieben in einigen Abschnitten Blei-, Zink- und Silber-führende Vererzungen, die sich in sogenannten *Erzmitteln* abbauwürdig konzentrierten und oft eine beträchtliche bergwirtschaftliche Bedeutung besaßen. In der Regel war das der Fall, wo die Störungen nicht geschlossen und linear verliefen, sondern in mehrere Stränge „aufblätterten" oder einen bogenförmigen Verlauf zeigten. Infolge tektonisch verursachter Verschiebung der Gesteinsschollen vermochten sich hier Hohlräume zu öffnen, in denen größere Mengen von Erz- und Gangartmineralen auskristallisieren konnten.

Über das Bildungsalter der hydrothermalen Gangmineralisation wurde lange Zeit gerätselt. Bis vor etwa 40 Jahren hielt man nach der Erstarrung des Brockenplutons abgespaltene Restlösungen für die Quelle des Metallreich-

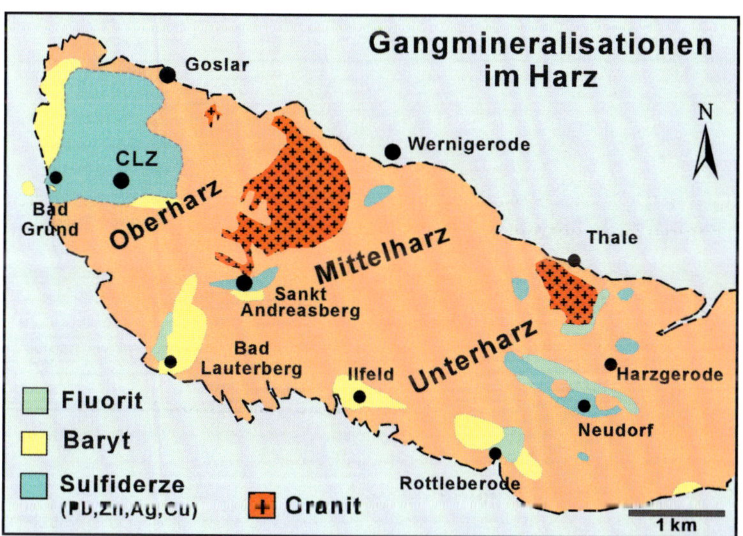

Die Harzer Gangmineralisationen zeigen eine sehr unterschiedliche Verteilung: Während Blei-Zink- und Kupfer-Erze fast überall im Gebirge in Erscheinung treten, beschränken sich die Vorkommen von Baryt und Fluorit auf ganz bestimmte Gebiete, vor allem nahe des südlichen Harzrandes. Erstaunlich ist, dass Fluorit im Oberharz vollkommen fehlt, während der „Rambergdistrikt" im Unterharz mit die größten Konzentrationen dieses Minerals in Mitteleuropa beinhaltete (umgezeichnet nach Möller & Lüders *1993).*

tums. Die Befunde der modernen Geochemie und radiometrische Altersbestimmungen ließen dieses an sich recht plausible Modell jedoch platzen. Heute wissen wir, dass die Hauptvererzung wesentlich jünger ist, als die im späten Oberkarbon erfolgte Granitintrusion und erst während des Erdmittelalters vor ca. 226–206 Millionen Jahren (Jura-Kreide) in mehreren Schüben stattfand. Dieses geschah, als sich während der sogenannten „saxonischen Phase" infolge tektonischer Zerblockung Gangspalten öffneten, auf denen metallführende Tiefenwässer aufstiegen. Infolge einer Durchmischung mit von oben eindringenden sulfatischen Lösungen aus den obendrüber liegenden Gips- und Salz-führenden Zechsteinschichten vollzog sich die Mineralausfällung. Abermalige Schübe von Erzlösungen und Umlagerungen älterer Ausscheidungen erfolgten vor rund 80–100 Millionen Jahren, etwa zeitgleich mit der Haupthebungsphase der Harzscholle (MÖLLER & LÜDERS 1993). Doch vermag auch dieses Modell nicht alle Fragen zu beantworten.

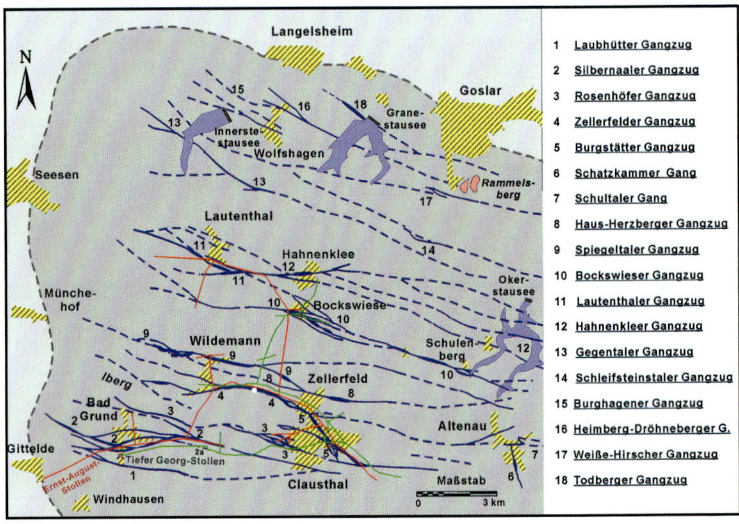

Gangkarte des Nordwestharzes: Wie ein Schnittmuster durchschneiden die vorwiegend „hercynisch" WNW-ESE streichenden Erzgänge den Oberharz. (STOPPEL & SPERLING 1981)

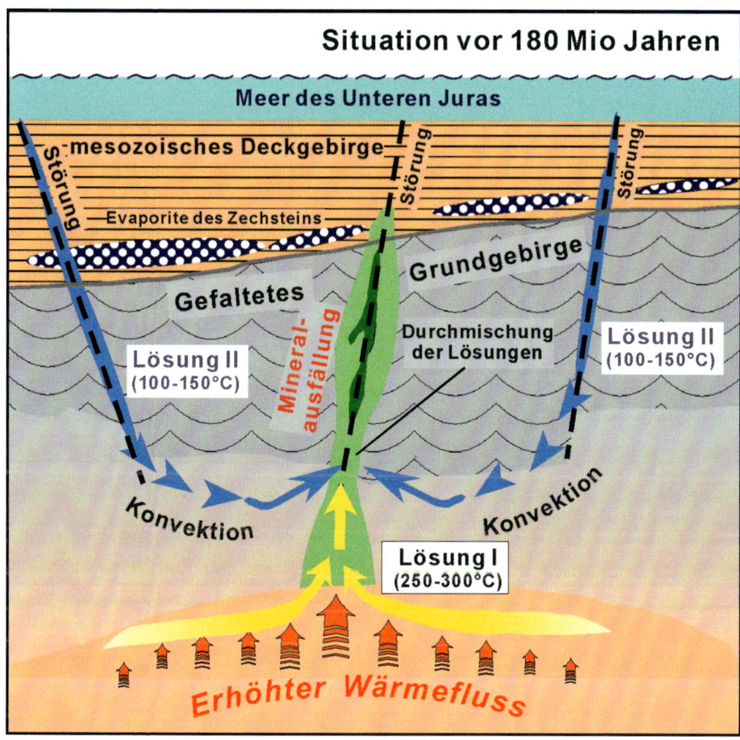

Modell zur Entstehung der hydrothermalen Gangmineralisation im Harz (nach MÖLLER & LÜDERS *1993). Favorisiert werden dabei zwei hydrothermale Lösungssysteme, die sich vor rund 180 Millionen Jahren entwickelten, als das variszische Grundgebirge noch tief unter einer Bedeckung von mesozoischen Sedimentgesteinen lag. Ausgelöst durch eine Wärmeanomalie stiegen, Störungen folgend, aus der Tiefe salzhaltige Formationswässer (Lösung I, 250–300 °C) auf, die aus Sedimentgesteinen (z. B. leicht mit Metallen angereicherten Schwarzschiefern) Metalle aufnahmen und als Chlorokomplexe mit sich führten. Andernorts wanderten aus den Salinaren des Zechsteins gespeiste sulfatische Wässer (Lösung II, 100–150 °C) nach unten und erfuhren dabei teils eine bakterielle und teils eine thermochemische Reduktion des Sulfats zum Hydrosulfid [HS^-]. Infolge anhaltender Konvektion kam es in offenen Gangspalten zur Durchmischung beider Lösungen, wobei sich eine teilweise rhythmische Ausfällung von Buntmetallsulfiden, Calcit und Quarz vollzog, wie sie die Oberharzer Bändererze widerspiegeln.*

MINERALISATIONSPHASEN

Mineral	Vorphase I	Hauptphase II: IIa Quarztrümer	IIb Zinkblendetrümer	IIc Bändererztrümer	IId Kappenquarztrümer	Hauptphase III: IIIa Kalkspat- oder Kokardenerztrümer	IIIb Eisenspattrümer	IIIc Schwerspattrümer	Nachphase IV Umlagerungsprodukte
Zinkblende			▬	▬ —	—	—	—		—
Bleiglanz			— ▬	—	—	—	▬	—	—
Kupferkies	—	—	▬	—	—	—	—	—	—
Pyrit	—	—	—	—		— ▬			—
Markasit						—			—
Tetraedrit				•		•••	— •	—	—
Pyrargyrit									
Bournonit				•		••	— •	•	
Boulangerit						••			
Quarz	—	▬	—	—	▬	▬	—	—	—
Calcit				— ▬	—	▬	—		—
Siderit	—						▬	—	—
Dolomit	—						▬		—
Strontianit								—	
Synchisit				••					
Anhydrit								—	
Baryt								▬	
Hämatit	—							—	—

▮ tektonische Bewegungen ▬ oft über 0,5 m mächtig — max. wenige cm mächtig • nur mikroskopisch sichtbar

Das paragenetische Schema für den Oberharz zeigt die relative Altersabfolge der Minerale bei der Ausfüllung der Erzgänge, es untergliedert sich in vier Hauptphasen und mindestens neun Unterphasen (vereinfacht nach STEDINGK *et al. 2016)*

Die Erzgänge des Oberharzes

Betrachten wir zunächst die Gänge des nordwestlichen Harzes, die mit einer insgesamt geförderten Roherzmenge von etwa 37,8 Mio. t und einem durchschnittlichen Metallinhalt (Blei + Zink + Silber + Kupfer in den geförderten Erzen) von ca. 10 % das größte Metallerzpotenzial des Gebirges darstellten. Ausgebracht wurden daraus 1,91 Mio. t Blei, 1,46 Mio. t Zink sowie rund 5000 t Silber (STEDINGK & KLEEBERG 2012). Ein Blick auf die Gangkarte (S. 52) zeigt ein Netzwerk aus parallel, diagonal und bogenförmig verlaufenden Gangstörungen. Die von SPERLING & STOPPEL (1981) herausgegebene Gangkarte des Oberharzes verzeichnet rund 290 namentlich belegte Einzelgruben, die sich hauptsächlich in den Gebieten um die im 16. Jahrhundert gegründeten Bergstädte konzentrieren.

Die Oberharzer Gangerze sind, sowohl die Minerale als auch die Verwachsungsformen betreffend, recht vielgestaltig ausgebildet. Bleiglanz, Zinkblende und lokal auch Kupferkies und Fahlerz bilden zusammen mit den begleitenden „Gangarten" Quarz und Calcit, örtlich auch reichlich Siderit und Baryt, meist recht grobkörnige Verwachsungen. Die ungleichmäßige und wechselhafte Erzführung umfasst, wie oben beschrieben, unterschiedliche Generationen, die ineinander verschachtelt auftreten können. Die oft verschiedene Einzelgänge umfassenden Haupterzmittel weisen hohe Metallkonzentrationen auf und erstrecken sich manchmal über mehrere hundert Meter streichender Länge und setzen ebenso weit in die Tiefe.

Die bis zu 10 m mächtigen Gangfüllungen bestehen nicht allein aus Erz- und Gangartmineralen, sondern auch aus Nebengesteinsbruchstücken (Grauwacken und Tonschiefer), die infolge tektonischer Beanspruchung als Gangbrekzien vorliegen oder teilweise zu Ton („Gangletten") zerrieben wurden. Durch die Einwirkung der heißen Mineralwässer weist das Nebengestein häufig eine *Bleichung* (Tonmineralbildung) oder *Rötung* (Hämatitbildung) auf. Man spricht von einer ***hydrothermalen Alteration.***

Die räumliche Anordnung von Erz, Gangarten und Nebengesteinsfragmenten in der Gangfüllung kann sehr variabel sein. Neben völlig ungeordneten chaotischen Formen sind auch ebenmäßige, gebänderte Texturen recht charakteristisch.

Wie das paragenetische Schema (S. 54) zeigt, lässt sich die Mineralisationsabfolge in vier Haupt- und neun Unterphasen untergliedern, die jeweils durch tektonische Ereignisse getrennt sind. Ein erneutes Aufreißen der Gangspalten ermöglichte eine schubweise Lösungszufuhr bis zur vollständigen „Verheilung" des Bruches durch die hydrothermalen Kristallisate.

Durch ihre große textuelle Vielfalt stellen auch die Derberze der Oberharzer Gänge recht dekorative Sammelobjekte dar. Wegen der sehr groben Gefüge kommen insbesondere die schönen Bänder- und Kokardenerze erst in größeren Platten (im früheren Sprachgebrauch als „*Wände*" oder „*Schalen*" bezeichnet) und am besten im angeschliffenen Zustand richtig zur Geltung.

Besonders charakteristisch sind folgende Verwachsungsformen:

- **Bändererze** zeigen eine ebenmäßige, feinstreifige Lagenstruktur mit einem rhythmischen Wechsel von Erz- und Gangartmineralen, die parallel zum Salband ausgeschieden wurden (also etwa vertikal), wobei die Gangspalte von außen nach innen fortschreitend zuwuchs.
- **Brekzienerze** entstehen, wenn innerhalb der Gangspalte Nebengesteinsbruchstücke durch Erz- und/oder Gangartminerale verbacken werden, diese bilden dann sozusagen den Zement, der den „Gesteinsschutt" verkittet.
- **Ringel- und Kokardenerze** zeigen mehr oder weniger konzentrische Schalen oder Ringe von rhythmisch ausgefällten Erzmineralen, die Nebengesteinsbruchstücke umschließen oder, im zweiten Fall, als Erzschnüre girlandenartig innerhalb der Gangart liegen oder auch „atollförmige" Texturen aufweisen. Diese Erscheinung spiegelt sich in dem ungewöhnlichen Namen der Grube „*Ring und Silberschnur*" auf dem Zellerfelder Gangzug wider.

Die Oberharzer Erzgänge sind bekannt für besonders attraktive Erzstufen, die durch ganz unterschiedliche Verwachsungen von Erzmineralen, Gangarten und Nebengesteinsfragmenten vielfältige und bunte Gefügebilder zeigen. Die meisten der heute in Sammlungen zu findenden Stücke entstammen dem bis 1992 fördernden Erzbergwerk Grund oder dem bereits 1930 eingestellten Schacht Kaiser Wilhelm II in Clausthal.

Bleiglanz-Zinkblende-Kupferkies-Quarz-Bändererz, Schacht Kaiser Wilhelm II, Clausthal (BB 25 cm)

Bleiglanz-Kupferkies-Calcit-Bändererz, Erzbergwerk Grund (BB 8 cm)

Zinkblende-Calcit-Bändererz, Erzbergwerk Grund (BB 14 cm)

Bleiglanz-Quarz-Ringelerz, Erzbergwerk Grund (BB 30 cm)

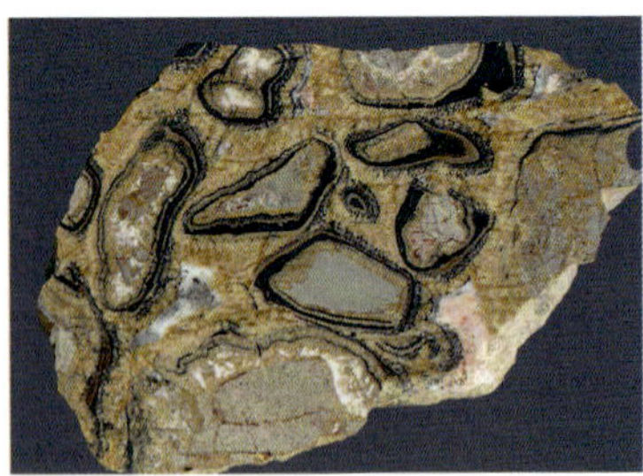

Bleiglanz-Siderit-Baryt-Ringelerz, Erzbergwerk Grund (BB 25 cm)

Zinkblende-Derberz mit Calcit und wenig Quarz, Erzbergwerk Grund (BB 25 cm)

Wichtigstes Wertmineral des Oberharzer Bergbaus war **Bleiglanz** (Galenit), der mit 0,01–0,42 % Silber zumindest makroskopisch gesehen, den bedeutendsten Edelmetallträger darstellte. Die reichlich damit assoziierte **Zinkblende** (Sphalerit), die früher nicht zu Zinkmetall verhüttbar war, wurde als wertlose „Blende" verworfen. Erst Ende des 19. Jahrhunderts machten neue Verhüttungstechnologien die Nutzung dieses Rohstoffs möglich und verschafften dem Oberharzer Bergwesen eine neue Wirtschaftlichkeit, die zumindest in Bad Grund bis in die 1990er-Jahre anhielt.

Eigentlicher Silberträger im Oberharz ist **Fahlerz** (**Tetraedrit,** mit durchschnittlich 5–10 Gew.-%, lokal mit mehr als 20 Gew.-% Silber), das aber nur selten in derber oder auskristallisierter Form angetroffen wurde, sondern vorherrschend feine tropfenförmige Einschlüsse im Bleiglanz bildet. Insbesondere in der Frühzeit des Bergbaus bescherte das in den oberen Stockwerken überdurchschnittlich stark angereicherte Fahlerz den Gruben hohe Silberausbeuten. Zur Tiefe hin nahmen sowohl die Fahlerzanteile, als auch deren Silbergehalte deutlich ab. **Kupferkies** (**Chalkopyrit**) ist weit verbreitet, doch nur lokal stärker angereichert.

Das überaus bedeutende **Clausthaler Revier** umfasst den **Rosenhöfer Gangzug** im Westen und den **Burgstätter Gangzug** im Osten, wo das *Dorotheer Erzmittel* und das Wilhelmer *Erzmittel* bis in rund 1000 m Tiefe gewonnen wurden. Beide sind bekannt für prächtige Kristallstufen von Bleiglanz, Zinkblende, Tetraedrit und Bournonit. Unterhalb von 600 m dominierte eine recht grobkristalline dunkelbraune Zinkblende. Klassischer Fundort von historischen Erzstufen ist die bis 1930 betriebene Schachtanlage *Kaiser Wilhelm II.*

Im benachbarten **Zellerfelder Revier** konzentrierte sich der Bergbau auf den gleichnamigen Gangzug, der von dieser Bergstadt aus nach Westen bis ins Innerstetal bei Wildemann fast durchgehend mit silberhaltigem Bleiglanz vererzt war. Wertvolle Kenntnisse über die mittelalterliche Periode des Oberharzer Montanwesens lieferten archäologische Untersuchungen auf dem sogenannten *„Bleifeld"* im Bereich des ehemaligen Johanneser Kurhauses (Alper 2003), wo eine kleine Bergbau- und Hüttensiedlung aus dem 10.–13. Jahrhundert ausgegraben wurde. Der überlieferte Name belegt, dass in diesem Bereich die Erze zu Tage ausstrichen. Die hier tiefgründig ausgebildete Oxidationszone lieferte später insbesondere Cerussit in z. T. wunderschönen Stufen.

Von erheblicher historischer Bedeutung war der nördlich von Wildemann das Innerstetal querende **Spiegeltaler Gangzug**, der im **Hütschentaler Revier** zuletzt bis 1928 vom *Schacht Glückauf* aus untersucht wurde. Haldenfunde spiegeln die drusige Ausbildung der Bleiglanz-Quarz-Siderit-Baryt-Paragenese dieses Ganges recht gut wider.

Eine erhebliche Bedeutung hatte der **Lautenthaler Gangzug**, der sich vor allem in der Tiefe durch eine starke Zinkerzführung auszeichnete, was

Frischer Gangaufschluss mit Zinkblende, Quarz und Calcit in der Grube Lautenthals Glück (Bromberger Erzmittel) auf dem Ernst-August-Stollen 2019

dem Bergbau in der zweiten Hälfte des 19. Jahrhunderts einen kräftigen Aufschwung verschaffte. Der Schwerpunkt lag am Kranichsberg östlich der Innerste, wo das rund 1,5 km lange Lautenthaler Erzmittel bis in eine Tiefe von 720 m abgebaut bzw. untersucht wurde. Die bis 1957 betriebene Grube *Lautenthalsglück* ist heute Besucherbergwerk und bietet auf dem Tiefen Sachsen Stollen – einzigartig im Oberharz – den frischen Aufschluss eines anstehenden, mit Zinkblende vererzten Gangtrums. Nur im Rahmen von Spezialführungen können auch die z. T. guten Erzanbrüche des Bromberger Erzmittels und die sogenannte *Kalkspatfirste* auf der Sohle des Ernst-August-Stollens befahren werden.

Durch die von ausgedehnten Halden geprägte Montanlandschaft am Kranichsberg führt ein ausgeschilderter Bergbaulehrpfad. Einst bauten hier die Gruben *Güte des Herrn, Maaßen, Schwarze Grube, Kleiner St. Jacob* und *Ostschacht*. Neben einer interessanten Schwermetallflora bestehen hier auch Fundmöglichkeiten für Derberzproben, vor allem Zinkblende. Insgesamt sind diese Halden erstaunlich arm an interessanten supergenen Neubildungen. Eine Ausnahme bildet das 1993 als neues Mineral entdeckte Sulfat Lautenthalit.

Auf dem **Bockswieser Gangzug** lagen mehrere bedeutende Erzmittel. Den Schwerpunkt bildete das eigentliche **Bockswieser Revier**, wo die rund 500 m tiefe Hauptgrube *Herzog August & Johann Friedrich* bis 1931 silberreiche Bleierze förderte. Leider liegen von hier nur wenige historische Mineralstufen vor, auch bestehen heute keine nennenswerten Fundmöglichkeiten mehr. Interessante Neufunde lieferte eine kleine Halde am Fuß des Kahlerbergs südöstlich vom Damm des Großen Kellerhals Teichs (Gröbner & Nikoleizig 2009).

Die weiter östlich folgenden Reviere von **Festenburg** und **Schulenberg** sorgten vor allem im 18. Jahrhundert für gute Erträge. Die tagesnah recht silberreichen Erzmittel zeigten aber bereits in mittlerer Tiefe eine ausgeprägte Zinkblendeführung und vertaubten darunter fast vollständig. Mit Ausnahme der bis 1904 betriebenen Mittelschulenberger Grube *Juliane Sophie* waren die meisten anderen Zechen schon vor 1800 erschöpft. Die Halden der Oberschulenberger Gruben boten bis vor wenigen Jahren recht gute Fundmöglichkeiten für Erzproben und Oxidationsminerale. Berühmtheit in Sammlerkreisen erlangte die *Grube Glücksrad* wegen der hier außergewöhnlich artenreichen supergenen Mineralneubildungen, bekannt als Typlokalität für den 1984 entdeckten Schulenbergit. Neben prächtigen Stufen von Azurit, Malachit, Linarit und Cerussit fanden sich recht ausgefallene Sulfate, Phosphate und Arsenate, allerdings meist nur in Mikromountgröße.

Der von tiefen Abbaupingen und mauerartig herausgewitterten Quarz-Kalkspat-Massen geprägte Ausbiss des zu Tage ausstreichenden Erzmittels stellt heute ein gern besuchtes Geotop dar. Die ausgedehnten Halden sind nicht nur als Mineralfundstätte, sondern auch wegen der bemerkenswerten Schwermetallflora von großem Wert. Aufgrund ausufernder Mineraliengräberei wurde das Sammeln auf den Halden seit einiger Zeit von der Forstbehörde untersagt.

Ausbiss eines Quarz-reichen Gangtrums des Bockswieser Gangzuges im Feld der Grube Gelbe Lilie bei Oberschulenberg

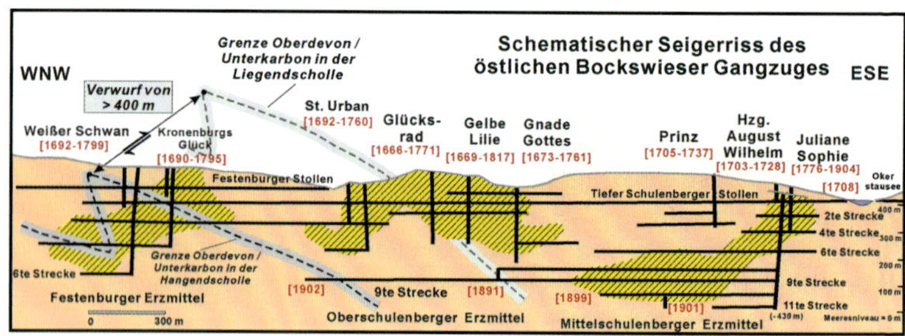

Seigerriss des Bockswieser Gangzugs mit den Revieren von Festenburg und Schulenberg (nach Sperling & Stoppel 1979)

Weiterführende Literatur speziell zur Mineralogie der Oberschulenberger Grube *Glücksrad*

Blass, Graf & Wittern (1996a und 1996b), Gebhard (1976), Gröbner (2007), Gröbner et al. (2011), Krause (1989), Schellhorn (1987 und 1989), Schnorrer-Köhler (1981, 1983, 1984, 1986, 1988, 1991), Schnorrer (1995), Schnorrer, Pfeiffer & Schwarz (2006), Stark et al. (2017), Täuber & Krause (1981), Wittern & Schnorrer-Köhler (1986), Wittern (1994).

Der hauptsächlich auf dem **Silbernaaler Gangzug** getriebene Grunder Bergbau entwickelte sich erst im 19. Jahrhundert zum größten Oberharzer Metalllieferant. Eine fast durchgehende Vererzung erstreckte sich von Gittelde am westlichen Harzrand bis nach Silbernaal im Innerstetal, verteilt auf verschiedene Einzelgänge über eine Strecke von mehr als 6 km. Das bis 1992 fördernde Erzbergwerk Grund entstand aus dem Zusammenschluss der 1819 aufgenommenen Grube *Bergwerkswohlfahrt* im Osten und der 1831 gegründeten Grube *Hilfe Gottes* im Westen und erreicht eine Abbautiefe von mehr als 800 m. Bisweilen gut kristallisierte Erzstufen lieferten Bergwerksglücker-, Eichelberger- oder Hilfe Gotteser Gang, wo in der meist kompakten Gangmasse wiederholt drusige Partien auftraten. Die bedeutendsten Gangmächtigkeiten, mit bis zu 6 m derber Zinkblende und prächtigen Calcit-reichen Bändererztrümern, zeigte das erst 1951 entdeckte „Westfeld-Erzmittel II“, wo nach der

Tagesanlagen des ehemaligen Erzbergwerks Grund, Betriebsabteilung Hilfe Gottes mit dem als Denkmal bewahrten Fördergerüst des Achenbachschachtes

Werksschließung unterhalb der 20. Sohle nicht unbedeutende Restvorräte zurückgelassen wurden. Dieser Erzkörper lieferte die meisten der heute in den Sammlungen zu findenden Harzer Gangerzstücke. Leider sind seitdem auch die fantastischen Gangbilder von reich vererzten Ortsstößen nur mehr Geschichte.

Zahlreiche Erzexponate und gute Einblicke in die Grunder Montangeschichte bietet das Bad Grunder Bergbaumuseum am Knesebeckschacht.

Reich vererzte Bändererzpartie im Westfeld-Erzmittel II im Bereich der 18. Firste – Erzbergwerk Grund 1983

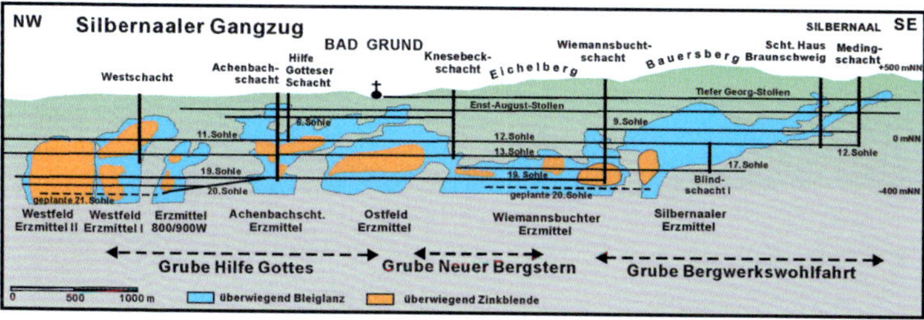

Schematischer Seigerriss des Erzbergwerks Grund mit den Erzmitteln auf dem Silbernaaler Gangzug, die bis 1992 rund 19,1 Millionen t Roherz geliefert haben (nach STEDINGK 2012)

Anbruch von „Ringelerz" im Erzbergwerk Grund 1986: mit Quarz innig verwachsener Bleiglanz umschließt große Bruchstücke von gebleichter Grauwacke

Eindrucksvolles Zeugnis des Oberharzer Erzbergbaus: Diese etwa einen Kubikmeter große Erzstufe stammt von einem der tiefsten Abbaue des Erzbergwerks Grund und wurde 1992 gefördert. Heute ist sie im Oberharzer Bergwerksmuseum ausgestellt

Eine Sonderstellung nehmen die unweit von Bad Grund innerhalb des aus devonischen Riffkalk bestehenden **Iberg-Winterberg-Massivs** ausgebildeten, meist gangförmigen Mineralisationen ein. Der massenhaft von Klüften und Gängen durchsetzte harte Korallenkalk erfuhr bereits im Unterkarbon, noch vor der Harzfaltung, eine erste tiefgründige Verkarstung. Die dabei entstandenen Klüfte und Höhlen dienten später, im Zuge der Gangmineralisation, den Erzlösungen als Aufstiegswege und füllten sich vor allem mit Calcit, Mangan-haltigem Siderit und Baryt. Als Erze bildeten sich lokal auch Kupferkies, Tetraedrit und Bleiglanz. Eine im Tertiär einsetzende junge Verkarstung schuf, den alten Strukturen folgend, weitere neue Höhlensysteme, die z.T. mit prächtigen Tropfsteinen und lokal Excentriques ausgekleidet sind. Der Siderit erfuhr dabei eine nahezu vollständige Umwandlung in Limonit und verschiedene oxidische Manganminerale (REIMER 1990). Insbesondere an der Süd- und Ostflanke des Iberges zeugen unzählige Pingen und Halden von dem um 1880 eingestellten Eisenerzbergbau, der ganz wesentlich von den Karsthöhlen aus geführt wurde und vermutlich schon im frühen Mittelalter begonnen hatte. Wegen der erhöhten Mangangehalte war der durch Oxidation von Siderit entstandene Brauneisenstein (z. T. Brauner Glaskopf) für die frühere Stahlerzeugung bestens geeignet. Die Verarbeitung erfolgte hauptsächlich in Gittelde (Teichhütte) am Harzrand.

Eine mit Baryt gefüllte Gangspalte im Kalkstein des Steinbruchs Winterberg

Dem Betrieb des Mitte der 1930er-Jahre aufgenommenen Kalksteintagebaus Winterberg, der heute rund ein Drittel des Riffkomplexes umfasst, verdanken wir einerseits hervorragende geologische Einblicke in die Riffgeschichte und fantastische Mineralstufen insbesondere von Calcit und Baryt, die hier ans Tageslicht kamen, andererseits fielen dem rasch fortschreitenden Abbau neben den schönen Aufschlüssen auch bedeutende Höhlensysteme mit herrlichen Sinterbildungen zum Opfer.

Grobspätiger weißer Calcit füllt Brüche und Risse, die den Kalkstein des Iberg-Winterberg-Massivs als unregelmäßiges Netzwerk durchziehen

Stufe mit hellblauen tafeligen Baryt-Kristallen in rosettenförmiger Anordnung, ein sensationeller Fund im Steinbruch Winterberg Anfang der 1980er-Jahre (BB 30 cm)

Gangbrekzie aus zu Limonit verwittertem Siderit und Quarz, typische Gangmineralisation im Steinbruch Winterberg (BB 60 cm)

Zu Malachit und Brauneisen umgewandeltes Kupferkieserz-Gangstück aus dem Steinbruch Winterberg

Im Oberharz treten neben der allgemeinen Buntmetallerzführung nur sehr lokal und in geringem Umfang, vergesellschaftet mit ankeritisch-dolomitischer Gangart, **arsenidische Nickel-Kobalt-Vererzungen** auf. Ein bekannter Fundort für Gersdorffit (Nickelarsenkies) ist die auf dem *Schleifsteintaler Gang* südlich von Goslar liegende Grube *Großfürstin Alexandra*, wo ein relativ unbedeutendes „Nickelerztrum" zuletzt um 1900 intensiv bergmännisch untersucht worden ist (DIETRICHS 2006).

Eine im Wesentlichen aus Gersdorffit (z.T. von Ullmannit begleitet) und Nickelin bestehende Derberzlinse wurde Anfang der 1980er-Jahre beim Betrieb des Diabassteinbruchs von Wolfshagen auf einem Trum des *Heimberg-Dröhneberger Gangzuges* aufgeschlossen (KLÄNHARDT & BAUMGÄRTL, 2011).

Im Gemkentaler Revier am Ostufer des Okerstausees zeigte der *Gottesglücker Gang* eine lokale Kobalterzführung (Skutterudit, Cobaltin). Leider sind diese interessanten Fundstellen heute erloschen oder nicht mehr zugänglich.

Sowohl mineralogisch-lagerstättengeologisch als auch montanhistorisch kann der Oberharz mit einem reichhaltigen Schriftum aufwarten.

Nickelerztrum mit Annabergit-Ausblühung – Grube Großfürstin Alexandra bei Goslar (1981)

Weiterführende Literatur zu den Oberharzer Erzgängen:

BARTELS (1992), BAUMGÄRTL (1907), BLÖMEKE (1885), BUHL et al. (2005), BUSCHENDORF et al. (1971), CABRAL et al. (2018), CRONENBERG (1973), DIETRICHS (2006), JACOBSEN & SCHNEIDER (1950), JAHN et al. (2012), JOHNSEN & PETERSEN (1977), GRÖBNER & NIKOLEIZIG (2009), KLÄNHARDT & BAUMGÄRTL (2011), LAUB (1968), LIESSMANN (2010), LIESSMANN & STEDINGK (2019), LUEDECKE (1896), MOHR (1993), MÖLLER & LÜDERS (1993), QUEST (2008,) REIMER (1990), SCHNORRER-KÖHLER (1988), SCHNORRER & KLÄNHARDT (2002), SCHELL (1882, 1883), SLOTTA et al. (1987), SPERLING (1973), SPERLING & STOPPEL (1979, 1981), STEDINGK (2012), STEDINGK & KLEEBERG (2012), STEDINGK & SCHNORRER-KÖHLER (1988), STEDINGK et al. (2016), WITTERN (1994).

Eine gute Gelegenheit zum Kennenlernen der Harzer Mineralienwelt und insbesondere der Oberharzer Gangerze bietet die öffentlich zugängliche Geosammlung der TU Clausthal. Neben einer großen klassischen Systematik und einer umfangreichen lagerstättenkundlichen Sammlung ist hier eine ganze Abteilung speziell dem Harz gewidmet. Die ausgestellten großen Gangerzstufen vermitteln ein gutes Bild vom komplexen Bau der Lagerstätten.

Die Anfänge gehen auf die Gründung der ursprünglichen Berg- und Hüttenschule 1775 zurück. Zu den ältesten Teilen zählt eine 1821 für 3000 Taler erworbene Privatkollektion des Bergprobieres C. F. Bauersachs (1782–1840). Zur Präsentation der nach der Erhebung zur Bergakademie unter Adolph Roemer (1864) stark angewachsenen Sammlungsbestände wurde 1906 im neu errichteten Hauptgebäude der große, bis heute bestehende Ausstellungssaal eingerichtet. Hinzu kamen zahlreiche Harzer Erze und Mineralstufen aus den Beständen des Oberbergamtes (1929) und des Berg- und Hüttenmännischen Vereins MAJA (1937). Heute umfasst die mineralogische Abteilung etwa 28.000 Stücke. Zu den Glanzlichtern zählen 1883 in der St. Andreasberger Grube *Samson* geborgene Calcit-Großstufen und seltene Silberminerale wie Samsonit.

Besuchenswert ist auch das Mineralienkabinett des Oberharzer Bergwerksmuseums, obwohl die Präsentation der teilweise hervorragenden Exponate mangels geeigneter Beleuchtung in einem schlecht sanierten Kellergewölbe nicht optimal ist.

Erzstufen in der Geosammlung TU Clausthal

Das Hauptgebäude der TU Clausthal, Standort der Geosammlung

Prunkvoller spätbarocker Mineralienschrank aus dem Besitz von Berghauptmann Wilhelm Heinrich von Trebra (1740–1819), um 1780 gefertigt, leider ohne den Originalinhalt – Geosammlung TU Clausthal

Die Erzgänge des Mittelharzes

Bezüglich ihrer Mineralogie nehmen die silberreichen **Erzgänge von Sankt Andreasberg** eine herausragende Stellung ein. Bis heute sind von hier mehr als 120 Mineralarten beschrieben worden, fünf haben hier ihre Typlokalität. Seinen Ruhm verdankt Sankt Andreasberg nicht der Menge des hier gewonnenen Silbers – etwa 320 t, was etwa 5 % der Ausbeute des Clausthaler Reviers entspricht, sondern dem konzentrierten Auftreten von z. T. seltenen und hervorragend kristallisierten Silbermineralen in spektakulären „Reicherzfällen". Die besondere Struktur dieses Reviers, das die Form eines in Ost-West-Richtung gestreckten Dreiecks zeigt, geht recht anschaulich aus einem von WILKE (1952) erstellten Blockbild hervor. Innerhalb einer von zwei großen Störungen begrenzten, keilförmigen Scholle („Ruschelkeil") setzen, umgeben von devonischen Gesteinen, 20 diagonal verlaufende Erzgänge auf, die außerordentlich komplexe, jedoch meist sehr absätzige Vererzungen aufweisen. Im Gegensatz zu den zehnmal so mächtigen Gängen des nordwestlichen Oberharzes betrug die durchschnittliche Mächtigkeit dieser vorwiegend Calcit-führenden Gänge weniger als 1 m.

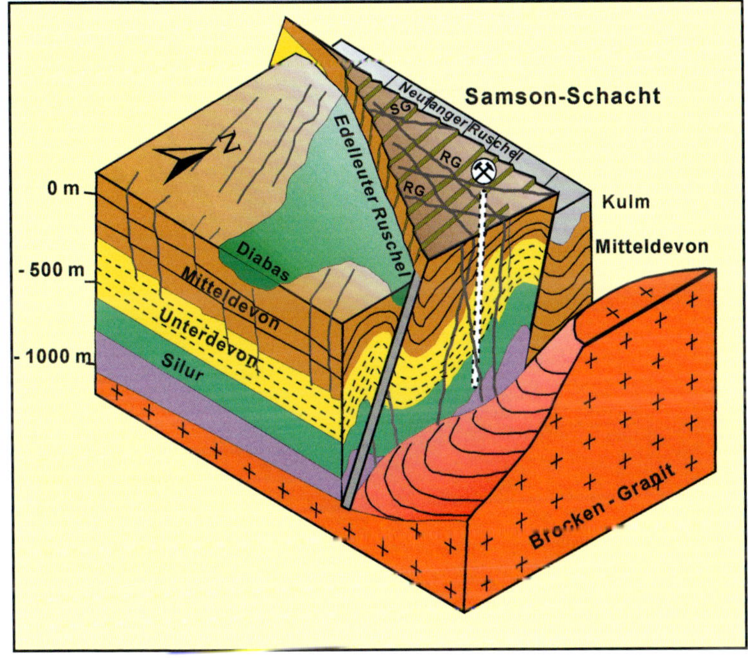

Blockbild des keilförmigen Gangdreiecks von St. Andreasberg (nach WILKE 1952)

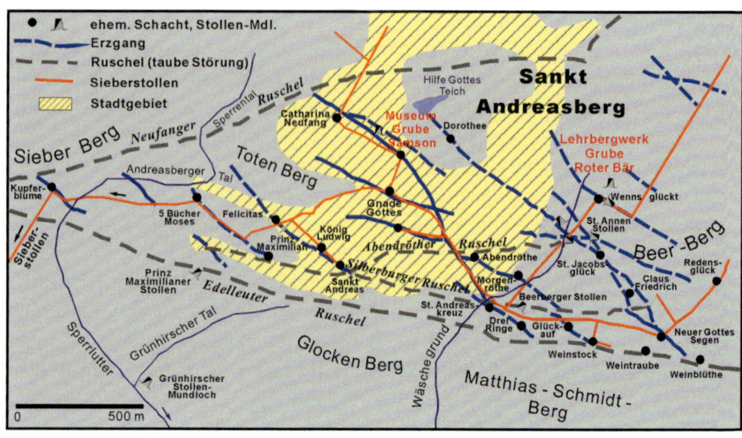

Grundriss der Erzgänge des St. Andreasberger Reviers. Besondere Sehenswürdigkeiten sind das Bergwerksmuseum Grube Samson und das Lehrbergwerk Grube Roter Bär, wo auch Touren in den Altbergbau angeboten werden.

Bleiglanzvererzung des Abendröther Ganges – Grube Samson (BB ca. 1 m)

Arsen-Löllingit-Vererzung in einem Kalkspattrum/Gnade Gotteser Gang – Grube Samson

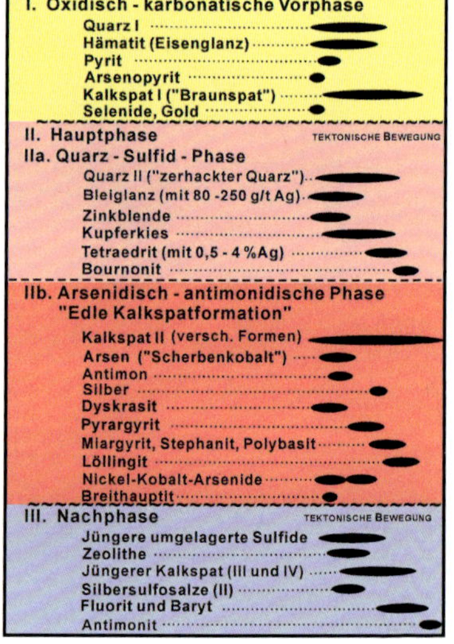

Vereinfachtes Schema zur Ausfüllung der St. Andreasberger Silbererzgänge (verändert nach WILKE *1952)*

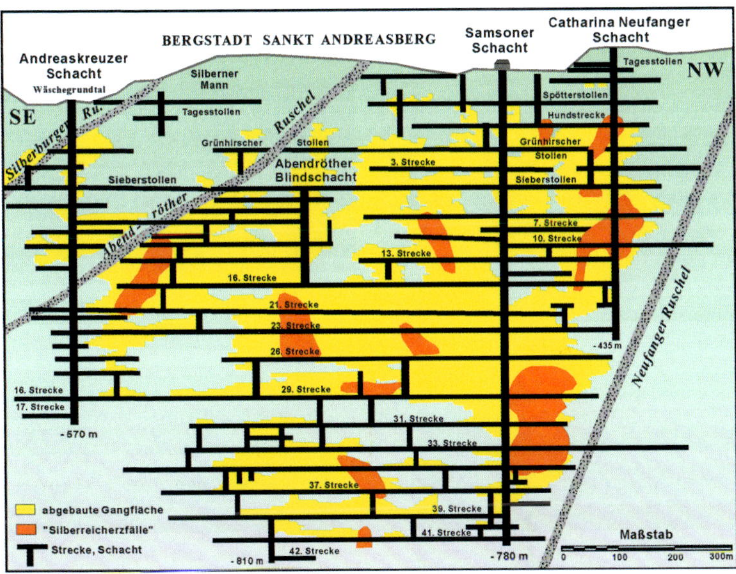

Der vereinfachte Seigerriss des Samsoner Hauptganges zeigt die unregelmäßige Anordnung der „Silberreicherzfälle", die dieses Revier berühmt machten. Die tiefsten Erzanbrüche befanden sich 810 m unter Tage.

Mimetesit-Anflug auf Quarz Reiche Troster Gang im Beerberg, St. Andreasberger Revier

Aufschluss des hier besonders mächtigen Fünf Bücher Moses Ganges auf dem Sieberstollen. Hier wurde 1786 das sogenannte Drusenloch angefahren, das besonders prächtige Calcitstufen lieferte.

Riesiger Calcit-Kristall, geborgen 1883 aus einer Druse auf dem Samsoner Hauptgang (Geosammlung TU Clausthal)

Malachit und andere supergene Kupferminerale im „eisernen Hut“ des Wennsglückter Ganges, Firste des Grünhirscher Stollens, St. Andreasberger Revier

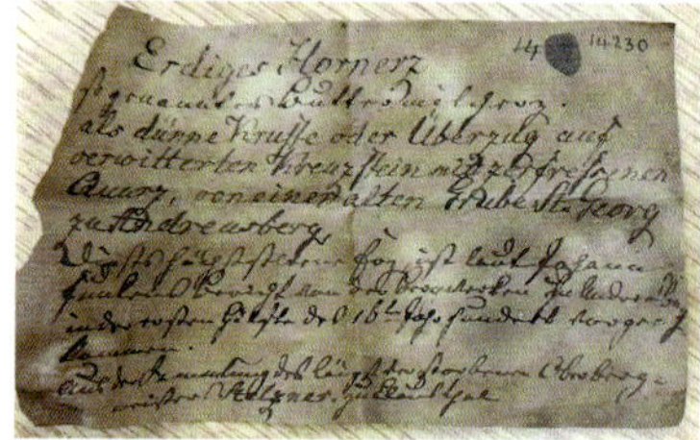

Erdiges Hornerz 14230
[illegible]
als dünne Kruste oder Überzug auf
verwitterten Kreuzstein [illegible]
Quarz, [illegible] alten Grube St. Georg
zu Andreasberg
[illegible]

Historische Stufe von „Buttermilcherz“ als Überzug auf Harmotom aus der Sammlung des Clausthaler Oberbergmeisters G.A. Steltzner (1725–1802) mit dem originalen Sammlungszettel– Naturhistorisches Museum London

Ein ganz wesentliches Alleinstellungsmerkmal, welches das St. Andreasberger Revier von anderen Harzer Gangerzvorkommen unterscheidet, ist das vornehmliche Auftreten des Silbers in Form von Reicherzen, gebunden an die sogenannte „edle Kalkspatformation“. Diese bildet ziemlich regellos verteilte Nester innerhalb der „normalen“, aus Bleiglanz (relativ silberarm), Zinkblende, Kupferkies und Tetraederit sowie Quarz und Calcit bestehenden Gangfüllung. In stark schwankenden Anteilen konzentrieren sich dort neben gediegen Silber und Dyskrasit (Antimonsilber) verschiedene antimonreiche Silbersulfosalze wie Pyrargyrit (Dunkles Rotgültigerz), Stephanit, Polybasit, Miargyrit und Vertreter aus der recht seltenen Gruppe der „Silberkiese“. Das sicherlich außergewöhnlichste St. Andreasberger Silbermineral ist der erst 1908 entdeckte Samsonit, der weltweit bislang nur hier in frei gewachsenen Kristallen angetroffen worden ist.

Bemerkenswert ist eine innerhalb der „edlen Kalkspatformation“ zu beobachtende starke Anreicherung von Arsen, vorherrschend in Form von Löllingit und als gediegenes Metall (sogenannter „Scherbenkobalt“), begleitet von Antimon, ebenfalls in gediegener Form, und als Stibarsen, selten auch als Stibnit.

Lokal gesellen sich Anreicherungen von arsenidischen Nickel-Kobalt-Erzen hinzu, bestehend aus unterschiedlichen Anteilen von Gersdorffit (Nickelarsenkies), Nickelin (Rotnickelkies), Rammelsbergit, Kobalt-reicher Löllingit und Skutterudit-Nickelskutterudit-Mischkristalle („*Speiskobalt*"). Zu den Raritäten dieser Mineralgesellschaft zählt das Nickel-Antimonid Breithauptit, dessen Typlokalität die Grube *Samson* ist.

Glanzlichter des St. Andreasberger Reviers bilden die in Drusenhohlräumen gewachsenen prächtigen Calcit-Kristalle, die hier, wie kaum anderswo, in einer immensen Formenvielfalt und Größe auftraten. Geborgen worden sind Einzelexemplare bis 0,5 m Kantenlänge (Abb. S. 71).

Als weitere Besonderheit kann das Revier mit zahlreichen Vertretern aus der Zeolithgruppe, wie Harmotom, Stilbit und Apophyllit aufwarten, die sich in drusig ausgebildeten Gangmitteln prächtig kristallisiert fanden.

Die größte wirtschaftliche Bedeutung für den um 1520 aufgenommenen Bergbau hatten der etwa 1,2 km lange **Samson-Andreaskreuzer-Gangzug** und der 1,5 km lange **Dorotheer-Jacobsglücker-Gangzug**. Auf der bis 1910 betriebenen Grube *Samson* ließen sich die normale sulfidische Vererzung und auch, allerdings nur vereinzelt auftretende, Reicherzfälle bis in 800 m Tiefe nachweisen.

Wie das vereinfachte paragenetische Schema (S. 70) verdeutlicht, erfolgte die Gangmineralisation mehrphasig, des Öfteren unterbrochen durch tektonische Bewegungen. Während dieser Entwicklung wurden ältere Mineralausscheidungen korrodiert und durch jüngere Mineralneubildungen („Rejuvenationen") ersetzt. Die Ergebnisse geochemischer Untersuchungen (vgl. MÖLLER & LÜDERS 1993) sprechen für ein *saxonisches Alter* im Zeitraum Oberjura – Unterkreide. Eine radiometrische Datierung von Adular (hydrothermal gebildeter Kalifeldspat) ergab ein Bildungsalter von 123 Mio. Jahren. (MERTZ et al. 1989). Untersuchungen von Flüssigkeitseinschlüssen belegen relativ niedrige Bildungstemperaturen von 150–200 °C. Die stauende Wirkung der mit Lettenton ausgefüllten Ruscheln trug maßgeblich zu einer konzentrierten Metallausscheidung aus den hydrothermalen Lösungen auf verhältnismäßig engem Raum bei.

Ganz außergewöhnliche Mineralgesellschaften fanden sich in den 1920er-Jahren bei bergmännischen Erkundungsarbeiten in der heute als Lehrbergwerk genutzten Grube *Roter Bär*. Bei diesem letzten Bergbauversuch im nordöstlichen Teil des Reviers wurden mit Ernstgang, Hermannsglücker Gang und Wilhelmsglücker Gang drei noch völlig unbekannte Mineralisationen entdeckt. Zwar erwiesen sich alle drei als zu geringmächtig, um bauwürdig zu sein, doch durch die große stoffliche Vielfalt (rund 50 Mineralarten ließen sich hier nachweisen) und die besondere Art der Verwachsung von Buntmetallsulfiden mit

Nickel-Kobalt-Arseniden, begleitet von oxidischen und silikatischen Uran- und Vanadiummineralen, ist mineralogisch einzigartig (Binder 2019). Im selben Grubenfeld, auf separaten, wenige Zentimeter mächtigen Kalkspattrümer, fanden sich Gold- und Palladium-führende Blei-Kupfer-Wismut-Quecksilber-Selenide (siehe Tab. S. 448).

Während der frühsten Bergbauzeit lieferte eine oberflächennah lokal ausgebildete Zementationszone größere Massen von gediegen Silber in Form von Locken, Blechen, Drähten oder moosartigen Überzügen. Eine ebenfalls supergen entstandene, grünlich graue, krustige Silberverbindung bezeichneten die Bergleute wegen der Ähnlichkeit mit Vogelexkrementen als „*Gänseköttigerz*". Zu den höchst eigentümlichen Bildungen zählt das sagenumwobene sogenannte „*Buttermilcherz*", ein sehr silberreicher weißer Brei, der mit Kellen aus Ganghohlräumen geschöpft werden konnte. Mineralogisch handelt es sich bei dieser später nicht wiedergefundenen „Spielart der Natur" um ein Gemenge aus Silberchlorid, Chlorargyrit (AgCl) und verschiedenen Tonmineralen (siehe S. 72).

In Augenschein genommen werden kann der gut aufgeschlossene „eiserne Hut" eines Silbererzganges auf der zum Lehrbergwerk gehörenden Grube *Wennsglückt* (Liessmann 2002). Informationen zur Mineralogie des Reviers bietet auch die kürzlich neu gestaltete Ausstellung im Bergwerksmuseum Grube *Samson*.

Als mineralogisch recht ähnlich zusammengesetzt, doch wesentlich silberärmer, erwiesen sich die Gänge des östlich anschließenden **Odertaler Reviers**, wo auf der *Koboldsgrube* früher arsenidische Nickel-Kobalt-Erze und im Morgenstern- und Magdgrabtal Kupfer-, Blei- und Zinkerze gewonnen wurden. Die im 19. Jahrhundert vom *Tiefen Oderstollen* aus erschlossenen Gänge lieferten schöne Zinkerzstufen mit gut ausgebildeter Honigblende, wie zahlreiche historische Funde belegen. Wegen seiner Lage im Nationalpark Harz ist das gesamte Odertaler Revier heute allerdings nicht mehr zugänglich.

Weiterführende Literatur zum St. Andreasberger Revier

Binder (2019), Bischoff & Jahn (2001), Bischoff (1990, 1999, 2012), Blömeke (1885), Cabral et. al. (2015), Gebhard (1990), Geilmann & Rose (1928), Gröbner (2007), Gröbner & Liessmann (2016), Gross & Heise (2017), Grundmann & Schnorrer-Köhler (1989), Krause & Bischoff (1982), Kroll (1962), Laub (1963, 1974), Lieber (2008), Liessmann (1998, 2002, 2010, 2019), Liessmann & Bock (1993), Mertz et al. (1989), Mücke (1993), Niemann (1991), Schnorrer-Köhler (1983, 1984, 1990), Schnorrer (1994a, 1994b), Schnorrer & Gross (1995), Schnorrer-Köhler & Grundmann (1986), Schnorrer-Köhler & Koch (1989), Schnorrer et al. (2009), Stedingk (2010), Stedingk et al. (2016), Werner (1910), Werner & Fraatz (1910), Wilke (1952, 1954, 1958),

Das Südwestharzer (Lauterberger) Ganggebiet

Die Gänge des Südwestharzes westlich und südwestlich von St. Andreasberg, die in sehr unterschiedlichen Verteilungen vornehmlich Quarz, Karbonatminerale, Baryt, Fluorit, Hämatit und Kupfererze führen, ermöglichten vor allem früher interessante Mineralfunde. Die Mächtigkeiten der über Längen von 5 – 8 km verfolgbaren, überwiegend hercynisch streichenden Gangzüge, variieren von weniger als 1 m bis zu etwa 30 m. Einzelne Gänge bilden beachtliche Verwerfungen. Nebengesteine dieser Gänge sind unterkarbonische und oberdevonische Grauwacken, devonische Ton- und Kieselschiefer sowie feinkörnige, dunkle Kalksteine (sogenannte „*Flinzkalke*"). Der seit dem 16. Jahrhundert im Umfeld von (Bad) Lauterberg betriebene Bergbau galt zum einen Roteisenstein, der bis 1866 auf der dortigen Königshütte verarbeitet wurde und hochwertigen Kupferkieserzen, die im 18. und frühen 19. Jahrhundert einen regelrechten Kupferboom verursachten (LIESSMANN et al. 2001). Seit Beginn des

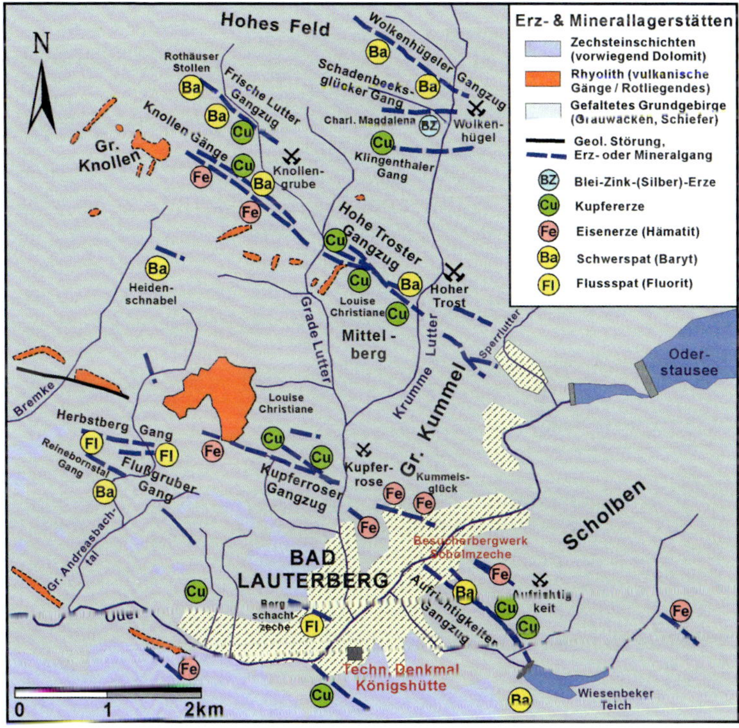

Gangkarte des südwestlichen Mittelharzes mit dem Lauterberger Revier

Aufschluss von „Kupfersand" auf dem Aufrichtigkeiter Gang in der Scholmzeche, Bad Lauterberg

Weißer „zerhackter“ Quarz mit Malachitflecken als sandige Füllung des „Kupfergangs“ im oberen Siebertal

Im Flussbett der Sieber aufgeschlossener Schwerspatgang (Auroragang)

Kupferkies-Quarz-Gangstück – Grube Hoher Trost, Lauterberger Revier (BB 12 cm)

Oxidiertes Kupferkieserz mit Malachit – Grube Hoher Trost, Lauterberger Revier (BB 10 cm)

Zementationserz mit Bornit, Covellin und Malachit – Grube Neues Reiches Glück bei Sieber (BB 15 cm)

Gangbrekzie mit Quarz und Zinkblende – Grube Charlotte Magdalena (BB 15 cm)

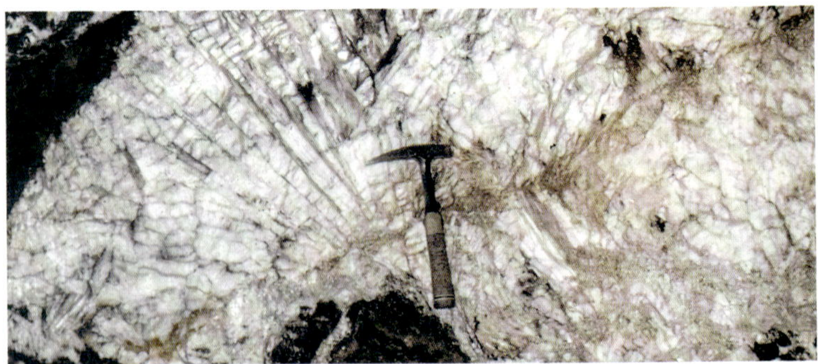

Grobspätiger Baryt Grube Hoher Trost 150-m-Sohle (1985)

20. Jahrhunderts konzentrierte sich der Bergbau auf die Gewinnung des Industrieminerals Baryt, das hier in sehr hochwertiger Qualität mit einem Potenzial von knapp 7 Millionen Tonnen vorhanden war. Die 2007 eingestellte Grube *Wolkenhügel* war das letzte produzierende Bergwerk im Harz.

Die lokal recht unterschiedlich ausgebildeten Mineralisationen der einzelnen Gängen wurden ausführlich von STOPPEL et al. (1983) dargestellt. Hierzu liegt auch ein paragenetisches Schema vor (S. 81).

Charakteristisch für das Lauterberger Revier sind mächtige „Sandgänge", gefüllt mit zellig-zerhacktem Quarz von lockerer Beschaffenheit, der sowohl schneeweiß als auch durch feinen Hämatit rot gefärbt vorkommt. Es handelt sich um kleine tafelige Aggregate von winzigen Kristallskeletten, gebildet durch die Verdrängung von karbonatischen Mineralen, die anschließend infolge tektonischer Beanspruchung sandfein zerrieben wurden. Regellos darin eingelagert finden sich sulfidische Kupfererze in Form kleiner Nester oder größerer *„nierenförmiger"* Brocken. Wegen der porösen Beschaffenheit der Gangausfüllung vermochten einsickernde Oberflächenwässer die sulfidischen Kupfererze bis in größere Tiefen zu zersetzen und Malachit, Azurit und andere supergene Neubildungen entstehen zu lassen. In historischen Berichten werden feinkörnige rötliche oder braunschwarze Erzarten wie *Ziegelerz, Kupferlebererz* oder *Kupferpecherz* bzw. *Kupferschwärze* beschrieben, wobei es sich um Gemenge von Kupfer- und Eisenoxiden oder -hydroxiden handelte (S. 76).

Ausgeprägte „Kupfersandtrümer" führte der von Heibekskopf /Luttertal im Nordwesten bis zum Wiesenbeker Teich im Südosten streichende **Kupferrose –Aufrichtigkeiter Gangzug.** In der bis Mitte des 18. Jahrhunderts betriebenen, 260 m tiefen Grube *Kupferrose* bildete stellenweise derber Anhydrit (früher *„Spatwacke"* genannt) die Hauptgangart. Ein auch mineralogisch bemerkenswertes technisches Denkmal ist der 1720 mit heute vergipstem Anhydrit ausgemauerte Kopf des Neuen Kupferroser Tagesschachtes (S. 83). Im oberhalb davon aufgeschlossenen Haldenmaterial lassen sich neben Kupfermineralen auch Stücke von grobspätigem weißen Anhydrit aufsammeln.

Umfangreicher Bergbau ging auch auf dem recht komplex strukturierten **Hohe Troster Gangsystem** um, das sich vom Großen Knollen im Nordwesten bis zum Kummelberg im Südosten über eine Länge von 4 km verfolgen lässt.

Am Mittelberg zwischen Grader und Krummen Lutter bauten zwischen 1738 und 1823 zeitweise mit gutem Erfolg die Kupfergruben Neuer Freudenberg, Louise Christiane und Neuer Luttersegen. Im 20. Jahrhundert folgte hier die Grube *Hoher Trost* und gewann die von den Alten stehen gelassenen Baryttrümer. Die Produktion dieses Bergbaus, der eine Tiefe von 283 m erreichte, umfasste bis zu seiner Einstellung 1982 etwa 1,5 t Millionen Baryt.

Neben Kluftmineralien fand sich hier ein schneeweißer extrem grobtafeliger Baryt mit Spaltstücken von 0,5 m Kantenlänge. Nachdem sämtliche Tagesanlagen abgebrochen und das Grubengebiet vollständig renaturiert wurde, sind hier keine Fundmöglichkeiten mehr gegeben.

Westlich der Graden Lutter im Hübichental und am Großen Knollen umfasst das Gangsystem neben Kupfer-führenden Quarz-Baryt-Trümern auch bisweilen Fluorit-führende Baryt-Hämatit-Gänge. Die hier bis 1925 betriebene *Knollengrube* war das bedeutendste Eisenerzbergwerk des Südwestharzes und bekannter Fundort für prachtvolle Stufen von Rotem Glaskopf, begleitet von Baryt und Fluorit. Eingeschränkte Fundmöglichkeiten bieten die größtenteils überwachsenen Halden im oberen Abschnitt des Knollentals.

Eisenerzgang mit Rotem Glaskopf – Knollengrube

Drusige Gangbrekzie mit Fluorit-Kristallen – Knollengrube

Durch eine erstaunliche mineralogische Komplexität zeichnet sich der im oberen Abschnitt des Grade Lutter Tales aufsetzende **Frische Lutter Gang** aus. Abgebaut wurden hier zunächst Kupfererzen, später versuchsweise auch arsenidische Kobalterze (Grube *Frische Lutter*) und dann vor allem Schwerspat (*Rothäuser*- und *Knollenbuchen-Stollen*). Die recht artenreiche Paragenese umfasst neben Buntmetallsulfiden und Nickel-Kobalt-Arseniden auch Wismutminerale und komplex zusammengesetzte Selenide, die erst in jüngster Zeit erkannt wurden (Koch 2008). Zu den vielfältigen supergenen Neubildungen zählen hier seltene Vanadiumminerale.

Ähnlich artenreich erwies sich in jüngerer Zeit auch der insgesamt nur schwach vererzte **Klingentaler Gang** im Krumme Lutter Tal, der an der Klingentalswand in Form von Klippen aus verquarztem Schwerspat herausgewittert ansteht.

Eine weitere Ausnahme bezüglich der Mineralführung stellt der weiter nördlich aufsetzende **Schadenbeeksglücker Gang** (Grube *Schöne Marie*, später *Charlotte Magdalena*) dar, wo quarzreiche Gangbrekzien, Zinkblende-, Bleiglanz- und Kupferkies-führend, Mitte des 18. Jahrhunderts abgebaut wurden. Die ausgesprochen drusige Gangfüllung zeigt hübsche farblose bis leicht

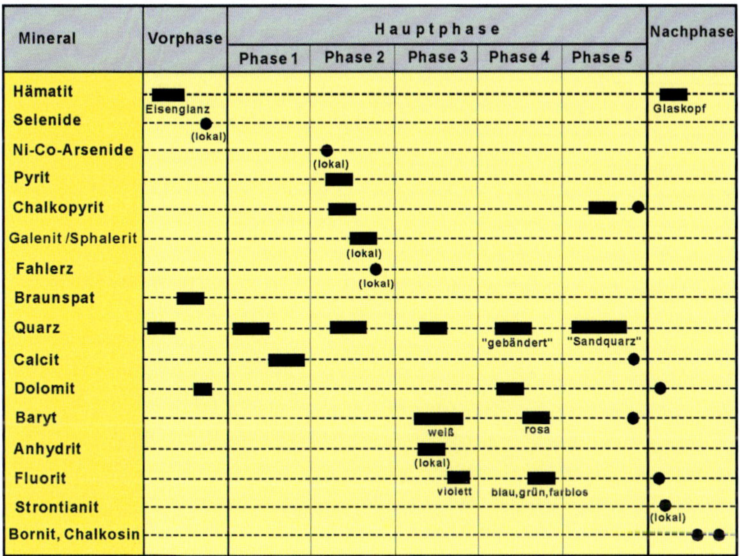

Vereinfachtes paragenetisches Schema für die Südwestharzer Gänge (verändert nach Stoppel *et al. 1983)*

amethystfarbene Quarz-Rasen, aber auch Kristalle der Sulfiderze. Mit etwas Geduld sind auf den zugewachsenen Halden noch Funde möglich.

Trotz einer nur geringen streichenden Länge von etwa 1 km, übertraf der im Tal der Krummen Lutter aufgeschlossene **Wolkenhügeler Gang** bezüglich seines Potenzials an hochwertigem Baryt alle andereren Harzer Spatvorkommen beträchtlich. Infolge zunehmender Verquarzung verschlechterte sich die Qualität der Lagerstätte jedoch zur Teufe hin. Der Bergbau von „Farbspat" wurde Ende des 19. Jahrhunderts aufgenommen und seit 1903, mit der Nachbargrube *Johanne Elise* zusammengelegt, von der Deutschen Baryt Industrie (DBI) übernommen. Der in den 1970er-Jahren mit dem Bau einer Rampe und Einsatz von Dieselfahrzeugen vollmechanisierte Tiefbau wurde bis in eine Tiefe von 350 m geführt. Oberflächennah führen die Schwerspatgänge bisweilen nesterartige Anreicherungen von *braunschwarzem Manganmulm (z. T. Wad)*, der auf Kluftflächen als hauchdünnes Kristallisat die filigranen „*Mangandendriten*" bildet, die Abdrücken von Farnkraut ähneln.

Flussspat in bauwürdigen Mengen führten **Reinebornstal-, Flussgruber-** und **Herbstberg-Gang** im Großen Andreasbachtal nördlich von Barbis, wo es bis 1959 bergmännische Untersuchungen gab. Der kräftig grün, blau oder auch tief violett gefärbte derbe Fluorit wird von grobspätigem roten Dolomit,

Mangandendriten auf Baryt Grube Wolkenhügel (1982)

Gangaufschluss mit gebändertem Baryt – Grube Wolkenhügel (1992)

„Braunspat“ und weißem Baryt begleitet. Darin eingesprengt gab es Schnüre und Nester von Bleiglanz und Kupfererzen, vornehmlich Bornit, Chalkosin und Tennantit. Auf den heute abgetragenen Halden fanden sich als Oxidationsprodukte insbesondere Azurit, Malachit sowie als Seltenheit Kupfervanadate.

Schwerspat- und zum Teil Kupfererz-führende Gänge wurden auch weiter westlich im Siebertal abgebaut. Hervorragend im Bachbett der Sieber aufgeschlossen zeigt sich der **Aurora-Gang**, der unterhalb vom „Paradies“ eine Zonierung mit außen weiß- und innen rotgefärbtem Baryt und etwas blassgrünem Fluorit aufweist.

Der oberhalb der Ortschaft Sieber am Lilienberg ausstreichende Kupfererz führende Schwerspatgang der *Grube Henriette* zeichnet sich durch eine starke Brekziierung und eine zwar schwache jedoch höchst komplexe Erzführung aus, die neben Kupferkies, Bornit, Covellin und Nickel-Kobalt-Arseniden auch Selenide umfasst und der Paragenese des Frische Lutter Ganges erstaunlich ähnelt (Heider 2014).

Von recht guter Beschaffenheit waren die am **Königsberg** ausgebildeten Barytgänge, auf denen bis Anfang der 1970er-Jahre Bergbau umging (Stoppel & Gundlach 1972). Die im Siebertal, unweit des Forsthauses Königshof, liegende *Königsgrube* gilt als drittgrößter Harzer Schwerspatproduzent. Drusige Kluftzonen im sonst meist derben Spat zeigten bisweilen tafelige Baryt-Kristalle überwachsen von feinnadeligem Strontianit.

Mit Anhydrit ausgemauerter Schacht der Grube Kupferrose – ein technisches Denkmal aus dem frühen 18. Jahrhundert

Weitere, meist sehr absetzige Schwerspatlinsen führten in diesem Gebiet der **Runnermark-Lilienberger Gangzug**, auf dem der *Bertastollen* liegt, der **Wurzelnberger Gangzug** und der **Kratzecke-Gang.** Zugewachsene Halden sind vorhanden, bieten jedoch kaum Aussicht auf nennenswerte Funde.

Aus dem Gebiet des oberen Siebertals sind mehr als 60 einzelne Quarz-Hämatit-führende Gänge bekannt, auf denen vor allem in den Revieren am **Königsberg**, in der **Großen Kulmke** und am **Eisensteinsberg** bis 1863 von Eigenlehnern Roteisenstein abgebaut wurde. Abnehmer waren verschiedene Hütten im Siebertal und später die Königshütte in Lauterberg, sowie seit 1789 die Steinrenner Hütte am Fuß des Eisensteinbergs. Die Halden gestatten gelegentliche Funde von Quarz-Kristallen und Nestern von schuppenförmigem Eisenglanz oder Rotem Glaskopf.

Stalaktitischer Limonit als sogenannter „Orgelstein" – sinterförmige Umlagerung von Eisenerz im Dolomitkarst am Schachtberg südöstlich von Bad Lauterberg

Metasomatische Bleiglanzmineralisation im verkarsteten Dolomit am Wolfshof, südöstlich von Bad Lauterberg

Weiterführende Literatur zum Südwestharzer Gangrevier

Bärtling (1911), Bode (1991), Ermisch (1904), Gebhard (1978), Gröbner & Kloss (2010), Gröbner (2001, 2007), Grundler & Meisser (1998), Gundlach et al. (1976), Hajek (2006), Heider (2014), Heberling & Stoppel (1988), Hess (1973), Hillegeist (2006), Hotze (1989), Koch (2008), Kummer (1932), Liessmann et al. (2001), Schakel (1989), Schnorrer (2000), Schnorrer-Köhler (1986,

1991), Schnorrer & Tetzer (2006), Simon (1979), Stedingk (2013), Stedingk et al. (2016), Stoppel & Gundlach (1972), Stoppel & Heberling (1983), Stoppel et al. (1983)

Anstehender Manganitgang unter Tage im Ilfelder Manganerzrevier

Als in mehrfacher Hinsicht bemerkenswert darf das am thüringischen Südharzrand liegende **Ilfelder Revier** gelten, das als Fundort von herausragenden Manganitstufen in Sammlerkreisen Weltgeltung erlangte. Vorwiegend eisenfreie oxidische Manganerze füllen hier in hochkonzentrierter Form, begleitet von Calcit und Baryt, weniger als 1 m mächtige Gänge, die in permischen Vulkaniten aufsetzen. Die reichsten dieser Braunsteingänge lagen im Bereich des Silberbachtals an der Harzeburg und am Möncheberg (Braunsteinhaus), wo sie im 18. und 19. Jahrhundert und zuletzt nochmals während des Ersten Weltkrieges intensiv bebaut wurden. Die Gangfüllungen waren oberflächennah recht drusenreich, sodass sich durch den Verkauf von hochwertigen Mineralstufen zeitweise mehr Gewinn als durch die eigentliche Erzförderung erzielen ließ. In jüngerer Zeit wurden hier verschiedene weitere Minerale entdeckt. Für die immer wieder umgegrabenen „höffigen" Halden an der Harzeburg besteht ein Schürf- und Sammelverbot, sodass von hier kaum mehr nennenswerte Funde zu erwarten sind. Geringmächtige Hämatitgänge am Netzberg und am Unterberg (Grube Beschert Glück) lieferten neben derbem Roteisenstein auch Roten Glaskopf und Calcit in schönen Stufen.

Weiterführende Literatur zu den Ilfelder *Manganerzgängen*
GAEVERT (1981), GRÖBNER et al. (2011), MOORE (2010), RUMSCHEIDT (1926), RUSSWURM (1958), SIEMROTH (1990, 1999), STEDINGK et al. (2016).

Im Norden des Mittelharz-Ganggebiets, unweit von Wernigerode, befindet sich das wirtschaftlich zwar bedeutungslose, mineralogisch aber erstaunlich komplex zusammengesetzte **Hasseröder Revier.** Am östlichen Rand des Brockenplutons setzen hier innerhalb der Kontaktzone zahlreiche meist geringmächtige Erzgänge auf, deren Mineralparagenesen gewisse Ähnlichkeiten zu denen des St. Andreasberger Reviers aufweisen, die jedoch wesentlich metallärmer und nahezu frei von Silbermineralen sind. Einige Bekanntheit erlangte die im Thumkuhlental liegende Grube *das Aufgeklärte Glück*, wo ein relativ mächtiger Kalkspatgang von reichlich Wismut begleitete Nickel-Kobalt-Eisen-Arsenide führte. Im frühen 18. Jahrhundert lieferte das räumlich eng begrenzte Mittel dieser Grube zeitweise den Rohstoff für ein Kobaltblaufarbenwerk in Hasserode, das später unter preußischer Hoheit und dem Einsatz von Fremderzen recht erfolgreich produzierte. Die anderen, vorwiegend Kupfer-führenden Gänge, z. B. an der Goslarschen Gleie oder im Schlickstal, bieten auf teilweise versteckt liegenden Halden bisweilen vielfältige Oxidationsminerale und gestatten insbesondere Mikromountern gewisse Fundmöglichkeiten.

Ehemalige Gruben:
1 Christine / Sandtal, 2 St. Georg / Goslarsche Gleie, 3 Kellerberg, 4 Bielstein, 5 Silberne Mann, 6 König Friedrich, 7 Hippeln, 8 Aufgeklärtes Glück, 9 Margarete, 10 Triumpfwagen, 11 Louise Charlotte, 12 Schlickstal, 13 Kleeblattsglück, 14 Drei Annen

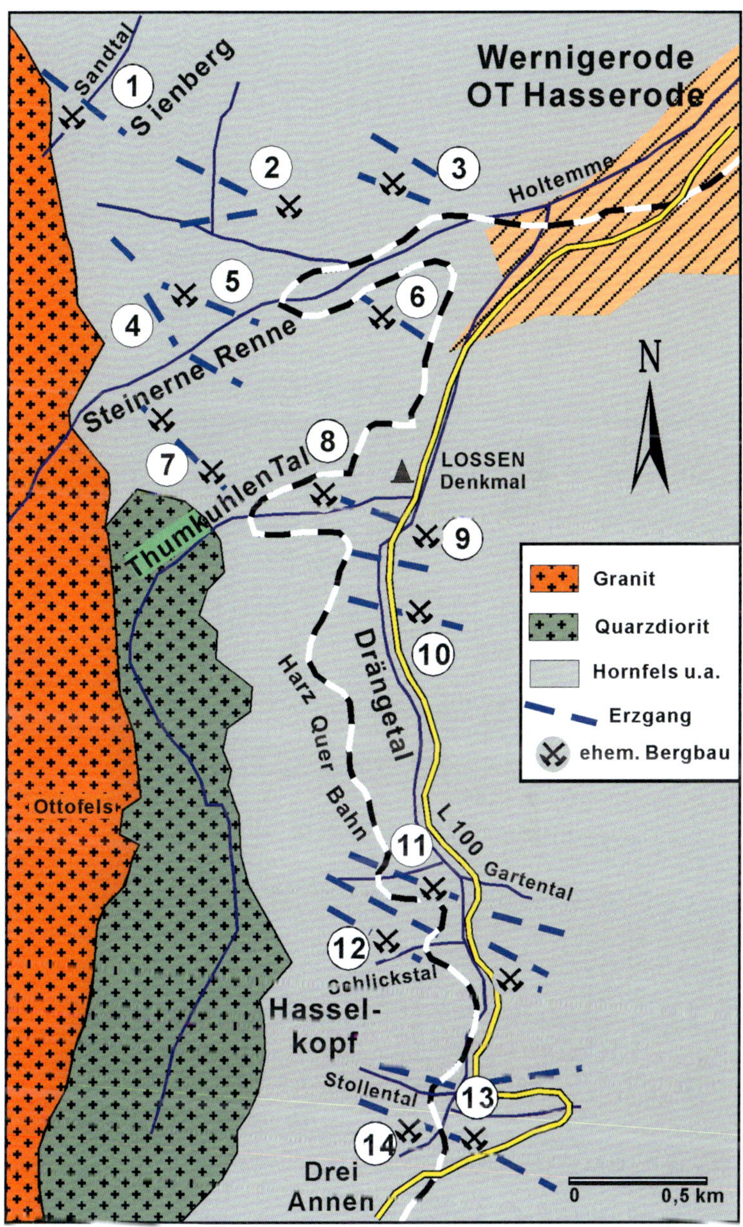
Wernigerode
OT Hasserode
Sandtal
Sienberg
Holtemme
Steinerne Renne
Thumkuhlen Tal
LOSSEN
Denkmal
Drängetal
Harz Quer Bahn
L 100
Gartental
Schlickstal
Hassel-
kopf
Stollental
Drei
Annen
Ottofels
N
Granit
Quarzdiorit
Hornfels u.a.
Erzgang
ehem. Bergbau
0
0,5 km
1
2
3
4
5
6
7
8
9
10
11
12
13
14

Weiterführende Literatur zum *Hasseröder Revier:*
GRÖBNER et al. (2011a), KLAUS (1982, 1983), KNAPPE & SCHEFFLER (1990), ROCKHAUSEN (1953), SCHEFFLER & KNAPPE (1982), SCHLEIFENBAUM (1894), SCHNORRER (2000), SIEMROTH (2009), Siemroth et al. (1997) STEDINGK et al. (2016)

Im Raum **Trautenstein – Tanne – Benneckenstein** gibt es einige kleine isolierte gangförmige Blei-Zink-Mineralisationen, die zuletzt um 1913 bergmännisch untersucht wurden. So war die Halde der *Zeche Gertrud* im Giepenbachtal früher als Fundort für Pyromorphit bekannt. Im Material der Gruben *Silbermarie, Schaftrift* und *Nasser Wolf* lassen sich in Quarz eingewachsene Derberze sowie sekundäre Zinkminerale finden (BLÖMEKE 1885, GAEVERT 2004, GRÖBNER et al. 2011).

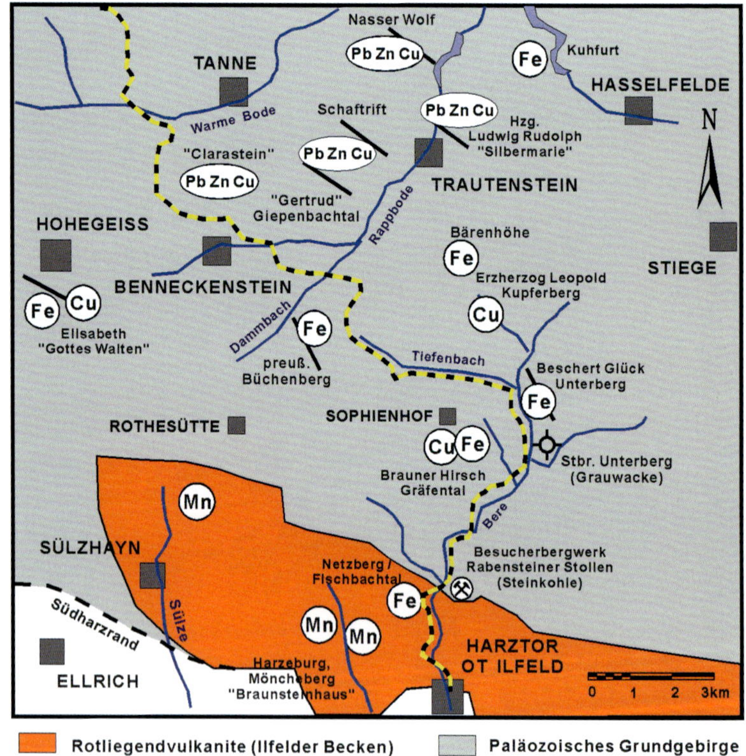

Übersichtskarte zu den Erzvorkommen im südöstlichen Teil des Mittelharzes

Die Erzgänge des Unterharzes

Das sich um den Rambergpluton herum erstreckende Unterharz-Ganggebiet umfasst zwischen Thale im Norden und Rottleberode im Süden eine Fläche von etwa 200 km². Es lassen sich etwa 7 wichtige Gangstrukturen sowie eine Reihe von kleineren Einzelvorkommen unterscheiden, die insgesamt zwar weniger metallreich als im Oberharz waren, doch mineralogisch eine enorme Artenvielfalt aufweisen und mit spannenden Mineralienfundpunkten aufwarten können. Als wesentlicher Unterschied zum Oberharz ist hervorzuheben, dass Fluorit hier weite Verbreitung zeigt, die sich vom Nordharzrand bei Gernrode (Hohe Warte) bis zum südlichen Gebirgsrand bei Rottleberode (Flußschacht) erstreckt. Auf rund 20 Gruben dürften bis 1990 grob geschätzt etwa 5,4 Mio. t Rohspat gefördert worden sein (Stedingk et al. 2002). Hauptbetriebe waren der *Flussschacht* bei Rottleberode und die Grube *Fluor* in Straßberg, die zusammen mit den Betriebsabteilungen *Glasebach*, *Heimberg* und *Brachmannsberg* ein ausgedehntes Verbundbergwerk bildeten. Die bis zu 5 m mächtigen Linsen von grünlich grauem bis hellgrünblauem Flussspat waren

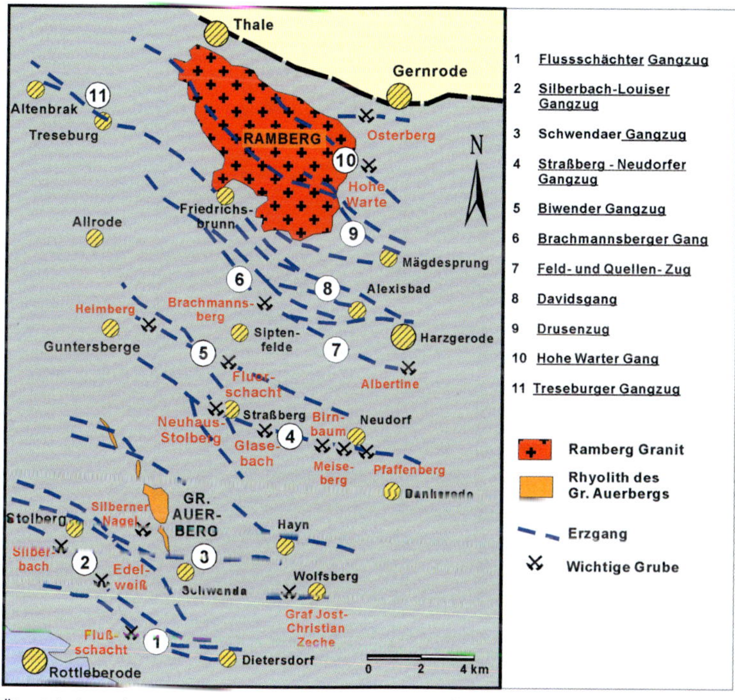

Übersichtskarte des Unterharz-Ganggebietes („Ramberg-Distrikt")

sehr kompakt, selten leicht gebändert und führten hier so gut wie nie freigewachsene Kristalle. Fast alle in Sammlungen zu findenden Unterharzer Fluoritstufen, meistens graublauer bis hellgrüner Färbung, lieferte der bis in rund 500 m Tiefe erkundete **Flussschächter Gangzug** bei Rottleberode. Rund 500 m ostsüdöstlich vom heute vollständig renaturierten Schachtgelände im Krummschlachttal lassen sich stellenweise auf dem zutage ausstreichenden Backöfener Gang noch Fluoritstücke finden. Hier befand sich die um 1860 aufgenommene *Graf Carl Martin Zeche*, die anfangs auch Eisenerze und Kupferkies förderte und bis zu 30 cm große Fluorit-Kristalle ans Tageslicht brachte.

Auf dem **Silberbach-Louiser Gangzug** zwischen Stolberg und Dietersdorf wurden Baryt (Gruben *Silberbach* und *Edelweiß* bei Stolberg) sowie Siderit und Kupferkies (Grube *Louise*) abgebaut. Auf verschiedenen, bei Dietersdorf bergmännisch erkundeten Gangtrümern fanden sich antimonreiche Sulfosalze.

Ein nahezu isoliertes Vorkommen bildet der Gang der *Graf Jost-Christian-Zeche* bei **Wolfsberg**, dem einzigen Harzer Antimonbergwerk. Neben dem

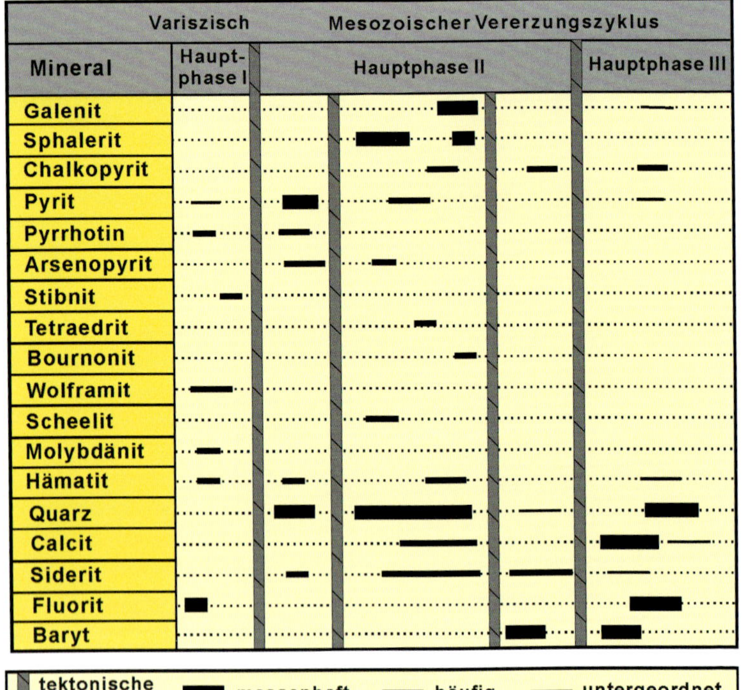

Paragenetisches Schema der Unterharzer Erzgänge (nach STEDINGK et al. 2004)

Haupterz Stibnit fanden sich hier verschiedene seltene, komplexe Antimonminerale, von denen einige hier erstmals gefunden wurden, was vor allem ein Verdienst des damaligen Chefs der anhaltischen Bergwerke L. Zinckens war. Zu nennen sind Zinkenit (1825), Plagionit (1831) und Chalkostibit (1835, früher auch Wolfsbergit genannt), die bemerkenswerte Paragenese umfasst außerdem Boulangerit, Dadsonit und Semseyit (SIEMROTH 1991).

Ein recht unbedeutendes Vorkommen von silberhaltigem Bleiglanz wurde bis ins 18. Jahrhundert von der Grube *Silberner Nagel* im hinteren Zechental am Fuß des Großen Auerbergs bei Stolberg abgebaut. Etwa 25 durch Haldenfunde nachgewiesene Minerale belegen die Komplexität dieses Erzganges.

Die größte Bedeutung für den Unterharzer Metallerzbergbau hatte der rund 10 km lange **Straßberg-Neudorfer-Gangzug**, der in sehr absetzigen Erzmitteln silberhaltigen Bleiglanz, aber auch Pyrit, Siderit und vorwiegend in der Tiefe Zinkblende führte. Der auf Silber ausgerichtete Bergbau erlebte Anfang bis Mitte des 18. Jahrhunderts seine Blütezeit. Im westlichen Abschnitt, auf dem Territorium der Grafschaft Stolberg, bildete Straßberg das Zentrum des Montanwesens. Bedeutung erlangten die Gruben *Neuhaus-Stolberg* und *Glasebach* (später Flussspatgewinnung, heute Besucherbergwerk). Östlich anschließend, auf anhaltischem Gebiet, lagen die von Neudorf aus betriebenen Gruben *Vorsichtiger Bergmann*, *Birnbaum* und *Glücksstern*. Die größte Bekanntheit erlangten die direkt in Neudorf bis 1903 betriebenen Gruben *Meiseberg* und *Pfaffenberg*, als Fundorte für hervorragende flächenreiche Bleiglanz-, Tetraedrit- und Bournonit-Kristalle, die meist auf kristallinem Siderit aufgewachsen sind. Die hier in den Schächten *Fürst Christian* und *Herzog Alexis* zu Tage geförderten Stufen zählen weltweit zu den mineralogischen Glanzlichtern des Harzes.

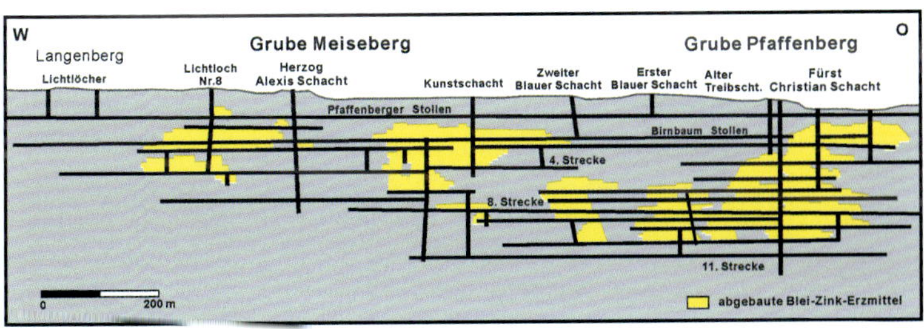

Seigerriss des Neudorfer Ganges mit den Gruben Pfaffenberg und Meiseberg (nach HEEMANN 1930)

Eine Besonderheit dieses, aber auch des benachbarten **Biwender Gangzuges,** ist das verbreitete, wenn auch stark untergeordnete Auftreten von Wolframerzen in Form von gut kristallisiertem Wolframit und nahezu unscheinbarem Scheelit. Mit etwas Glück lassen sich auf den Halden der ehemaligen Gruben *Birnbaum* und *Glücksstern* noch Belegstücke finden. Eine recht bekannte

Eigentümlichkeit dieses Reviers ist das Auftreten von sogenanntem Federpyrit, einer filigranen Pseudomorphose von Pyrit nach Pyrrhotin, die in Quarz und Siderit eingewachsen vorliegt und sich auf den Neudorfer Halden gelegentlich noch finden lässt.

Interessante Mineralisationen führte auch der **Brachmannsberger Gang**, der Teil eines komplizierten, von Treseburg im Nordwesten über Friedrichsbrunn und Alexisbad bis nach Harzgerode im Südosten streichenden Störungssystems ist. Am Brachmannsberg selbst, wo bis in die 1980er-Jahre Flussspatbergbau stattfand, zeigten sich vereinzelt komplexe Sulfosalze (Wismut-führend) und, als Umwandlungsprodukt von Arsenkies-führenden Primärerzen, verschiedene Arsenate. Im Gegensatz zum Oberharz ist Pyrit auf den meisten Gängen des Unterharzes reichlich vertreten. So auch im Bereich des Selketals, wo die schwefelsauren Verwitterungslösungen zu interessanten Mineralneubildungen führten (*Kiesschacht, Schwefelstollen*). Einige Bedeutung hatte die bis 1892 südlich von Harzgerode bauende, 270 m tiefe Grube *Fürstin Elisabeth-Albertine*.

Südlich von Gernrode im Bereich des Hagentals setzt der **Hohe Warte Gang** in den Granit des Ramberges hinein, wo mit einem im Hagental angesetzten Grundstollen ein nicht unbedeutendes Flussspatmittel erkundet wurde. Am *Kupferberg*, ebenfalls im Randbereich des Rambergplutons, ist eine mineralogisch recht komplexe „Greisenmineralisation" aufgeschlossen. Die Paragenese umfasst, meist nur in mikroskopischer Größe, die für Harzer Granite ungewöhnlichen Minerale Chalkopyrit, Molybdänit, Ferberit, Löllingit, Arsenopyrit und gediegen Wismut zusammen mit reichlich Quarz und Muskovit.

Verschiedene wirtschaftlich unbedeutende Gangmineralistionen setzen bei **Treseburg** im Bodetal auf. Die heute größtenteils im Naturschutzgebiet liegenden Kleinvorkommen sind durch interessante Kupfer-Zink-Sekundärbildungen (beispielsweise Cyanotrichit) gekennzeichnet. Als bemerkenswert darf eine hier nachgewiesene Wismutmineralisation gelten mit dem im Harz bislang einmaligen Fund des seltenen Wismut-Tellurids Joseit-B.

Lediglich von historischer Bedeutung ist das kleine, recht isoliert im östlichen Unterharz liegende Revier von **Tilkerode**, wo auf anhaltischem Territorium in der Hauptsache hämatitische Eisenerze gewonnen wurden. Umgeben von schwarzen Tonschiefern und körnigen Diabasen der Harzgeröder Zone setzen zwei rund 1 m mächtige Erzgänge auf, die, ungewöhnlich für den Harz, annähernd Nord-Süd verlaufen und auf rund 1 km Länge aufgeschlossen wurden. Besondere Aufmerksamkeit erzielte eine hier 1821 entdeckte Gold- und Palladium-führende Selenidmineralisation. Nirgendwo anders im Harz fand sich Gold, wenn auch nur ganz punktuell, in solch konzentrierter Form. Die in karbonatischer Gangart vorliegenden Selenide wurden wenige Jahre lang auf dem sogenannten *Goldschacht* abgebaut und letztmalig in den 1950er-Jahren bergmännisch untersucht (TISCHENDORF 1959). Neben Clausthalit als Haupterzmineral ließen sich hier zahlreiche weitere, zum Teil sehr seltene Selenide nachweisen (siehe Kapitel 2.18). Die Fundliste dieser klassischen Stätte der Geoforschung umfasst derzeit 46 Mineralarten. Leider bestehen hier heute weder Aufschlüsse noch Fundmöglichkeiten.

Weiterführende Literatur zu den Erzgängen des Unterharzes:
AHR (1969), AUGUSTIN (1994), CABRAL et al. (2012b), ERMISCH & KRONBERG (2000), FRANZ (1961), FRANZKE & HOFMANN (1969), FRANZKE & ZERJADTKE (1999), GENKIN (1977), GIEBEL (1858), HAKE (1961), HANSPER (2006), HARTMANN (1957), HESEMANN (1930), JUNG (1965), JUNKER et al. (1991), KAEMMEL (1992), KLAUS (1975, 1978, 1984, 1987, 1989, 1990, 1993), KLAUS & SEIDEL (1993), KLAUS & STEDINGK (1989), OELKE (1970, 1973,1978), SCHNORRER (2004), SCHRÖDER (1929), SCHULTE (1930), SEIDEL (1991), SIEMROTH (1990, 1991), SIEMROTH & HEBESTEDT (1982), SONNTAG (1984), STEDINGK (2002), STEDINGK et al. (2004 und 2016), VOLLSTÄDT et al. (1991), WITZKE (1999), ZERJADTKE (1982, 2016).

Zinkblende mit Quarz und Fluorit – Neudorfer Revier (BB 9 cm)

Bleiglanz-Siderit-Gangstück – Grube Glasebach, 9. Sohle, Straßberg (BB 18 cm)

Bleiglanz-Quarz-Siderit-Erztrum – Grube Pfaffenberg, Neudorf (BB 12 cm)

Gangstück mit Wolframit, Pyrit und Quarz – Grube Glasebach, 9. Sohle, Straßberg (BB 14 cm)

Aufschluss von grünem Fluorit in der Grube Glasebach, Straßberg

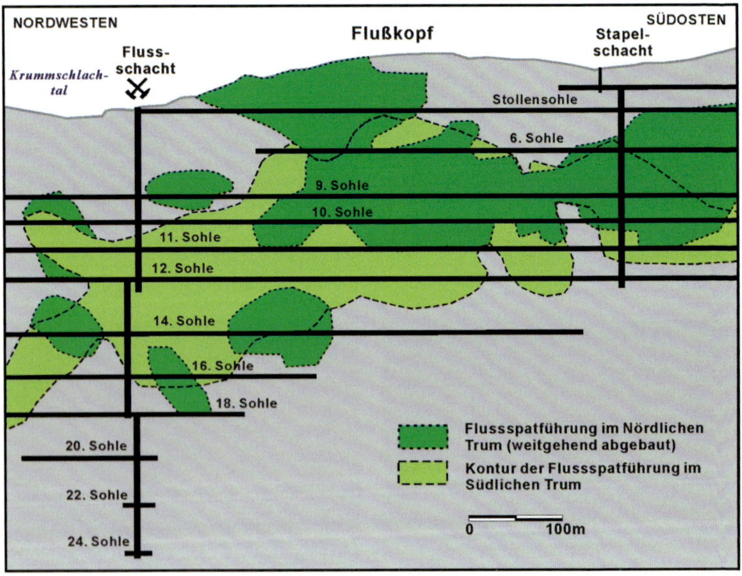

Seigerriss der Fluoritlagerstätte von Rottleberode (Flussschächter Gang)

Kupferschiefer

Der nach seinem Hauptvorkommen im Mansfelder Land benannte *Kupferschiefer* bildet eine stratiforme polymetallische Erzlagerstätte von enormer Ausdehnung. So unterlagert das nur 0,2 bis 0,4 m mächtige Flöz auf einer Fläche von ca. 600.000 km² weite Teile Mitteleuropas und gab überall dort, wo es an den Rändern des variszischen Grundgebirges zutage ausstreicht, Anlass zu mehr oder weniger erfolgreichen Bergbauaktivitäten. Genau betrachtet handelt es sich nicht um einen „Schiefer", sondern um ein feingeschichtetes, schwarzes, kohlig-bituminöses Tonmergelgestein, das zu Beginn des Zechsteins (oberes Perm) vor 257 Millionen Jahren in einem „umgekippten" Flachmeer als Faulschlamm abgelagert wurde. Nur etwa 1% der Gesamtfläche führt, wie hier am südöstlichen Harzrand, Kupfergehalte von mehr als 0,3 % sowie signifikante Mengen von Silber und anderen Metallen. Dieses ist in der Regel dort der Fall, wo variszische Molasse (Sandstein- und Konglomeratabfolgen des Oberkarbons und Rotliegenden) den Untergrund bilden.

Bedingt durch die spätere Aufrichtung des Harzes als Pultscholle, fällt das am südlichen Gebirgsrand ausstreichende Flöz durchschnittlich mit 3–8° nach Süden bzw. Südosten ein.

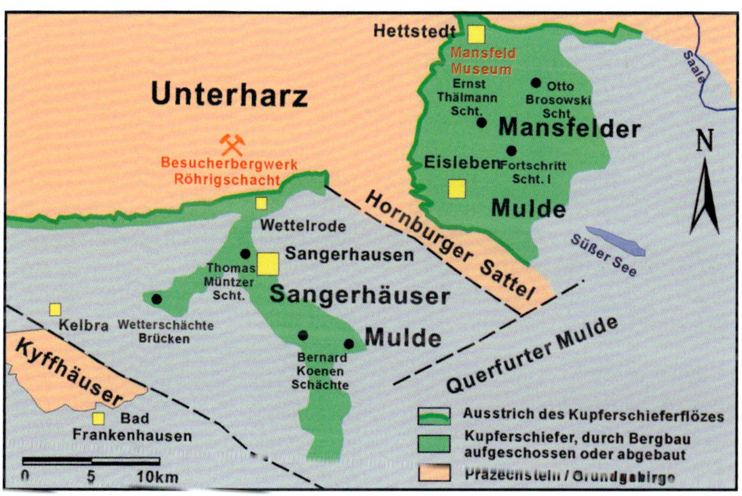

Übersichtskarte der Südharzer Kupferschieferreviere

Die größten Metallmengen konzentrieren sich ganz wesentlich in den zusammen nur 5 cm mächtigen untersten Lagen des Flözes, genannt „feine Lette", „grobe Lette" und „Kammschale". Die diffus darin verteilten Erzminerale sind Bornit (Buntkupferkies), Chalkopyrit (Kupferkies), Chalkosin (Kupferglanz),

Covellin und Tennantit (Arsenfahlerz), der auch wichtigster Silberträger ist. Markante Umlagerungsprodukte sind die gelegentlich zu beobachtenden, bis mehrere Millimeter starken sogenannten „Bornitlineale" (Abb. S. 100).

Früher führte man die Anreicherungen der sulfidisch gebundenen Buntmetalle allein auf eine sedimentäre Fällung (syngenetische Erzbildung) durch den im Faulschlamm freigesetzten Schwefelwasserstoff zurück. Heute geht man stattdessen von einer epigenetischen Metallkonzentration unter hydrothermalen Bedingungen aus, die während der Hauptabsenkungsphase zu Beginn des Mesozoikums erfolgte. Zu dieser Zeit kam es in der tief versenkten, aus klastischen Sedimenten und Vulkaniten bestehenden Molasse zur Mobilisierung von Bunt- und Edelmetallen, die an der Zechsteinbasis aufgrund besonderer geochemischer Gegebenheiten als Sulfide ausgefällt wurden. Der schwarze, an organischem Kohlenstoff reiche Sapropelit bildete für die gelösten Metalle infolge seiner reduzierenden Wirkung eine Art „geochemische Falle" (STEDINGK 2008).

Der Schwerpunkt des mehr als 800-jährigen Kupferschieferbergbaus lag am südöstlichen Harzrand in der **Mansfelder** und der **Sangerhäuser Mulde**, wo Metallgehalte (Cu+Pb+Zn) von 20–50 kg / m^2 auftraten. Die abgebaute Flözfläche umfasst ca. 191 km^2.

Aus mehr als 1000 Schächten wurden bis zum Ende des aktiven Bergbaus (1969 in Mansfeld und 1990 in Sangerhausen) rund 109 Millionen t Roherz gefördert, deren Verhüttung 2.629.000 t Kupfermetall und 14.200 t Silbermetall erbrachten (KNITZSCHKE 1995). Damit repräsentiert das Lagerstättengebiet Mansfeld-Sangerhausen die mit weitem Abstand bedeutendste Kupfer- und Silberlagerstätte Deutschlands. Der tiefste Aufschluss im Sangerhäuser Revier lag 995 m unter Tage. Der Mansfelder Altbergbau wird bis heute durch den 1809–1879 angelegten 32,3 km langen *Schlüsselstollen* zur Saale hin entwässert. Dieser erzielte in Hettstedt eine maximale Tiefe von 180 m Tiefe und zählt zu den bedeutendsten Wasserlösungsstollen Europas.

Rückenmineralisationen („Mansfelder Rücken")

Dieser bergmännische Begriff (früher auch „Kobaltrücken" genannt) bezeichnet postvariszisch mineralisierte Gangstörungen, welche im Bereich des Kupferschiefers die Schichten des Rotliegenden und des Zechsteins um durchschnittlich 1–6 m versetzen. Solche wenige Dezimeter bis 3 Meter mächtigen Gänge führen neben grobkristallinem Baryt und Calcit in der Nachbarschaft des Flözes, beschränkt auf wenige 10er Meter, manchmal derbe Kupfersulfide sowie lokal auch arsenidische Nickel-Kobalt-Erze. Die streichende Erstreckung beträgt zwischen 60 und etwa 1000 m. Häufigste Erzminerale sind neben Bornit und Vertretern der Kupferglanzgruppe Nickelin, *Speiskobalt* (Nickel-Skutterudit), Rammelsbergit und Maucherit, seltener gediegen Wismut und örtlich Molybdänit sowie etwas Uranpecherz und Thucholit. Bekannte Fundorte für solche nickelreichen Erze, insbesondere Maucherit, sind der *Graf-Hohenthal-Schacht* bei Helbra und die *Freiesleben Schächte* bei Leimbach.

Interessante Aufschlüsse der Kupferschieferlagerstätte bietet der heute museal genutzte *Röhrigschacht* in Wettelrode – vormals Hauptwetterschacht des Bergwerks Thomas-Münzer bei Sangerhausen. Seit 1991 besteht hier die Möglichkeit in 283 m Tiefe ein Abbaufeld aus dem 19. Jahrhundert zu besichtigen. Neben Flözaufschlüssen zeigen sich im sogenannten „Blauen Gewölbe" filigrane, durch Kupfersalze blau und grün gefärbte Versinterungen. Im Rahmen von anspruchsvollen Sonderführungen können Strecken im Altbergbau sowie zwei große, beim Stollenvortrieb angefahrene Gipskarsthöhlen, die *Elisabethschächter-* und die *Segen-Gottes-Schlotte*, besucht werden. Diese, wegen ihrer Auskleidung mit großen, zum Teil bernsteinfarbenen Gipskristallen, sogenannte *Marienglasschlotte* ist für Mineralienfreunde besonders sehenswert.

Über Tage erschließt ein am Museum beginnender, 4 km langer Lehrpfad die historische Bergbaulandschaft am „Ausgehenden" des Kupferschieferflözes, wo durch archäologische Grabungen ein Duckelbergbau mit 4–5 m tiefen Schächten dauerhaft freigelegt wurde. Dieser zeugt von den ersten Anfängen der Kupfererzgewinnung vor mehr als 500 Jahren.

Entlang des südlichen Harzrandes folgen nach Westen hin verschiedene kleinere, bis ins 18. Jahrhundert aktive Kupferschieferreviere. Zahlreiche kleine Halden ermöglichen insbesondere bei Buchholz, Harzungen, Neustadt und Ilfeld mit etwas Glück Funde von supergenen Kupfermineralen. Bei Ilfeld bietet das kleine Besucherbergwerk *„Lange Wand"*, unweit des gleichnamigen Geotops, untertägige Aufschlüsse vom Flöz als auch von einer Kobalt-führenden, barytreichen Rückenmineralisation.

Weiterführende Literatur zu den Kupferschieferrevieren

Gröbner & Wesiger (2008), Jahn et al. (2000), Jankowski (1995), Kautzsch (1953), Knitschke (1995), Rentsch & Knitschke (1968), Siemroth & Witzke (1999), Stedingk et al. (2002 und 2016), Vollstädt (1981), Walther & Kappler (2014).

Halde „Hohe Linde" des Thomas-Münzer-Schachtes – unübersehbares Wahrzeichen des Sangerhäuser Kupferschieferbergbaus

Durch Kupfersalze blau gefärbte Sinter – Kupferschiefer-Altbergbau in Wimmelburg Mansfeld

Fördergerüst des Besucherbergwerks Röhrigschacht in Wettelrode

Das Kupferschieferflöz auf Sandstein des „Weißliegenden" – 1. Sohle des Röhrigschachtes bei Wettelrode

Bornitlineal im Kupferschiefer – Flügel 29, 7. Sohle, Bernhard Könen-Schacht I, Niederröblingen, Fund 1971 (BB 8,5 cm)

1.4 Grundlagen zur Mineralbestimmung

Minerale sind die Bausteine unserer Erdkruste. Sie sind in der Regel homogene und kristalline Festkörper, die natürlich entstanden sein müssen. Zurzeit gibt es rund 5500 Mineralarten, die offiziell von der IMA („International Association of Mineralogy") anerkannt sind. Jedes Mineral ist durch seine **Zusammensetzung** (chemische Formel) und seine **Struktur (**Kristallgitter) genau definiert. So lässt sich jede kristalline Substanz einem von **7 Kristallsystemen** bzw. einer von **32 Kristallklassen** zuordnen.

Natürliches Eisensulfid (chemisch FeS_2) kann je nach Bildungsbedingungen sowohl im **kubischen System** (disdodekaedrische Klasse) als **Pyrit** wie auch im **orthorhombischen System** als **Markasit** kristallisieren. Eine solche Verbindung bezeichnet man als **polymorph**.

Welchen großen Einfluss der Gittertyp auf die physikalischen Eigenschaften einer chemischen Substanz hat, mag das Beispiel Kohlenstoff zeigen: die kubische Hochdruckmodifikation **Diamant** ist extrem hart und elektrisch nicht leitend. Die wesentlich häufigere hexagonale Normaldruckmodifikation **Graphit** ist so weich, dass sie auf Papier schreibt (Bleistiftmine) und ein guter elektrischer Leiter.

Kristallformen (Ausbildung)

Der Mineraliensammler ist vor allem darauf bedacht, möglichst frei aufgewachsene Kristalle, einzeln oder in Gruppen (Kristallstufen), zu finden. Diese sind in der Natur allerdings die Ausnahmen, denn solche frei und eigengestaltig (**„*idiomorph*"**) ausgebildeten Individuen können in der Regel nur dort ungestört wachsen, wo es einen Hohlraum gibt. In der hier betrachteten Region erfolgte die Kristallisation in den meisten Fällen aus mehr oder weniger heißen wässrigen Lösungen (Hydrothermen), die auf Gesteinsspalten oder Klüften zirkulierten und gewissermaßen ganz am Ende, wenn die Stoffzufuhr aufhörte, den verbliebenen Restraum mit Kristallen auskleideten und Drusen entstehen ließen.

Bei der Ansprache von Kristallen gilt der erste Blick der **Symmetrie,** der räumlichen Anordnung der Flächen, die es erlaubt, das Kristallsystem oder die Kristallklasse zu ermitteln. Dieses erfordert einige Erfahrung, wozu man um einen Blick in die Lehrbücher der Allgemeinen Mineralogie oder Kristallografie nicht herumkommt. Zum Verstehen und Erkennen der Symmetrieelemente, wozu zwei-, drei-, vier- oder sechszählige Drehachsen, Spiegelebenen und Symmetriezentren zählen, sind Übungen mit Papp- oder Holzmodellen sehr hilfreich. Allerdings zeigen sich die natürlichen Kristalle häufig verzwillingt, verzerrt oder Flächen sind unterdrückt.

Ein Beispiel für das hochsymmetrische kubische Kristallsystem ist der Würfel, der in allen drei Raumrichtungen vier-, drei- und zweizählige Drehachsen

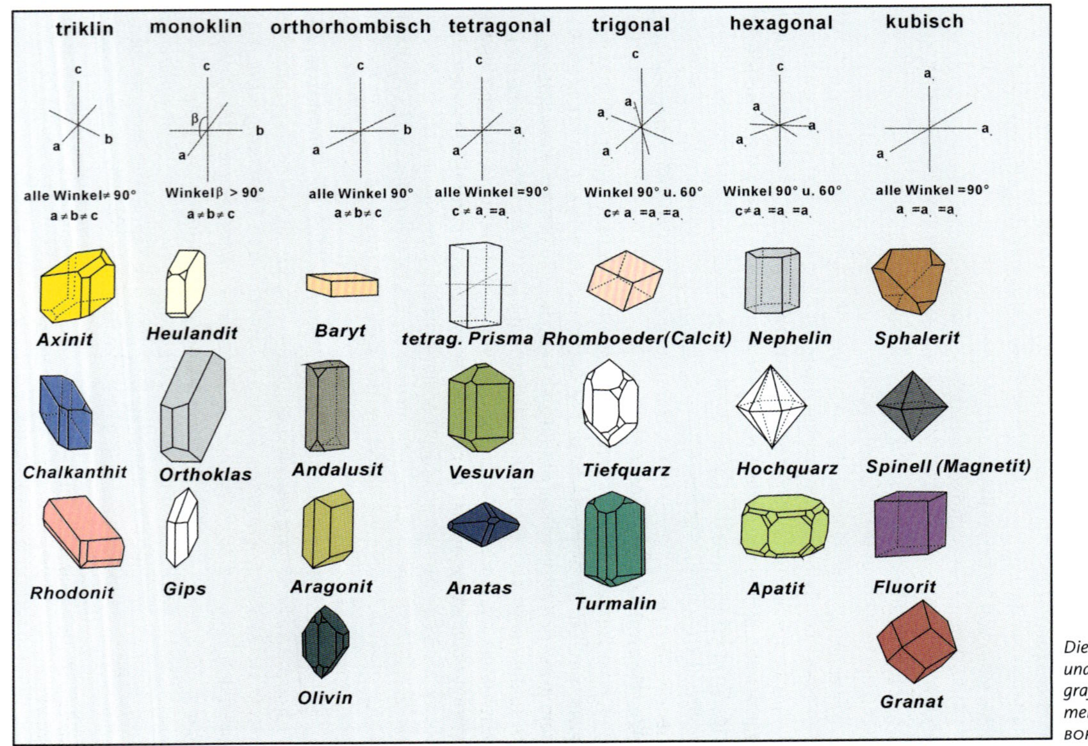

Die 7 Kristallsysteme und einige kristallografische Grundformen (nach PHILIPSBORN 1967)

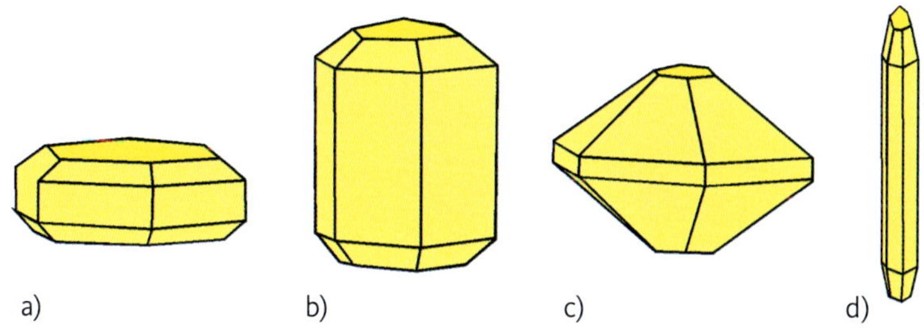

Unterschiedliche Kristallgestalten (Habitusarten) bei gleicher Flächenkombination (Tracht) am Beispiel einer hexagonalen Bipyramide mit Prismen und Basisfläche (z. B. Pyromorphit): a) tafelig, b) säulig-prismatisch, c) kurzprimatisch, d) langprismatisch-nadelig

sowie Spiegelebenen aufweist. Ein monoklines Prisma, das lediglich eine zweizählige Drehachse kombiniert mit einer Spiegelebene besitzt, hat eine niedrige Symmetrie.

Der Würfel ist die häufigste Kristallform von Pyrit, dieser kann aber außerdem 8-Flächner („Oktaeder") und 12-Flächner („Pentagondodekaeder") bilden, die miteinander gern in vielfältigen Kombinationen auftreten.

Grobe Verwachsungen von Mineralkörnern der gleichen Art heißen **Aggregate**, sie können dicht, derb, körnig, filzig oder kugelig-schalig ausgebildet sein. **Gesteine** sind Gemenge meist silikatischer Minerale (z. B. **Granit** bestehend aus Feldspat, Quarz und Glimmer in grober, richtungslos körniger Verwachsung). Diese werden aber, getrennt von der Mineralogie, in einem eigenständigen Wissensgebiet, der Petrografie (Gesteinskunde) behandelt (vgl. HANN 2016, LIESSMANN 2018, MÜLLER & STRAUSS 1987).

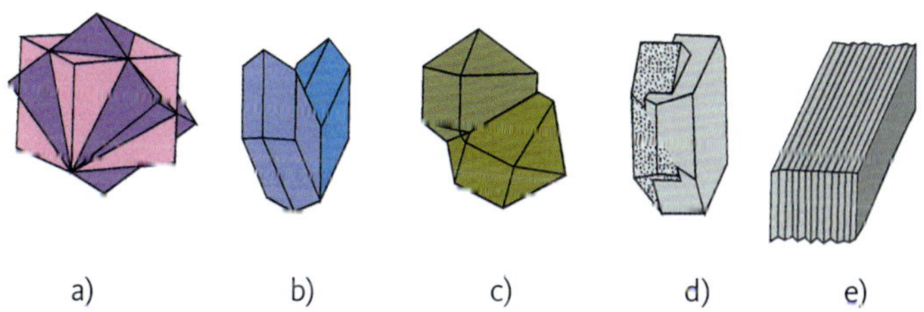

Markante Zwillingsformen: a) Fluorit (kubisch) – zwei sich durchkreuzende Würfel, b) Gips (monoklin-prismatisch) Schwalbenschwanzzwilling, c) Cassiterit (tetragonal) Visiergraupenzwilling, d) Orthoklas (monoklin) Karlsbader Zwilling, e) Albit (trikin) polysynthetische Zwillingsbildung

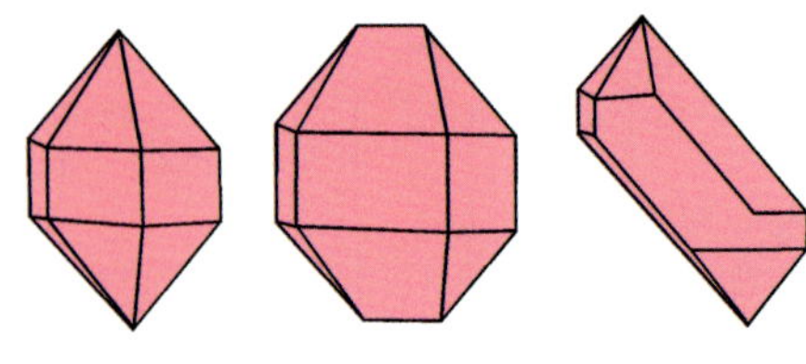

Hochquarz

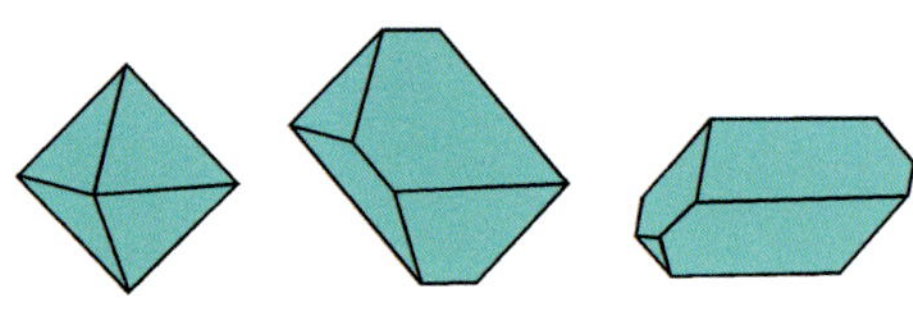

Magnetit

Natürliche Kristalle zeigen häufig verzerrte Formen, wodurch das Erkennen der Symmetrie erschwert wird, wie diese beiden Beispiele belegen: a) Hochquarz (ditrigonal-bipyramidal), b) Magnetit (oktaedrisch).

Parameter der Mineralbestimmung

Die Vorgehensweise bei der Mineraldiagnose hängt vor allem von der Ausbildungsform und Größe des zu untersuchenden Stückes ab. Sind keine charakteristischen Kristallformen auszumachen, wendet man, wie bei allen Mineralen derber Ausbildung, zunächst die Methode der *Bestimmung nach äußeren Kennzeichen* an, z. B. die klassischen Tafeln von H. v. PHILIPPSBORN (1. Auflage 1953), die wiederum auf Tabellen von Weisbach und Kolbeck fußen. Dieses in der Lehre auch heute noch verwendete Werk (3. Auflage von HOCHLEITNER & PHILIPPSBORN 1996) erfordert eine sorgfältige Beobachtung verschiedener Parameter.

Heute gibt es zahlreiche, oft gut bebilderte Bestimmungsbücher, die für den Mineralienfreund meist ansprechend bunt gestaltet sind. Trotzdem sei davor gewarnt, sich bei der Diagnose nur auf die visuellen Eindrücke zu verlassen und keine anderen Kriterien zu berücksichtigen, denn die Variationsmöglichkeiten des äußeren Erscheinungsbildes sind bei Mineralien sehr groß.

Bei Mikromounts und insbesondere zahlreichen supergenen Mineralen, die nur in Krusten oder dünnen Anflügen auftreten, lassen sich diese Methoden kaum anwenden. Hier hilft neben der Farbe nur eine visuelle Betrachtung der Kristallausbildung, wozu statt der Lupe in den meisten Fällen das Stereomikroskop zu gebrauchen ist. Hier leisten Vergleichsfotos, wie sie in diesem Buch gegeben werden, eine wertvolle Hilfe. Sehr hilfreich hierbei sind Kenntnisse über die paragenetischen Verhältnisse, was wiederum viel Erfahrung erfordert.

Die Mineralbestimmung nach äußeren Kennzeichen beruht neben der Kristallmorphologie vor allem auf den physikalischen Eigenschaften, die sich mit einfachen Hilfsmitteln ohne großen technischen Aufwand zumindest annäherungsweise ermitteln lassen. Im nächsten Schritt würde dann auch die Mineralzusammensetzung herangezogen, was mit einfachen chemischen Tests (z. B. „Lötrohrprobierkunde“) machbar ist.

Eigenfarbe

Viele Minerale sind durch leuchtende Farben besonders auffällig und somit in einigen Fällen charakteristisch und für die Bestimmung nützlich (z. B. Malachit = grün, Azurit = blau), andere zeigen sehr variable Farben (z. B. Fluorit kann farblos, gelb, grün, blau oder violett aussehen). Sehr oft wird die Färbung von Fremdsubstanzen verursacht oder beruht auf Gitterbaufehlern. In vielen Fällen ist die Mineralfarbe als Diagnosemerkmal daher nur eingeschränkt zu gebrauchen.

Strichfarbe

Bei den meisten dunklen, opaken Mineralen ergibt das auf einem harten weißen Untergrund (unglasierte Porzellanplatte) abgeriebene Mineralpulver die sogenannte Strichfarbe, die recht charakteristisch ist und bisweilen stark von der Eigenfarbe abweicht:

Mineral	Eigenfarbe	Strichfarbe
Bleiglanz	silbergrau	schwarz
Hämatit	stahlgrau	blutrot
Chromit	eisenschwarz	braun
Kupferkies	messinggelb	grünschwarz

Ritzhärte nach Mohs

Eine leicht zu ermittelnde physikalische Eigenschaft, die einen großen diagnostischen Wert besitzt, ist die Ritzhärte, also die Widerstandskraft eines Minerals gegen eine Verletzung der Oberfläche („Ritzen"). Es handelt sich um eine relative Härteskala von 1 (sehr weich) bis 10 (sehr hart); jedes „härtere" Mineral ist in der Lage ein „weicheres" Mineral mechanisch zu ritzen. Friedrich Mohs (1773–1839), geboren in Gernrode am Harz und später Professor für Mineralogie in Wien, definierte zum Testen der Härte folgende **Standardminerale**:

Härte	Vergleichsmineral	Härteprüfung
1	Talk	mit Fingernagel leicht schabbar
1	Graphit	schreibt auf Papier
1,5	Gipsspat	mit Fingernagel leicht ritzbar
2	Steinsalz	mit Fingernagel noch ritzbar
3	Kalkspat	mit Kupfermünze ritzbar;
4	Fluorit	mit Taschenmesser leicht ritzbar
5	Apatit	Fensterglas; mit Taschenmesser noch ritzbar
6	Kalifeldspat	Taschenmesser; mit Stahlfeile ritzbar
7	Quarz	Stahlfeile; ritzt selbst Fensterglas, schlägt mit Stahl Funken
8	Topas	ritzt Quarz leicht
9	Korund	ritzt Topas leicht
10	Diamant	härteste bekannte Substanz, nicht mehr ritzbar!

Transparenz und Glanzarten

Undurchsichtige oder **opake Minerale** reflektieren auffallendes Licht an der Oberfläche und zeigen oft einen metallischen oder halbmetallischen Glanz. In **durchsichtige** oder **transparente Minerale** vermag Licht relativ einzudringen, wobei es durch Absorption, oft abhängig von der Wellenlänge, absorbiert wird. Solche Minerale weisen oft einen Glas- oder Diamantglanz auf. Eine Zwischenstellung nehmen durch- bzw. kantendurchscheinende Minerale ein.

Die sichere Ansprache der unterschiedlichen Glanzarten erfordert eine gewisse Übung. Die Betrachtung sollte am besten bei sonnigem Tageslicht erfolgen.

Glanzart	Erscheinungsbild, Beispiele
Metallglanz	wie poliertes Metall, z. B. Pyrit, Bleiglanz, Gold
Halbmetallglanz	stumpfer, z. B. Magnetit
Diamantglanz	Cerussit, Zinnstein
Glasglanz	Quarz (auf Kristallflächen), Fluorit
Fettglanz	wie Talg, Bruchflächen von Quarz
Harzglanz	wie Harz oder Wachs, z. B. Zinkblende
Perlmuttglanz	wie Perlen, Feldspat auf Kristallflächen
Seidenglanz	Fasergips, feinkörnige Glimmer
Metallisierender Glanz	bunt angelaufener Kupferkies

Spaltbarkeit und Bruch

Zu den wichtigen Materialeigenschaften zählt auch das unterschiedliche Verhalten eines Minerals auf Schlag- oder Druckbeanspruchung. Von **Spaltbarkeit** spricht man, wenn sich ein Mineral in ebenmäßige Stücke mit relativ glatten Flächen zerteilen lässt. Dieses kann in unterschiedlicher „Güte“ nach einer oder nach mehreren Raumrichtungen geschehen und markante Spaltformen entstehen lassen:

Güte der Spaltbarkeit	Spaltebenen	Mineral	Spaltkörper
höchst vollkommen	eine	Glimmer	plättchenförmig
sehr vollkommen	drei	Bleiglanz	würfelförmig
	drei	Steinsalz	würfelförmig
	drei	Calcit	rhomboederförmig
vollkommen	vier	Fluorit	oktaederförmig
deutlich	eine	Gipsspat	plattig-tafelig
	zwei	Feldspat	plattig-quaderförmig
unvollkommen		Zinnstein	unregelmäßig

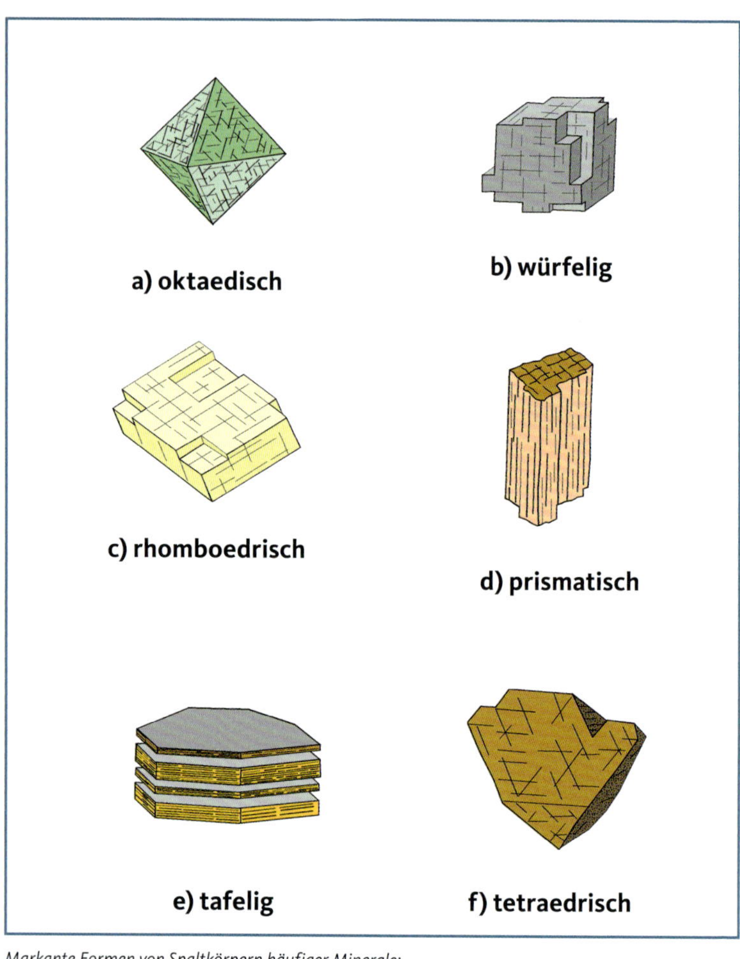

Markante Formen von Spaltkörpern häufiger Minerale:
a) oktaedisch (Fluorit), b) würfelig (Bleiglanz), c) rhomboedrisch (Calcit), d) prismatisch (Pyroxen), e) plättchenförmig (Glimmer), f) tetraedrisch (Zinkblende)

Bei unregelmäßigem Zerspringen spricht man von „**Bruch**", die entstandenen Flächen sind meist rau. Unterschieden werden: unebener Bruch (Quarz, Pyroxen), muscheliger Bruch (vulkanische Gläser, Feuerstein), hakiger Bruch (Silber, Gold), erdiger Bruch (Brauneisenstein).

Dichte (spezifisches Gewicht) (angegeben in Gramm pro Kubikzentimeter) In Abhängigkeit vom Atomgewicht der im Mineral enthaltenen Elemente können Minerale „schwer" oder „leicht" erscheinen. Mit etwas Übung lässt sich die Dichte grob abschätzen. Zur Bestimmung bedarf es einer hydrostatischen Waage.

Die Dichte „normaler" gesteinsbildender Silikate liegt meist unter 4: z. B. Quarz = 2,65, Orthoklas = 2,55–2,63, Olivin = 3,2–4,3. Metallhaltige Minerale (Erze) sind naturgemäß deutlich schwerer: Magnetit = etwa 5; Bleiglanz = etwa 7,5 und Gold = 19.

Schwerminerale weisen eine höhere Dichte als 4 auf. Erweisen sie sich auch chemisch als resistent, können sie in Sandkorngröße von Flüssen oder Meeresströmungen in Form von *„Seifen"* („schwarze Sande") angereichert werden.

Tenazität

Hierunter versteht man das Verhalten eines Minerals beim Bearbeiten seiner Oberfläche mit einem Messer (ritzen, schaben), zu unterscheiden sind:

schneidbar	es entstehen Späne, z. B. Wismut, Silber
mild	es entsteht Pulver, z. B. Bleiglanz
spröd	es entstehen Splitter, die wegspringen; Zinkblende
geschmeidig, duktil	plastisch verformbar, zu dünnen Blechen, hämmerbar; Kupfer
biegsam	elastisch verformbar ohne zu brechen; Glimmer

Magnetismus

Einige eisenhaltige Erzminerale sind aufgrund ihres ferromagnetischen Verhaltens leicht zu identifizieren. Zum Test reicht ein einfacher Stabmagnet; sehr empfindlich, auch bei kleinen Körnern, ist ein als Pendel aufgehängter Magnet oder eine Kompassnadel. Deutlich magnetisch sind **gediegen Eisen, Magnetit (= Magneteisenstein)** und **Pyrrhotin (= Magnetkies).**

Lumineszenz

Bestimmte Minerale zeigen bei Dunkelheit im ultravioletten Licht (langwelliges UV = 363 nm, kurzwelliges UV = 252 nm) markante Leuchterscheinungen. Lässt sich die Lumineszenz nur während der Bestrahlung beobachten, spricht man von **Fluoreszenz**, leuchten die Minerale anschließend nach, handelt es sich um **Phosphoreszenz.** Die dabei auftretenden Farben können sehr charakteristisch sein und bei der Mineraldiagnose helfen: So leuchtet das unscheinbar graue Wolframmineral Scheelit im kurzwelligen UV-Licht kräftig bläulich weiß; das Zinksilikat Willemit giftgrün und Calcit, je nach enthaltenen Spurenelementen, dunkelrot bis leuchtend orange.

Natürliche Radioaktivität

Einige schwere Elemente wie **Uran, Thorium** und **Radium** sind instabil und senden beim natürlichen Zerfall in andere Isotope energiereiche ionisierende Strahlung (Alpha-, Beta- und Gammastrahlung) aus. Zum Nachweis ist ein Strahlendetektor (Geiger-Müller-Zähler) erforderlich! Sehr stark strahlt Uraninit, in dem meist auch geringe Spuren von Radium enthalten sind. Durch den Einbau radioaktiver Elemente können die Kristallgitter mancher Minerale Defekte erleiden oder zerstört werden (Metamiktisierung). Als Beispiele seien die auf der Strahlung von Uraninit beruhende schwarzviolette Färbung von Fluorit („Stinkspat") oder die durch radioaktives Kalium ausgelöste tintenblaue Färbung von Steinsalz genannt.

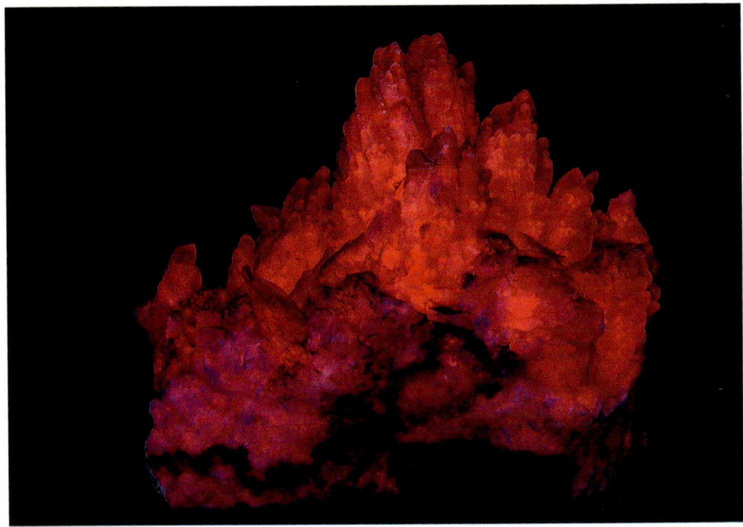

Calcit-Stufe mit orangeroter Fluoreszenz im UV-Licht - Steinbruch Unterberg bei Ilfeld (BB 8 cm)

1.5 Mischkristallbildungen und Polymorphie der Harzer Minerale

Mineralien sind definiert durch ihre Kristallstruktur (eine von 32 Kristallklassen und 230 Raumgruppen) und ihre chemische Zusammensetzung (Formel). Nur wenn beides bekannt ist, lässt sich eine Substanz einer bestimmten Mineralart zuordnen.

Besteht bei Elementen eine enge chemische Verwandtschaft (z.B. ähnliche Ionenradien, gleiche Wertigkeit), können diese sich auf derselben Position im Kristallgitter gegeneinander austauschen, ohne dass sich die Kristallstruktur ändert. Man spricht dann von **isomorphen Reihen** oder von **Mischkristallbildung**. Diese im Mineralreich weit verbreiteten Mischkristalle besitzen immer ähnliche physikalische und chemische Eigenschaften und lassen sich daher an der äußeren Gestalt (Kristallform) nicht unterscheiden. Hierzu bedarf es einer chemischen Analyse. Eine Mischbarkeit kann vollständig sein oder auch nur teilweise bestehen, was durch die Existenz von Mischungslücken zum Ausdruck kommt.

Als Beispiel sei hier die Skutterudit-Reihe betrachtet mit den Endgliedern Skutterudit ($CoAs_{2-3}$) und Nickel-Skutterudit ($NiAs_{2-3}$), die lückenlos mischbar sind. Ein kobaltreicher Mischkristall könnte nach der chemischen Analyse die Summenformel ($Co_{0,8}$, $Ni_{0,2}$) As_{2-3} haben. Zusätzlich können in das Gitter für Nickel und Kobalt moderate Mengen von Eisen und von Antimon für Arsen eingebaut werden. Makroskopisch wie auch erzmikroskopisch ist eine Unterscheidung kaum möglich. Hilfreicher, bei Vorhandensein von Endgliedern, sind da schon eher die Paragenese und eventuelle markante Verwitterungsneubildungen. Das Kobaltendglied Skutterudit verwittert eher zu hellrosa gefärbtem Erythrin, während sich Nickel-Skutterudit eher mit hellgrünem Annabergit überzieht. Bei den in der Natur verbreiteten, intermediären Mischkristallen, mit etwa gleich viel Co und Ni, versagt diese Methode.

Hier eine Auswahl der in diesem Buch jeweils zusammen beschriebenen Mischkristallreihen.

Mischkristallreihe	Minerale	Summenformel	Kristallsystem
Galenitreihe	Galenit-Clausthalit	Pb (S, Se)	kubisch
Pyrit-Gruppe	Pyrit-Trogtalit-Penroseit-Krut'ait	(Fe, Co, Ni, Cu) $(S, Se)_2$	kubisch
	Chalkopyrit-Eskebornit	CuFe $(S, Se)_2$	tetragonal
Fahlerzreihe	Tetraedrit-Tennantit-Freibergit	$(Cu, Ag)_{12}(Sb, As)_4S_{13}$	kubisch

Mischkristallreihe	Minerale	Summenformel	Kristallsystem
Rotgültigerze	Pyrargyrit-Proustit	Ag_3 (Sb, As) S_3	trigonal
Skutteruditreihe	**Skutterudit-Nickel-Skutterudit**	**(Co, Ni) $As_{2\text{-}3}$**	**kubisch**
	Cobaltin-Gersdorffit-Ullmannit	(Co, Ni) (As, Sb) S	kubisch
	Arsenopyrit-Alloklas	**(Fe, Co) AsS**	**orthorhombisch**
	Safflorit-Löllingit	(Co, Fe, Ni) As_2	
Calcitreihe	**Calcit-Siderit-Smithsonit-Rhodochrosit**	**(Ca, Fe, Zn, Mn) CO_3**	**trigonal**
Aragonitreihe	Aragonit-Strontianit-Cerussit	(Ca, Sr, Pb) CO_3	orthorhombisch
Barytreihe	**Baryt-Coelestin-Anglesit**	**(Ba, Sr, Pb) SO_4**	**orthorhombisch**
	Wulfenit-Stolzit	Pb (MoO_4, WO_4)	tetragonal
Apatitreihe	**Pyromorphit-Mimetesit Vanadinit-Apatit**	**$(Pb, Ca)_5[(Cl, F)(PO_4, AsO_4, VO_4)_3]$**	**hexagonal**
	Mottramit-Descloizit-Duftit-Conichalcit	(Pb, Ca) (Cu, Zn) (VO_4, AsO_4) (OH)	orthorhombisch
Alunit-Jarosit-gruppe	**Segnitit, Corkit, Beudantit, Plumbogummit-Philipsbornit-Jarosit-Natrojarosit-Ammonio-jarosit**	**$(Pb, K, Na, NH_4)(Fe_3^{3+}, Al)(PO_4, AsO_4, VO_4)_2(OH, H_2O)_6$**	**trigonal**
	Schulenbergit-*Zink-Analogon zum Schulenbergit*	$(Cu, Zn)_7(SO_4, CO_3)_2(OH)_{10} \cdot 3H_2O$	trigonal
	Rosasit-Paradsasvarit	**$(Cu, Zn)_2(CO_3)(OH)_2$**	**monoklin**
Adaminreihe	Adamin-Olivenit	$(Zn, Cu)_2AsO_4(OH)$	orthorhombisch
Agarditgruppe	**Agardit-(Ce/Nd/La/Y)**	**$(Ce, Nd, La, Y) Cu_6(AsO_4)_3(OH)_6 \cdot 3H_2O$**	**hexagonal**
	Bariopharmakosiderit-Pharmakosiderit	$(Ba, Ca, K)_{0.5\text{-}1} Fe_4^{3+}[(OH)_{4\text{-}5}\|(AsO_4)_3] \cdot 5\text{-}7H_2O$	tetragonal/ kubisch
	Erythrin-Annabergit-Köttigit	**$(Co, Ni, Zn)_3(AsO_4)_2 \cdot 8H2O$**	**monoklin**
	Wakefieldit-(Ce/Nd)	(Ce, Nd) VO_4	tetragonal
	Arsenoflorencit-Arsenogoyazit	**$(Sr, Ce, La) Al_3(AsO_3OH/AsO_4)_2(OH)_6$**	**trigonal**
	Strengit-Variscit	(Fe, Al) $PO_4 \cdot 2H_2O$	orthorhombisch
Granatreihe	**Grossular-Andradit-Spessartin-Almandin-Pyrop**	**$(Ca, Mn, Fe, Mg)_3(Al, Fe)_2[SiO_4]_3$**	**kubisch**

Mischkristallreihe	Minerale	Summenformel	Kristallsystem
Turmaline	Schörl-Dravit	$Na(Fe^{2}+,Mg)_3Al_6(BO_3)_3Si_6O_{18}(OH)_4$	trigonal
Klinozoisitgruppe	Klinozoisit-Epidot	$Ca_2(Al,Fe^{3+})_3(Si_2O_7)(SiO_4)O(OH)$	monoklin
Olivinreihe	Fayalit-Forsterit	$(Fe^{2+},Mg)_2SiO_4$	orthorhombisch
Amphibole	Tremolit-Aktinolith	$Ca_2(Mg, Fe^{2+})_5Si_8O_{22}(OH)_2$	monoklin
Pyroxene	Diopsid-Hedenbergit Augit	$(Ca, Na)\,(Mg, Fe, Al, Ti)\,(Si, Al)_2O_6$	monoklin
Plagioklasreihe	Albit-Anorthit	$NaAlSi_3O_8$ - $CaAl_2Si_2O_8$	triklin
Chlorite	Klinochlor-Chamosit	$(Mg, Fe)_5Al(AlSi_3O_{10})\,(OH)_8$	monoklin

Es gibt im Mineralienreich auch den Fall, dass zwei Minerale zwar die gleiche chemische Zusammensetzung aufweisen, jedoch in verschiedenen Strukturen kristallisieren und sich daher in ihren Eigenschaften stark unterscheiden. Diese als **Polymorphie** bezeichnete Erscheinung findet sich häufig bei Elementen oder metallischen Legierungen, seltener auch bei anderen Mineralien. Markantestes Beispiel ist kristalliner Kohlenstoff, dessen hexagonale Modifikation *Graphit* sehr weich und dessen kubische Modifikation *Diamant* extrem hart ist. Andere Beispiele wären Schwefel (monoklin und orthorhombisch) und Siliziumdioxid als Tiefquarz, Hochquarz, Cristobalit, Tridymit, Stishovit u. W.

Im Harz gibt es folgende polymorphe Mineralien:

Minerale	Chem. Formel	Kristallstrukturen
Pyrit – Markasit	FeS_2	kubisch – orthorhombisch
Sphalerit – Wurtzit	ZnS	kubisch – hexagonal
Argentit – Akanthit (Silberglanze)	Ag_2S	kubisch – monoklin
Calcit – Aragonit	$CaCO_3$	trigonal-orthorhombisch
Anatas-Rutil-Brookit	TiO_2	kubisch – tetragonal – orthorhombisch
Leadhillit – Susannit	$Pb_4(CO_3)_2(SO_4)\,(OH)_2$	monoklin-trigonal
Serpierit – Orthoserpierit	$Ca\,(Cu, Zn)_4(SO_4)_2(OH)_6{\cdot}3H_2O$	monoklin-orthorhombisch

1.6 Mineralien mit Typlokalität im Harz

Folgende **28** Mineralarten wurden von Lokalitäten im Harz und im Mansfelder Land zum ersten Mal beschrieben. Für weitere sieben Minerale stammen die Stücke für die Erstbeschreibung, neben denen von der Hauptlokalität, ebenfalls aus dem Harz („Co-Typlokalität").

Die Beschreibungen von *Lerbachit*, *Zorgit*, *Hastit*, *Tilkerodit* und *Castaingit* erfolgten ebenfalls zuerst von Harzer Lokalitäten, wurden als Minerale später aber diskreditiert.

Das Nickelmineral *Rammelsbergit* leitet sich nicht, wie man vielleicht denken könnte, vom Rammelsberg bei Goslar ab, sondern hatte den Berliner Mineralogen Carl Friedrich Rammelsberg (1813-1899) zum Namenspaten. Die Typlokalität ist Schneeberg im sächsischen Erzgebirge.

Mineral	Lokalität	Benannt nach	Erstbeschreibung
Arsenolith	St. Andreasberg	Griechisch: „Arsenstein" nach dem Chemismus	1854 Dana
Betechtinit	Vitzthumschacht, Mansfeld	A.G. Betechtin (Mineraloge in Leningrad)	1955 Schüller & Wohlmann
Bornhardtit	Stbr. im Trogtal bei Lautenthal	W. Bornhardt (Leiter des Oberbergamts Clausthal)	1955 Ramdohr & Schmitt
Breithauptit	St. Andreasberg	J.F.A. Breithaupt (Prof. für Mineralogie an der Bergakademie Freiberg)	1833 von Stromeyer als „Antimonnickel" beschrieben
Chalkostibit (zuerst als *Wolfsbergit*)	*Graf Jost-Christian-Zeche*, Wolfsberg	Griechisch: „Kupfer-Antimon" nach dem Chemismus	1835 Zincken 1841 Glockner
Clausthalit	St. Lorenz, Clausthal	Lokalität	1825 Stromeyer & Hausmann
Digenit	Sangerhausen	Griechisch: *„von zweifacher Abstammung"* nach seiner chemischen Verwandtschaft mit Chalkosin und Covellin	1844 Breithaupt
Eskebornit	Eskebornstollen, Tilkerode	Lokalität	1950 Ramdohr
Freboldit	Steinbruch im Trogtal bei Lautenthal	G. Frebold (Geologe an der Techn. Hochschule Hannover)	1955 Ramdohr & Schmitt
Goslarit	Rammelsberg bei Goslar	Lokalität	1845 Haidinger

Mineral	Lokalität	Benannt nach	Erstbeschreibung
Harmotom	St. Andreasberg	Griechisch: „*zusammengefügte Schnitte*“ wegen seiner typischen Zwillingsbildung	1801 Haüy
Lautenthalit	Silberhütte Lautenthal	Lokalität	1993 Medenbach & Gebert
Manganit	Ilfeld	Chemismus	1827 Haidinger
Manganosit	Grube *Kaiser Franz*, Schävenholz bei Elbingerode	Chemismus	1817 Jasche
Maucherit	Eisleben	W. Maucher (Mineralienhändler)	1913 Grünling
Naumannit	Tilkerode	C.F. Naumann (Prof. für Kristallografie an der Bergakademie Freiberg)	1828 Rose
Plagionit	*Graf Jost-Christian-Zeche* Wolfsberg	Griechisch: „schief“ nach seinen schiefwinkligen Kristallformen	1833 Rose
Rhodonit	Grube *Kaiser Franz*, Schävenholz bei Elbingerode	Griechisch: „*Rose*“ wegen seiner Farbe	1819 Jasche
Roemerit	Rammelsberg bei Goslar	F.A. Roemer (Geologe, Gründer der Bergakademie Clausthal)	1858 Grailich
Roterbärit	Grube *Roter Bär*, St. Andreasberg	Lokalität	2019 Cabral
Samsonit	Grube *Samson*, St. Andreasberg	Lokalität	1910 Werner
Schulenbergit	Grube *Glücksrad*, Oberschulenberg	Lokalität	1984 Hodenberg et al.
Tiemannit	Zorge	W. Tiemann (Hüttenschreiber in Zorge)	1828 Marx
Tilkerodeit	Tilkerode	Lokalität	2020 Ma & Förster
Tischendorfit	Tilkerode	G. Tischendorf (Zentral Geologisches Institut, Berlin)	2002 Stanley et al.
Trogtalit	Steinbruch im Trogtal bei Lautenthal	Lokalität	1955 Ramdohr & Schmitt
Zinckenit	Wolfsberg	J.L.C. Zincken (Mineraloge und anhaltischer Bergdirektor)	1826 Rose

Mineralien mit Co-Typlokalität im Harz

Mineral	Lokalität	Haupt-Typlokalität	Erstbeschreibung
Albit	Grube *Catharina Neufang*, St. Andreasberg	Finnbo, Falun, Dalarna, Schweden Nach lateinisch "weiß", wegen seiner Farbe	1815 GAHN & BERZELIUS
Dadsonit	*Graf Jost-Christian-Zeche*, Wolfsberg	Giant Mine und Taylor Pit in Kanada sowie Red Bird Mine in Nevada, Nach A.S. Dadson (kanadischer Mineraloge) benannt	1969 JAMBOR
Heteromorphit	*Graf Jost-Christian-Zeche* Wolfsberg	Casparizeche Arnsberg, Westfalen	1849 ZINCKEN
Lagalyit	Grube *Aufgeklärtes Glück* Hasserode	Grube Christbescherung, Großvoigtsberg, Sachsen	2017 WITZKE et al.
Ramsbeckit	Grube *Glücksrad* Oberschulenberg	Ramsbeck im Sauerland	1985 HODENBERG et al.
Richelsdorfit	Grube *Samson* St. Andreasberg	Richelsdorf in Hessen	1983 SÜSSE & SCHNORRER-KÖHLER
Umangit	Zorge	Sierra de Cacho, Argentinien (Benannt nach der Sierra de Umango)	1927 FREBOLD und zeitgleich OLSACHER (1891 KLOCKMANN)

Diskreditierte Mineralnamen:

- *Hastit* von RAMDOHR & SCHMITT (1955) wurde diskreditiert, da er identisch mit Ferroselit ist (KEUTSCH et al. 2009).
- *Zorgit* („Selenkupferblei“) von ROSE (1824) beschrieben, erwies sich als Gemenge von Clausthalit und Umangit.
- *Lerbachit* („Selenquecksilberblei“) von ZINCKEN (1825) beschrieben und der von Haidinger (1845) benannte *Tilkerodit* stellen innige Gemenge von Clausthalit mit Tiemannit bzw. Kobaltseleniden dar.
- *Allopalladium*, von ZINCKEN (1829) als „Selenpalladium“ aus Tilkerode beschrieben, wurde als identisch mit dem ein Jahr zuvor beschriebenen Stibiopalladinit erkannt (1927 von Adam von der Tweefontein Farm im Bushveld-Komplex, Südafrika).
- *Castaingit* von SCHÜLLER (1963) vom Zirkelschacht bei Mansfeld beschrieben, stellt einen kupferhaltigen Molybdänit dar und wurde daher von der IMA nicht anerkannt.

2 Beschreibung der im Harz vorkommenden Mineralien

Im Hauptteil dieses Buches sollen die im Harz vorkommenden Mineralien im Einzelnen beschrieben werden.

Die ersten Arbeiten über Mineralien des Harzes entstanden bereits vor über einem Jahrhundert (Blömeke 1885, Luedecke 1896, Fromme 1927). Aktuellere Publikationen sind meist auf Kurzbeschreibungen beschränkt (Bode & Wittern 1989, Dallosch & Bode 1994, Haake, Flach & Bode 1994, Wittern 1995) oder nur auf den Ostharz (Vollstädt 1976, Vollstädt, Siemrodt & Weiss 1991).

Im umfangreichen Buch von Stedingk, Liessmann & Bode (2016) sind Mineralien in Kombination mit der Geologie und der Bergbaugeschichte beschrieben. Einige Neufunde aus eigenen Analysen sind bereits in Gröbner, Hajek, Junker & Nikoleizig (2011) publiziert. Seitdem haben sich aber zahlreiche neue Erkenntnisse ergeben, die im Folgenden eingearbeitet sind. Dabei wird auch auf die Vielzahl der Kleinstmineralien eingegangen.

2.1 Elemente

Gold (Au) und Elektrum (Au, Ag) beide kubisch

H: 2,5-3 D: 19,3

Makroskopisch sichtbares Gold zählt im Harz zu den großen Raritäten. Das bekannteste Vorkommen von Freigold liegt bei Tilkerode im Unterharz auf vormals anhaltinischem Gebiet, wo beim Bergbau auf Eisenerz am Eskeborner Berg in den 1820er-Jahren eine ganz außerordentlich komplexe, Gold- und Palladium-führende Selenidmineralisation aufgeschlossen und intensiv wissenschaftlich untersucht wurde (Klaus 1989). Der durchschnittliche Goldgehalt des räumlich eng begrenzten, gangförmigen Vorkommens betrug nur 4 g/t (Tischendorf 1959), lieferte aber verschiedene, bis zu Zentimeter große Freigoldstufen. Das hellgelbe, Silber-führende Gold (Elektrum) trat in kleinen Blechen sowie in gestrickter und dendritischer Ausbildung auf. Die Verhüttung der rasch abgebauten Erze lieferte insgesamt 615 g Gold, woraus der damalige Landesherr 116 Dukaten mit der Umschrift „*ex auro anhaltino*" schlagen ließ.

In Spuren und zumindest erzmikroskopisch sichtbar fand sich Berggold auch in den anderen Harzer Selenerzvorkommen, z. B. in der Grube *Brummerjahn* bei Zorge, der Grube *Weintraube* bei Osterode-Lerbach, der Grube *Roter Bär* in Sankt Andreasberg sowie bei Ballenstedt im Steinbruch Rieder.

Die mit Abstand größte Menge von Gold im Harz beinhalteten die Massiverze des Rammelsberges. Allerdings handelt es sich um auch erzmikroskopisch nur selten sichtbare Körnchen von Elektrum (20 µm und kleiner), die sich vor allem in den kupferreichen Melierterzen angereichert fanden. Geht man von einem durchschnittlichen Goldgehalt von 1 g/t aus, so errechnen sich aus den hier abgebauten rund 27 Millionen Tonnen Roherz theoretisch 27.000 kg Gold, wovon aber nur ein Bruchteil im 19. und 20. Jahrhundert (zuletzt Kupfer- und Silberelektrolyse) ausgebracht wurde (SPIER 1992).

Verbreitet ist Freigold in den Schwermineralfraktionen der Harzer Flüsse und Bäche zu finden, wenn auch nur in homöopathischen Mengen. Die Goldpartikel variieren von Staubkorn- bis Mohnsamengröße. Untersuchungen von HOMANN (1993) zur Herkunft des Edelmetalls haben ergeben, dass dieses nicht aus den hiesigen hydrothermalen Erzgängen stammt, sondern bei der Verwitterung aus den oft konglomeratischen Harzer Grauwacken freigesetzt wurde. Diese enthalten reichlich Gerölle von milchigem Quarz, der Spuren von Gold führt und seinen Ursprung in längst abgetragenen Vorkommen des präkambrischen Grundgebirges haben dürfte.

Spuren von Gold enthält auch der Gabbronorit von Bad Harzburg, vornehmlich gebunden an magmatisch gebildete Nickel-führende Pyrrhotin-Einschlüsse, aber auch zusammen mit gangförmigen, hydrothermalen Kobalt-Wismut-Vererzungen. Allerdings sind die winzigen Goldbleche nur in Ausnahmefällen mit bloßem Auge erkennbar. Bei Berücksichtigung der Para-

Gold als Blech mit grauen Kobaltarseniden in Calcit – Gabbrosteinbruch bei Bad Harzburg (BB 2 mm)

genese sind die auffallend leuchtend goldgelb gefärbten Edelmetallkörner mit ihrer hohen Duktilität unverwechselbar (Gold lässt sich leicht mit einer Nadel plastisch deformieren).

Silber Ag kubisch

H: 2,5-3 D: 10,5

Wie andere Edelmetalle neigt auch das primär überwiegend gemeinsam mit Antimon sulfidisch gebundene Silber dazu, elementar aufzutreten und Locken, Zähne, Bleche, Klumpen oder Krusten zu formen. Dieses kann sowohl im Bereich der Verwitterungszone durch Umlagerungen (Zementation) erfolgen als auch direkt aus hydrothermalen Lösungen. Gediegenes Silber läuft an der Luft gern schwarz an und verrät sich, auch in kleinen Stücken, durch den „hakigen Bruch". Die Entdeckung oberflächennah ausgebildeter Reicherzfälle mit gediegenem Silber führte um 1530 im St. Andreasberger Revier zu einem „großen Berggeschrey". Leider blieb von den damals gefundenen Silberklumpen kaum Material erhalten. Heute liegen von hier nur Haldenfunde in Mikromountgröße vor.

Auf der Grube *Samson* fand sich gediegenes Silber in Form von Locken und z. T. in Pseudomorphosen nach Pyrargyrit bis in große Tiefen. Eine recht

Silber in Draht- und Blechform in Calcit – St. Andreasberg (BB 3 cm)

ausgefallene Spielart der Natur bildet der sogenannte *Silbersand*, ein pulvriges Gemenge aus teils idiomorphen Silber-Kristallen, Chlorargyrit und Quarz, das 1868 in der Grube *Samson* auf dem Jacobsglücker Gang aufgespürt wurde (GEBHARD 1988, GRUNDMANN et al. 1989).

In seltenen Fällen bildet sich Silber bei der Verwitterung von silberhaltigem Galenit. Diese winzigen Bleche sind anfangs silberweiß, verlieren aber meist schnell ihren Glanz und wandeln sich unter Lichteinwirkung oberflächlich in schwarzen Silberglanz um. Funde gibt es von verschiedenen Gangerzvorkommen, z. B. Oberschulenberg, Erzbergwerk Grund oder der Grube *Silberner Nagel* bei Stolberg.

Der Mansfelder Kupferschiefer ist berühmt für seine Silberbleche als Kluftbeläge. Zu den bemerkenswertesten Stücken zählen mit Silber belegte Abdrücke des bekannten „Kupferschieferherings" *Paläoniscus freieslebeni*.

Die Rückenmineralisationen der Kupferschiefer-Reviere zeigen stellenweise bemerkenswerte Silberkonzentrationen. Vergesellschaftet mit Chalkosin, Bornit und Betechtinit trat Silber in Form von bis 2 cm großen, draht- und lockenförmigen Gebilden in kleinen Drusen auf. Eingewachsen im weißen Baryt wurden auch größeren Massen von gediegen Silber ohne andere Begleitminerale entdeckt.

Silberlocken im zersetzten Galenit – St. Andreasberg (BB 3 mm)

Kupfer Cu kubisch

H: 2,5-3 D: 8,3-8,9

Elementares Kupfer tritt im Harz eher selten und meist in geringen Mengen auf. Es handelt sich stets um supergene Neubildungen in der Verwitterungszone von Kupferlagerstätten.

Typisch für das Metall ist die kupferrote Farbe und die Ausbildung von tannenförmigen Dendriten, aber auch Blechen, Klumpen oder schwammartigen Massen. Schwarze oder braune Überzüge von Kupferoxiden (Tenorit und Delafossit) oder Brauneisen erschweren das Erkennen.

Im Oberharz fanden sich bis 1 mm große Kristalle und baumartige Drähte im Haldenmaterial der Grube *Anna* im Ochsental sowie in dendritschen Formen oder in korallenartigen Aggregaten von der Grube *Glücksrad* bei Oberschulenberg. Vereinzelt ließ sich blechförmiges Kupfer auch im Bad Lauterberger Revier (z. B. Grube *Louise Christiane*) beobachten.

Verschiedene Funde von Kupfer, meist in winzigen Aggregaten, liegen aus dem Mittel- und Unterharz vor. Genannt seien hier die Grube *Aufgeklärtes Glück* bei Hasserode, die Grube *Herzog Carl* bei Hüttenrode, die Grube *Neuhaus-Stolberg* bei Straßberg, der Wolframschacht bei Siptenfelde, die Grube *Caroline* bei Treseburg sowie die Grube *Hohe Warte* bei Gernrode.

Kupfer-Kristalle als „Bäumchen" – Steinbruch Schiefermühle, Erzbergwerk Rammelsberg bei Goslar (Größe 1 cm)

Farnartige Kupferdendriten auf Gips – Steinbruch Schiefermühle, Erzbergwerk Rammelsberg bei Goslar (BB 1 cm)

Knolliges Kupfer – Steinbruch Schiefermühle bei Goslar (BB 5 mm)

Kupfer auf Quarz – Grube Anna im Ochsental bei Lautenthal (BB 2 mm)

Besondere Erwähnung verdient der Flußschacht bei Rottleberode, wo zur Betriebszeit Kupferbleche von bis zu 10 cm Durchmesser geborgen werden konnten.

Gediegenes Kupfer findet sich auch im Ausbissbereich des Mansfelder Kupferschiefers, z. B. im Sanderz von Morungen.

Attraktive, dendritische Kupfer-Kristalle und filigrane „Kupferbäumchen" von mehreren Zentimetern Größe, auf Tonschiefer sitzend oder in Gips eingewachsen, konnten früher in der sogenannten Schiefermühle (Versatzsteinbruch) auf dem Gelände des Erzbergwerks Rammelsberg bei Goslar gefunden werden.

Reichlich „rezentes" Kupfer entsteht bis heute im „Alten Mann" des Erzbergwerks. Das aus der Pyritverwitterung resultierende Sauerwasser löst Kupfer, das sich beim Kontakt mit unedlem Eisen (Schienen, Stahlfahrten, Rohrleitungen) elektrolytisch in krustiger Form ausscheidet. Dieses Verhalten nutzte man früher, um mithilfe von Eisenschrott aus den kupferhaltigen Grubenwässern das Metall direkt zu gewinnen. Mit dieser Methode ließen sich am Rammelsberg zwischen 1939 und 1959 rund 62 t reines „Zementkupfer" erzeugen.

Wismut Bi trigonal

H: 2-2,5 D: 9,8

Erkennungsmerkmale für dieses in der Natur überwiegend elementar auftretende Metall sind die geringe Härte, die sehr hohe Dichte und der rötlich silberweiße Metallglanz. Im Gegensatz zum duktilen Gold ist Wismut aber spröde und besitzt eine vollkommene Spaltbarkeit, was zu treppenförmigen Absätzen an den Kristallbruchflächen führt. Im Gegensatz zu Silber ist Wismut nicht schwarz anlaufend, sondern kann manchmal bronzene bis violette Anlauffarben zeigen.

Einziger früher bedeutender Fundpunkt im Harz ist die kleine, im 18. Jh. betriebene Grube *Aufgeklärtes Glück* im Hasseröder Revier bei Wernigerode, wo innig mit Löllingit und Nickel-Kobalt-Arseniden verwachsenes Wismut in karbonatischer Gangart derbe Massen bildet. Die heute abgesammelten Halden bieten nur noch geringe Chancen auf nennenswerte Erzfunde.

Wismut fand sich begleitet von Bismuthinit und anderen Wismutmineralen sporadisch in der Flussspatgrube Brachmannsberg bei Siptenfelde und im Tiefenbachtal bei Treseburg. Als seltene, in der Regel nur erzmikroskopisch feststellbare Komponente ließ sich Wismut auch aus der Greisenmineralisation am Kupferberg bei Gernrode, in den Massiverzen des Rammelsberges sowie in den Kupfererzen der Grube *Frische Lutter* bei Bad Lauterberg feststellen.

Wismut auf Calcit – eines der größten von hier bekannten Aggregate – Gabbrosteinbruch bei Bad Harzburg (BB 15 mm)

Bemerkenswerte Funde lieferte der Gabbrosteinbruch bei Bad Harzburg, wo sich Wismut in Form metallisch gelblich glänzender Einschlüsse mit treppenförmiger Spaltbarkeit und Anlauffarben in Quarz-Karbonat-Gängen fand. Die in Einzelfällen bis zu 1 cm großen Einschlüsse werden begleitet von grauen, feinkörnigen Cobaltit-Gersdorffit-Mischkristallen und winzigen Nadeln von Bismuthinit.

Wismut ist in einigen Fällen auch als Komponente der Rückenmineralisationen in den Kupferschieferrevieren von Mansfeld und Sangerhausen anzutreffen, zum Beispiel als mehrere Millimeter große Einschlüsse in Nickelin (z. B. vom Röhrigschacht bei Wettelrode) oder fein verwachsen mit Kupfer-Wismut-Sulfiden (z. B. Freiesleben-Schacht bei Großörner).

Antimon **Sb** **trigonal**

H: 3 D: 6,7

Das silberweiß glänzende, nicht anlaufende Metall tritt im Harz nur auf den Sankt Andreasberger Silbererzgängen in elementarer Form auf, wenn auch insgesamt wesentlich seltener als Arsen. Beachtliche Funde lieferten die im 19. Jahrhundert in größeren Tiefen angefahrenen Erzmittel, z. B. auf der Grube *Catharina Neufang*, wo sich vor allem in Calcit eingesprengte derbe Massen von reinem Antimon fanden. Hier und anderswo auf dem Samsoner Hauptgang ist Antimon häufig mit Löllingit und Galenit verwachsen und wird, bei

Gediegen Antimon mit Calcit – St. Andreasberg (BB 3 cm)

einsetzender Verwitterung, von weißen Antimonoxiden (Valentinit oder Stibioconit) umkrustet. Ein Alleinstellungsmerkmal dieser Fundstätte ist das Auftreten von flächenreichen, bis 15 mm großen Kristallen, z. T. als komplexe Vier- und Sechslinge ausgebildet (GEBHARD 1988).

Kennzeichnend ist eine gute Spaltbarkeit und eine daraus resultierende treppenartige Gestalt der Kristallflächen, was dieses Mineral vom ähnlich aussehenden Dyskrasit unterscheidet. Arsen verliert seinen metallischen Glanz rasch und läuft an der Luft schnell an, während Antimon über längere Zeiträume beständig bleibt.

Von Bad Grund ist 1853 ein einmaliger Fund von Antimon bekannt geworden.

Arsen As trigonal

H: 3,5 D: 5,7

In elementarer Form tritt dieses Halbmetall, das verbreitet zusammen mit Eisen, Nickel und Kobalt Arsenide und Sulfarsenide bildet, nur höchst selten, unter ganz speziellen hydrothermalen Bedingungen natürlich auf. Im frischen Bruch ist gediegenes Arsen, wegen seiner markanten Form früher „*Scherbenkobalt*“ genannt, silbergrau, läuft aber an der Luft schnell dunkel mattgrau an. Bekanntester Fundort im Harz ist Sankt Andreasberg, wo Arsen eng verknüpft mit Silberreicherzen, manchmal in Massen von bis zu mehreren Zentnern vorkam. Allgegenwärtiger Begleiter ist Löllingit, meist in silbrig glänzenden Kristall-Rasen. Spektakuläre Stufen lieferte die Grube *Samson*, von wo das hier gefundene „aufgeplatzte Scherbenkobalt“ hervorzuheben ist. Hinter dieser Bezeichnung verbergen sich hohlkugelartige Gebilde – bei denen es sich z. T. um Pseudomorphosen von Löllingit nach Arsen handelt, in denen manchmal idiomorphe Pyrargyrit-Kristalle, aber auch Argentopyrit oder gediegen Silber eingewachsen sind.

Da reines Arsen ohne Silberverwachsungen früher keinen Wert hatte, gelangte es massenhaft auf die Halden. So erklären sich die bei Erdarbeiten im Bereich der Samsoner Halde in den 1980er-Jahren erfolgten reichlichen Funde von oft stark zersetztem Scherbenkobalt, das größtenteils in pulverförmige Massen oder schaligen Krusten, aus diversen Arsenaten und höchst giftigen Arsenoxiden umgewandelt vorliegt.

„Arseniksilber“ oder „Huntilith“ nannte man innige Verwachsungen von Arsen mit Löllingit, Antimon und diversen Silbermineralen, deren Verhüttung sehr problematisch war und durch den giftigen Hüttenrauch zu enormen Kontaminationen insbesondere im Umfeld der St. Andreasberger Silberhütte führte.

Als weiterer Fundort für gediegenes Arsen in derber Ausbildung ist nur Wolfsberg im Unterharz bekannt.

Stibarsen AsSb trigonal

H: 3-4 D: 5,8-6,2

Gediegen Arsen in knolligen Aggregaten mit Anlauffarben – Grube Samson, St. Andreasberg (BB 4 cm)

Stibarsen in nierenförmigen Aggregaten – sogenanntes „Blaubeerort" der Grube Samson in St. Andreasberg (BB 3 cm)

Stibarsen AsSb trigonal

H: 3-4 D: 5,8-6,2

Dieser Name steht für die in St. Andreasberg oft gemeinsam mit „Scherbenkobalt" auftretende Verwachsung von Arsen und Antimon, die eingelagert in Calcit häufig konzentrisch-schalige Texturen zeigt und nicht selten von Löllingit in Form von kristallinen Kränzen atollförmig umgeben ist.

Stibarsen tritt dort eng verwachsen mit Arsen oder Antimon und Silbererzen auf. Frische Proben sind von zinnweißer oder rötlich grauer Farbe und glänzen metallisch, laufen jedoch nach einiger Zeit grau bis schwarz an. Silbrig-graue Aggregate können mit Dyskrasit oder Arsen verwechselt werden. Dyskrasit und andere Silberminerale bilden aber keine schalig-kugeligen Formen. Arsen dunkelt viel schneller nach und wird rasch matt. Bekannter Fundort ist der Gnade Gotteser Gang auf der Sieberstollensohle (sogenanntes „Blaubeerort").

Schwefel S monoklin, unterhalb 95,6 °C orthorhombisch

H: 1-2, D: 2,0

Als Verwitterungprodukt von Sphalerit kommt Schwefel in Form schwammiger Krusten auf den Erzen des Rammelsberges und der Grube *Silberner Nagel* bei Stolberg vor. Winzige, hochglänzende Kristalle mit angeschmolzen erschei-

Winzige Schwefel-Kristalle mit Covellin auf korrodiertem Galenit – Grube Glücksrad bei Oberschulenberg (BB 1 mm)

nender Oberfläche kommen auf verwittertem Galenit in vielen Gruben vor (z. B. in Oberschulenberg). Diese durch ihre Transparenz leicht zu übersehenden Kristalle werden häufig von Covellin und Cerussit begleitet. Gerne wird Schwefel mit den ebenfalls hochglänzenden und blockigen Anglesiten verwechselt. Anglesit-Kristalle sind aber immer scharfkantig und viel härter und spröder als Schwefel.

Im Zechsteingips bzw. -anhydrit des Kohnsteins bei Niedersachswerfen findet sich typisch „schwefelgelber" Schwefel in bis einige Millimeter großen kristallinen Einschlüssen.

Schwefel in zelligen Krusten auf korrodiertem Sphalerit – Grube Silberner Nagel bei Stolberg (BB 3 mm)

Selen Se trigonal

Gediegen Selen erscheint als unscheinbares, dunkelgraues Pulver als Verwitterungsprodukt auf Seleniden. Nachgewiesen ist es von den klassischen Selenidfundorten Tilkerode, Zorge, Lerbach und Trogtal, aber auch auf Proben von der Grube *Henriette* bei Sieber und von der Grube *Frische Lutter* bei Bad Lauterberg.

Gediegen Selen als dunkelgraues Pulver auf korrodiertem Tiemannit mit Goldkorn – Grube Brummerjan, Zorge, Südharz (BB 2 mm)

Graphit C hexagonal

H: 1, D: 2,1-2,3

Als Mineral tritt elementarer Kohlenstoff im Harz nur selten in stärkeren Anreicherungen auf. Unverkennbar sind der schwarze, halbmetallische Glanz und die sehr geringe Härte, wodurch sich Graphit als Material für Bleistiftminen eignet. Die Bildung erfolgt meist aus organischem Material (Pflanzenreste) durch starke Inkohlung unter metamorphen Bedingungen.

In der Grube *Roter Bär* bei St. Andreasberg gibt es erdigen Graphit, der infolge hydrothermaler Überprägung aus kohlenstoffhaltigen Tonschiefern entstand und sich umgeben von hellen, illitischen Tonmassen in Bändern und Nestern angereichert findet.

Als massige Klumpen (bis zu Faustgröße) lässt sich Graphit gelegentlich auf Störungen im Gabbronorit des Steinbruchs im Radautal bei Bad Harzburg beobachten. Die innige Verwachsung mit Pyroxen, Ilmenit und Sulfidmineralen deutet auf eine magmatische Bildung, möglicherweise aus Methan, hin.

Recht ungewöhnlich ist das lokal ausgeprägte Vorkommen von mehreren Quadratzentimeter großen, plattigen Graphiteinschlüssen in den Rhyolithgän-

Graphitaggregat auf Störungsfläche – Gabbrosteinbruch, Bad Harzburg (BB 7 cm)

gen des Mittelharzes. Aktuelle Funde erfolgten im Kalksteintagebau Elbingerode. Auch hier spricht der begleitende Rutil für eine magmatische Bildung. Fein eingewachsene Graphitschuppen gibt es auch im Kersantit des Bodetals bei Treseburg.

2.2 Sulfide der Buntmetalle Blei, Zink und Kupfer sowie Eisen

Galenit (Bleiglanz) PbS kubisch

H: 2,5-3 D: ~7

Galenit ist das häufigste Erz auf den hydrothermalen Gängen des Harzes. In früherer Zeit galt dem Silbergehalt des Bleiglanzes das Hauptinteresse des Bergbaus. Das Edelmetall ist dabei nur zu einem geringen Teil im Kristallgitter eingebaut, sondern steckt in winzigen Einschlüssen von Silbermineralen, die nur unter dem Erzmikroskop sichtbar sind. So betrugen die Silbergehalte in den oberen Partien der Oberharzer Gangerzmittel bis 0,4 Gew.-%.

Derber Bleiglanz ist an seinem silbrigen Metallglanz (namensgebend!), der recht geringen Härte und auffallend hohen Dichte sowie an der vollkommenen Spaltbarkeit nach dem Würfel unverwechselbar. Kristallisierter Bleiglanz zeigt einen typisch kubischen Habitus, vorherrschend sind Würfel, deren Ecken bisweilen durch dreieckige Oktaederflächen angeschnitten sind. Durch die Kombination von etwa gleichgroß ausgebildeten Würfel- und Oktaederflächen kommt es zur Ausbildung der sogenannten Kuboktaeder. Oktaedrisch kristallisierter Bleiglanz, wie er auch im Grunder Revier vorkam, wurde früher als „Steinmannit" bezeichnet.

Metallisch graue Galenit-Würfel (im Zentrum ein Sphaleritkristall mit aufgewachsenem Chalkopyrit) auf Siderit – Clausthaler Revier (Kristallgröße 1 cm)

Galenit-Kuboktaeder auf Siderit   Erzbergwerk Grund (Kristallgröße 1 mm)

Auf vielen Halden des Blei-Zink-Erzbergbaus im Ober-, Mittel- und Unterharz lassen sich Proben von meist mit Quarz, Calcit oder Siderit verwachsenem, derben Galenit immer noch finden. Typische Begleiter sind die anderen häufigen Sulfide wie Chalkopyrit, Sphalerit und Tetraedrit.

Funde besonders schöner Stufen mit Kristallen bis zu mehreren Zentimetern Kantenlänge liegen aus den Oberharzer Revieren von Grund-Silbernaal, Clausthal (Rosenhöfer- und Burgstätter Gangzug) und von Neudorf im Unterharz vor.

Verbreitete Matrixminerale sind Quarz und gerne auch Siderit (in den Oberharzer Revieren und in Neudorf) oder Calcit (in St. Andreasberg). Bei der Verwitterung von Galenit bildet sich häufig Cerussit in weißen Krusten oder kleinen, farblosen Kristall-Rasen.

Sphalerit (Zinkblende) ZnS kubisch

H: 3,5-4 D: etwa 4,0

Sphalerit ist das einzige Zinkerz im Harz, das auf vielen Erzgängen sowie in den Lagern des Rammelsberges verbreitet auftritt. Da dieses von den früheren Bergleuten abschätzig nur „Blende" genannte Mineral erst seit Mitte des 19. Jahrhunderts als Zinkrohstoff technisch nutzbar war, wurde es vorher meistens auf die Halden geschüttet. Auch wenn solche Halden später, wie z. B. am Kranichsberg bei Lautenthal, erneut auf Zink durchgearbeitet wurden, ist derber Sphalerit noch reichlich zu finden.

Schwarze Sphalerit-Kristalle mit Galenit (als oktaedrischer „Steinmannit") – Erzbergwerk Grund (Kristallgröße 2 cm)

Sphalerit, eisenarm in braun durchscheinenden Kristallen in einer Quarzdruse – Odertaler Revier bei St. Andreasberg (Kristallgröße 5 mm)

Charakteristische Erkennungsmerkmale sind die vollkommene Spaltbarkeit, der lebhafte „blendeartige“ Diamantglanz und die spröde Tenazität. Beim Anschlagen oder Reiben ist stets ein markanter Schwefelgeruch wahrzunehmen. Die Eigenfarbe variiert mit zunehmendem Eisengehalt von gelb (Honigblende) über grünlich, orange und rotbraun (Rubinblende) zu braun bis dunkelgraubraun und fast schwarz. Nicht allzu dunkle Kristalle lassen Licht durchscheinen. Zu den verbreitet in das Zinkblendegitter eingebauten Spurenelementen zählt auch das toxische Cadmium, dessen Gehalte in den Blenden des Oberharzes mit durchschnittlich 0,4–0,7 % als moderat einzustufen sind. Als Träger seltener High-Tech-Metalle wie Indium, Germanium und Gallium trat dieses Mineral auch im Harz jüngst wieder in den Fokus der Rohstoffforschung.

Die im Harz eher seltenen Kristalle weisen meist eine tetraederähnliche Grundform auf, erscheinen aber oft verzerrt und kompliziert verzwillingt.

Zahlreiche Funde liegen vom Silbernaaler Gangzug (Erzbergwerk Grund) vor. Hier gab es manchmal 3–4 m mächtige Anbrüche von grobkristalliner Zinkblende mit Korngrößen bis zu 10 cm. Drusige Partien lieferten nicht selten gute Stufen mit hochglänzenden, bis 5 cm großen dodekaedrischen Kristallen, die meist milchigem Kappenquarz-Kristallen aufsitzen.

Vorwiegend im Ostfeld der Grube fand sich die sogenannte Rubinblende in bis 1 cm großen, tiefrot durchscheinenden, flächenreichen Kristallen. Gute Schaustufen von meist dunkler Zinkblende lieferte der Burgstätter Gangzug im Clausthaler Revier, sie wurden zwischen 1889 und 1930 im Schacht Kaiser Wilhelm II ans Tageslicht gefördert. Die meisten Funde stammen aus Tiefen von mehr als 600 m, wo das Wilhelmer- und das Kranicher Erzmittel ausgesprochen zinkreich waren.

Im St. Andreasberger Revier brachte die Grube *Samson* manchmal hübsche Kristalle von feuerroter Rubinblende hervor, die sich eventuell mit Pyrargyrit verwechseln lassen. Attraktive Stufen von gelber bis hellbrauner Honigblende (<0,1% Eisen) fanden sich im Odertaler Revier auf den Gängen östlich der Oder (Gruben *Neue Weintraube* und *Tiefer Oderstollen*).

Aus dem östlichen Teil des Harzes, wo die Erzgänge in der Tiefe ebenfalls verbreitet Zinkblende führten, liegen attraktive Stufen von den bis 1903 fördernden Neudorfer Gruben Pfaffenberg und Meiseberg vor.

Infolge von Verwitterungseinflüssen zeigt sich der auf den Halden zu findende Sphalerit häufig mit weißlich grauen Krusten aus Hydrozinkit (im UV-Licht bläulich fluoreszierend) überzogen. Seltener ist auch Smithsonit oder Hemimorphit zugegen.

Chalkopyrit (Kupferkies) $CuFeS_2$ tetragonal

H: 3,5-4 D: 4,2-4,3

Dieses mit Abstand häufigste Kupfererz zeigt gemäß seines Charakters als „Durchläufermineral“ eine ziemlich weite Verbreitung, insbesondere auf den hydrothermalen Lagerstätten als Begleiter von Bleiglanz und Zinkblende.

Die goldgelbe Farbe, eine geringe Härte, gelegentlich blaue bis rotviolette Anlauffarben und tetraederähnliche Kristalle (häufig mit Flächenstreifung versehene Bisphenoide) sind wesentliche Merkmale zur Unterscheidung vom derb sehr ähnlichen, aber fahler gelben Pyrit. In angewittertem Zustand verrät sich das Kupfermineral meist durch die Anwesenheit von grünem Malachit.

Enorme Mengen von Kupferkies (Volumenanteil von etwa 5%) verbargen sich in den Erzlagern des Rammelsberges. Hier gab das zutage ausstreichende Kupfererz bereits während der Bronzezeit Anlass zur Aufnahme des Bergbaus. Feinkörniger Kupferkies bildet neben Zinkblende den Hauptbestandteil des sogenannten Melierterzes, der wohl attraktivsten und bekanntesten Erzart der Lagerstätte.

In den Erzen der Oberharzer Gänge kommt Kupferkies in geringen Mengen weit verbreitet vor, oft als metallisch goldene Erzbutzen oder begleitet von Pyrit als Komponente der bekannten Bändererze. Im Erzbergwerk Grund erwiesen sich insbesondere die tiefsten Betriebspunkte im Westfeld als ausgesprochen kupferreich. In Drusen fanden sich nicht selten auf Siderit oder Baryt

Chalkopyrit-Kristalle verwachsen mit Quarz auf Siderit – Erzbergwerk Grund (Kristallgröße 2 cm)

aufgewachsene, pseudotetraedrische Kristalle mit max. 1–2 cm Kantenlänge. Haldenfunde bietet das Hütschentaler Revier bei Wildemann.

Auf den Gängen des Lauterberger Reviers im Südharz bildete von Quarz und Baryt begleiteter Kupferkies das Haupterz. Die Halden der Hauptgruben (*Kupferrose* und *Aufrichtigkeit*) bieten Gelegenheit zum Aufsammeln von Derberzproben. Teilweise liegt dieser Kupferkies bereits oxidiert und in einem braunschwarzen Gemisch aus Goethit mit geringen Anteilen von Kupferoxiden vor (sogenanntes „Kupferpecherz"). Schöne, auf Bergkristall-Rasen aufgewachsene keilförmige Kristalle, häufig mit Flächenstreifung, lieferte der Schadenbeeksglücker Gang (Grube *Charlotte Magdalena*). Ein weiterer bekannter Fundort für schöne Kristalle ist die Lagerstätte von Rottleberode im Ostharz.

Im Kupferschiefer der Reviere Mansfeld-Eisleben und Sangerhausen, der bedeutendsten mitteleuropäische Kupfererzlagerstätte, ist Kupferkies nur fein verteilt zu finden. Nur auf gangförmigen „Rücken" kommt er selten in gröber kristalliner Ausbildung vor.

Idiomorpher Chalkopyrit mit rosa gefärbtem Quarz auf blättrigen Sideritkristallen – Flussschacht Rottleberode, Unterharz (BB 3 cm)

Fahlerz-Gruppe

Tetraedrit-(Fe,Zn) $Cu_6Cu_4(Fe,Zn)_2Sb_4S_{12}S$ kubisch
Tennantit-(Fe,Zn) $Cu_6Cu_4(Fe,Zn)_2As_4S_{12}S$ kubisch
Argentotetraedrit-(Fe,Zn) $Ag_6Cu_4(Fe,Zn)_2Sb_4S_{12}S$ kubisch

H: 3,5-4,5 D: 4,6-5,7

Vertreter der Fahlerz-Gruppe sind in den Erzgängen des Harzes verbreitet, bilden allerdings nirgendwo das Haupterz, sondern treten in der Regel als oft nur erzmikroskopisch erkennbare Bleiglanzbegleiter in Erscheinung. Gut ausgebildete, frei aufgewachsene tetraederförmige Kristalle sind selten. Vom lebhaft metallisch glänzenden, gut spaltbaren Bleiglanz unterscheidet sich Fahlerz durch den matteren Glanz (Name!) und den unebenen bis muscheligen Bruch.

Die Fahlerze der Oberharzer Erzgänge sind fast immer stark Antimon-dominierte Mischkristalle mit recht hohen aber sehr stark schwankenden Silbergehalten (5–30 Gew.-%). So beruhen die hohen Silbererträge aus den oberen Partien der Gänge (bis zu 0,5% im Dorotheer Erzmittel bei Clausthal) auf kleinen, reichlich vorhandenen Einschlüssen des Bleiglanzbegleiters.

Berühmt für schöne Fahlerz-Kristalle war insbesondere das Rosenhöfer Revier westlich von Clausthal (Gruben *Thurm-Rosenhof, Altersegen, Braune Lilie* und *Zilla*). Hier sind bis mehrere Zentimeter große, tetraederförmige Einzelkristalle auf Siderit und Quarz aufgewachsen und manchmal auch als Durchkreuzungszwillinge ausgebildet. Typisch für die Kristalle dieses Reviers ist ein dünner Überzug aus feinkristallinem Kupferkies, der sie dann goldglänzend erscheinen lässt. Ergiebige Funde sind auch dem bis 1992 betriebenen Erzbergwerk Grund zu verdanken, wo vornehmlich im Ostfeld (Bergwerksglücker Gang, Betriebsabteilung Wiemannsbucht) immer wieder bemerkenswerte Funde mit bis zu 2 cm großen Einzelkristallen gemacht wurden.

Massiger, silberarmer Tetraedrit, begleitet von Siderit und Baryt, fand sich auf einem Trum des Prinz Regenter Ganges im Kalksteinbruch Winterberg bei Bad Grund. Typisch für Fahlerze ist ihre Vergesellschaftung mit Azurit und Cuproroméit.

Auch im St. Andreasberger Revier war mit Bleiglanz und Kupferkies verwachsener Tetraedrit (mit durchschnittlich 2–5 Gew.-% Silber) weit verbreitet. Eingeschlossen in massigem Calcit lassen sich hier mit Salzsäure teilweise bis 1 cm große Fahlerztetraeder herauslösen, die gerne von metallisch glänzenden, in allen Farben angelaufenen Cubanit-Nadeln überwachsen werden.

Im Gegensatz zum Oberharz finden sich auf den Gängen des Lauterberger Reviers auch Arsen-dominierte Fahlerz-Mischkristalle. Auf den Halden der Gruben *Wolkenhügel, Frische Lutter* und der Flussspatgrube im Großen Andreasbachtal findet sich meist derber Tennantit, der durch das bei der Verwitterung freigesetzte Arsen von zahlreichen supergen gebildeten Arsenaten sowie von Azurit begleitet wird.

Die bemerkenswerteste Fahlerzfundstätte des Unterharzes ist Neudorf, das zur Betriebszeit Stufen von Weltrang lieferte. Die Silbergehalte der antimonreichen Fahlerze bewegen sich auf ähnlich hohem Niveau wie im Oberharz. So weisen die Tetraedrite von Neudorf und von den Halden bei Dietersdorf und Schwenda teilweise Silbergehalte bis zu 25 % auf.

Auch die nicht unbedeutenden Silbergehalte der Rammelsberger Massiverze beruhen auf silberreichem Tetraedrit, der in den feinkörnigen Lagererzen nur mikroskopisch sichtbar ist. Einzige Ausnahme bilden grobkristallin und zum Teil drusig ausgebildete Mineralisationen der sogenannten Querklüfte, die begleitet von Calcit und Baryt reichlich Tetraedrit und Honigblende auch in idiomorphen Kristallen beinhalten.

Nach der aktuellen Nomenklatur unterscheidet man Fahlerze mit Eisen- oder Zink-Dominanz auf einem speziellen Platz im Kristallgitter (Biagioni et al.,2020). Daraus ergeben sich die selbständigen Mineralarten Tetraedrit (Fe), Tetraedrit-(Zn), Tenanntit (Fe) und Tennantit-(Zn). Da in der Natur allerdings meistens Mischkristalle gebildet werden, ist eine Unterscheidung nur mittels chemischer Analyse möglich. Bei vielen Fahlerzen aus dem Harz wurden fast gleiche Gehalte von Fe und Zn von 1–4 % festgestellt, die zudem noch innerhalb desselben Korns schwanken. Es liegen also zonare Mischkristalle vor, die eine Unterscheidung in die neuen Endglieder unmöglich machen. Ausnahmen bilden die Tennantite aus dem Zechstein. Hier konnte von der Vererzung im Bryozoenriffkalk von Bartolfelde reiner Tenanntit-(Zn) und aus einer Rückenvererzungen im Kupferschiefer von Questenberg reiner Tennantit-(Fe) bestimmt werden.

Die silbereichen Fahlerze werden nach der aktuellen Nomenklatur zur **Freibergit-Serie** mit den selbständigen Mineralarten Argentotetraedrit/tennantit-(Fe,Zn), Kenoargentotetraedrit/tennantit-(Fe,Zn) und Rozhdestvenskayait-(Fe,Zn) zusammengefasst (Welch, 2018). Die Unterscheidung der einzelnen Mineralarten erfolgt nach dem Silbergehalt, genauer gesagt nach dem Einbau des Silbers auf verschiedene Plätze im Kristallgitter. Die vorher übliche Bezeichnung „Freibergit“ für ein Fahlerz mit über 30 % Silber entfällt und wird durch den unaussprechlichen Namen Kenoargentotetrahedrit ersetzt. Dafür ist, aufgrund anderer Bindungen des Silber im Kristallgitter, eine neue Mineralart definiert, der **Argentotetraedrit** mit einem Silbergehalt von etwa 25 %. Dieses Mineral konnte in wenigen Stücken von den Gängen bei St. Andreasberg, Straßberg (Grube Agezucht) und Dietersdorf nachgewiesen werden. Fahlerze mit Silbergehalten unter 25 % sind als „silberreicher Tetraedrit“ zu bezeichnen.

Tetraedrit mit Pyrit und Quarz – historische Stufe aus Clausthal (nach altem Analysezettel: 29 % Antimon, 6,6 % Arsen und 3 % Silber) (BB 9 cm)

Fahlerz-Tetraeder mit Ikositetraederflächen – Versuchsschächte bei Dietersdorf, Unterharz (BB 2 mm)

Tetraedrit in teilweise mit Chalkopyrit überkrusteten Kristallen auf Siderit, man beachte den muscheligen Bruch des angeschlagenen Kristalls rechts unten – Rosenhöfer Revier, Clausthal (Kristallgröße 1 cm)

Fahlerz, größtenteils umgewandelt in gelbgrünem Cuproroméit mit Drusen ausgekleidet von blauem Azurit und grünem Malachit – Prinz-Regenter Gang aufgeschlossen im Steinbruch Winterberg, Bad Grund (BB 22 cm)

Cubanit $CuFe_2S_3$ orthorhombisch

H: 3,5 D: 4,03-4,18

Der im Harz ziemlich seltene und nur in recht kleiner Ausbildung vorkommende Cubanit findet sich relativ verbreitet im St. Andreasberger Revier in Form von feinen Nadeln, die sich oft zu filzigen Aggregaten gruppieren. Orientiert auf Tetraedrit aufgewachsen, zeigen sich nicht selten Pakete von parallel angeordneten Nadeln, die bis zu 5 mm lang werden können. Das Mineral ist im frischen Zustand metallisch goldgelb glänzend, zeigt aber oft ähnlich bunte Anlauffarben wie Stibnit oder Millerit, die ebenfalls gern nadelig ausgebildet vorkommen, sodass eine Identifizierung ohne Mikroanalyse kaum möglich ist. Bei dickerer Ausbildung der Nadeln verrät sich Cubanit unter entsprechend starker Vergrößerung durch den sechsseitigen Querschnitt der Kristalle. Sehr selten fanden sich auch blockige, knieförmige Zwillinge mit einem Winkel von 60°. Typische Begleiter auf den Calcitgängen von St. Andreasberg sind Tetraedrit und/oder Chalkopyrit, mit denen er innig verwachsen vorliegen kann. Von den nadeligen Erzmineralen bildet nur Cubanit orientierte Aufwachsungen auf Tetraedrit. Weitere Funde liegen von Dietersdorf im Unterharz vor, wo Cubanit ganz ähnlich ausgebildet auftritt.

Bunt angelaufene Cubanit-Nadeln in einer Calcitdruse – Grube Samson, St. Andreasberg (BB 8 mm)

Parallel verwachsene verzwillingte Cubanit-Nadeln mit Zwillingswinkel von 60° – Versuchsschächte bei Dietersdorf, Unterharz (BB 2 mm)

Cubanit-Nadeln mit deutlich sechsseitigen Querschnitten auf Calcit – Grube Samson, St. Andreasberg (BB 2 mm)

Bournonit (Rädelerz) PbCuSbS_3 orthorhombisch

H: 2,5-3 D: 5,7-5,9

Dieses Blei-Kupfer-Sulfosalz ist in geringen Mengen auf vielen Harzer Blei-Zink-Erzgängen als typischer „Bleiglanzbegleiter“ anzutreffen, wenn auch meist nur erzmikroskopisch erkennbar. In ähnlicher Ausbildung tritt Bournonit auch in den Blei- und Kupfer-reichen Erzarten der Massivsulfiderzlagerstätte Rammelsberg auf. Der alte Name „Rädelerz“ erinnert an die bei freigewachsenen Kristallen zu beobachtende, zahnrad-ähnliche Zwillingsbildung. Bis 5 cm große, tafelige Kristalle lieferten im Oberharz vor allem die Gruben des Clausthaler Reviers sowie vereinzelt das Erzbergwerk Grund. Funde von Bournonit liegen auch aus dem St. Andreasberger Revier vor, wo in den 1980er-Jahren bis zu 2 cm große Kristalle zusammen mit Galenit, Tetraedrit und Kupferkies als Drusenmineral in sandigen Quarzgängen entdeckt wurden. Bekannte Fundpunkte sind der Bergmanntroster und der Abendröther Gang. Viele gut ausgebildete Bournonitstufen lieferten die Unterharzer Erzgänge. Hervorzuheben sind die Gruben von Wolfsberg und vor allem Neudorf (Gruben *Pfaffenberg* und *Meiseberg*), die bis zu 8 cm große Kristalle, oft begleitet von Quarz und Siderit, hervorbrachten. Neuere Haldenfunde von Bournoniten im Millimeterbereich liegen von den Versuchsschächten nahe

Bournonit-Kristalle, aufgewachsen auf einem großen Fahlerz-Kristall – Clausthaler Revier (BB 4 cm)

Unverzwillingter Bournonit mit typischen Anlauffarben – Neudorf, Unterharz (Kristallgröße 1 cm)

Verzwillingtes Bournonit-Aggregat in Zahnrad-ähnlicher Ausbildung mit typischer Streifung – Versuchsschächte bei Dietersdorf, Unterharz (Kristallgröße 2 mm)

Dietersdorf vor. Hier treten auch die oben beschriebenen, typischen „Zahnräder“ auf, während diese Art der Verzwilligung bei den Bournoniten der klassischen Harzer Fundorte meist fehlt. Vom gut spaltbaren Galenit unterscheidet sich der metallisch graue Bournonit durch seinen muscheligen Bruch und den fahleren Glanz. Diesbezüglich ähnelt derber Bournonit dem in dieser Paragenese häufig auftretenden Tetraedrit. Makroskopisch ist eine Unterscheidung nur möglich, wenn die Eigengestalt der Kristalle hinreichend erkennbar ist. In Derberzen lässt sich Bournonit nur erzmikroskopisch oder mithilfe chemischer Analysen eindeutig identifizieren.

Pyrit (Schwefelkies) FeS_2 kubisch

H: 6-6,5 D: 5-5,2

Dieses mit Abstand am weitesten verbreitete sulfidische Erzmineral fällt durch seinen goldgelben, metallischen Glanz leicht ins Auge, was sich in der populären Bezeichnung „Katzengold“ widerspiegelt. Weitere Merkmale wie hohe Härte, fehlende Spaltbarkeit und spröde Tenazität, wodurch beim Anschlagen mit dem Hammer Funken sprühen (pyrr griech. Feuer) und es scharf nach Schwefeldioxid riecht, helfen, das Mineral zu identifizieren. Wegen seiner weiten Verbreitung sowohl in sedimentärem als auch hydrothermalem und

Pyrit als Pentagondodekaeder, eingewachsen in massiven Chalkopyrit – Erzbergwerk Grund, Westfeld (Kristallgröße 7 mm)

Pyritwürfel im Marmor – Gabbrosteinbruch Bad Harzburg (Kristallgröße 1 cm)

Pyrit in Kuboktaedern auf Quarz – Grube Hohe Warte bei Gernrode (DD 5 cm)

Federpyrit in Quarz und Siderit, angeschliffene Erzscheibe – Grube Pfaffenberg, Neudorf (BB 16 cm)

magmatischem Bildungsmilieu wird Pyrit zu den sogenannten Durchläufern gerechnet.

Die dem Pyrit eigene starke Kristallisationskraft kommt durch die verbreitete Ausbildung von eigengestaltigen Kristallen, vornehmlich Würfel, Oktaeder und Pentagondodekaeder samt mannigfaltigen Kombinationen dieser Grundformen zum Ausdruck. Charakteristisch ist eine auffällige Streifung der Würfelflächen, was eine niedrige kubische Symmetrie (disdodekaedrische Klasse Pa3) anzeigt.

Sedimentär-exhalativ entstandener Schwefelkies findet sich reichlich in den Erzlagern des Rammelsbergs und im Erzkörper der Grube *Einheit* bei Elbingerode, wovon sich die historische Bezeichnung „Kieslagerstätte“ ableitet. Knollige Pyritaggregate, oft innig mit Markasit verwachsen, gibt es in den umgebenden devonischen Tonschiefern. Eine besondere, nur erzmikroskopisch wahrnehmbare Erscheinung sind aus winzigen Kügelchen zusammengesetzte, traubenförmige Aggregate, die sogenannten Pyritframboide, die nach Ansicht mancher Bearbeiter „vererzte Bakterien“ darstellen (s. S. 40)

Einige attraktive Pyritstufen liegen von der Grube *Einheit* und von den benachbarten Eisenerzgruben (*Büchenberg* und *Braunesumpf*) vor. Hier führten mineralisierte offene Klüfte manchmal gut kristallisierte, bis mehrere Zentimeter große, meist mit Calcit verwachsene Pyritwürfel.

Die Gänge des Oberharzes führen zwar verbreitet, doch insgesamt nur in geringeren Mengen Pyrit. Hübsche kleine idiomorphe Pentagondodekaeder, eingesprengt im durch Hämatit rot gefärbten lettigen Nebengestein, fanden sich im Erzbergwerk Grund. Hier handelt es sich um eine typische Bildungen der hydrothermalen Vorphase. Als Drusenmineral tritt Pyrit gegenüber Markasit sehr in den Hintergrund.

Schöne Pyrit-Kristalle bis über 1 cm Kantenlänge fanden sich auf den Erzgängen im Unterharz, z. B. in der Grube *Hohe Warte* bei Gernrode und dem sogenannten *Kiesschacht* bei Siptenfelde. Leider erweisen sich diese Kristalle in den Sammlungen auf Dauer als nicht haltbar, sondern zersetzen sich durch Reaktion mit der Luftfeuchtigkeit unter Absonderung von ätzender Schwefelsäure zu einer grauen Asche.

Stabil hingegen erweist sich der im Neudorfer Revier angetroffene sogenannte Federpyrit, eine Pseudomorphose von Pyrit nach blättrigem Pyrrhotin. Funde stammen vom Haldenmaterial der Gruben *Pfaffenberg* und *Meiseberg*. Eingewachsen in derbem Quarz oder Siderit kommen diese filigranen federartigen Verwachsungen bis 3 cm Größe erst im Anschliff richtig zur Geltung.

Pyrit-Kristalle finden sich auch auf Calcitgängen im Gabbrosteinbruch bei Bad Harzburg.

Markasit (Speerkies) FeS_2 orthorhombisch

H: 6-6,5 D: 4,8-4,9

Das mit Pyrit polymorphe Eisensulfid Markasit zeigt im sedimentären Milieu wie auch auf den hydrothermalen Erzgängen eine weitläufige Verbreitung. Gut ausgebildete Kristalle erlauben eine sichere Unterscheidung des ebenfalls gelb metallisch glänzenden Minerals vom kubischen Pyrit. Markasit-Kristalle sind taflig, laufen meist spitz zu oder gruppieren sich gerne zu „Hahnenkamm"-artigen oder kugeligen Verwachsungen (sogenannter „Kammkies"). Einzelne, oft lang gestreckte Kristalle erinnern an Speerspitzen, woraus sich der alte Name „Speerkies" ableitete. Feinkörnige Krusten oder nierenförmige Aggregate nannte man früher „Leberkies".

Auf den Oberharzer Gängen zeigt Markasit eine dem Pyrit recht ähnliche Verbreitung. Als jüngste Bildung kleidet er nicht selten als kristalliner Rasen Drusen aus oder bildet in Form radialstrahliger Aggregate („Markasitsonnen") Kluftfüllungen. Reichlich Material lieferte das Erzbergwerk Grund, auch von Wildemann gibt es schöne Kristallstufen. Häufige Verwachsungspartner sind Siderit, Dolomit, Baryt oder Kappenquarz. Leider erweisen sich viele der in Sammlungen abgelegten Markasite auf Dauer als nicht stabil und zerfallen. Dieses betrifft vor allem die zusammen mit Pyrit sedimentär entstandenen Markasite, die in den Tonschiefern und Erzlagern des Rammelsbergs knollige Konkretionen bilden.

Hahnenkammartiges Markasitaggregat – Erzbergwerk Grund, Betriebsabteilung Hilfe Gottes (BB 5 cm)

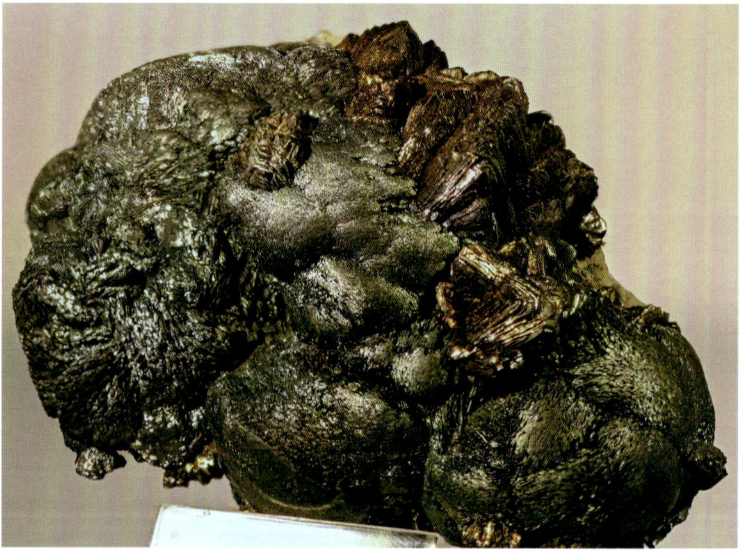

Markasit-Kristalle auf knolligem Markasit – Grube Wiemannsbucht, Bad Grund (BB 10 cm)

Pyrrhotin (Magnetkies) Fe_7S_8 hexagonal

H: 4 D: 4,6

Das wegen seiner ferromagnetischen Eigenschaft auch Magnetkies genannte Sulfidmineral tritt im Harz in ganz unterschiedlichen Milieus auf.

Funde von derben, grobkörnigen, bronzefarbenen Magnetkieserzen in bis zu mehreren hundert Kilogramm schweren Massen liegen aus dem Gabbrosteinbruch von Bad Harzburg vor. Solche Bildungen der magmatischen Frühkristallisation fanden sich auch in dem Anfang der 1980er-Jahre aufgefahrenen Oker-Radau-Stollen. Kennzeichnend ist die recht untergeordnete Begleitung von Chalkopyrit und dem Nickelträger Pentlandit („Nickel-Magnetkies-Erze"). Die Nickelgehalte liegen hier allerdings bei nur 0,05%. Als mikroskopische Einschlüsse enthält dieser magmatische Pyrrhotin Cobaltin, Wismuttelluride und Spuren von Gold. Ähnliche, aber nur millimetergroße Nickel-führende Pyrrhotin-Einschlüsse enthält auch der Kersantit aus dem Luppbodetal bei Treseburg im Ostharz. Hierin fanden sich erzmikroskopische Einschlüsse von Graphit, Pentlandit, Ilmenit und Chalkopyrit.

Im kontaktmetamorph gebildeten Calcit vom Gabbrobruch bei Bad Harzburg finden sich eingewachsene sechsseitige Kristalle bis zu 1 mm Größe.

Hydrothermal gebildet ist der auf den Gängen von St. Andreasberg vertretene Pyrrhotin, der frei aufgewachsene, dünne, sechsseitige Tafeln bildet

Pyrrhotin-Tafeln, durch Oxidation braun gefärbt auf blättrigem Calcit – Grube Samson, St. Andreasberg (BB 2 mm)

Pyrrhotin in Form sechsseitiger Pakete, herausgelöst aus Calcit – Gabbrosteinbruch bei Bad Harzburg (BB 2 mm)

und Größen bis etwa 1 mm erreicht. Oberflächlich und bisweilen vollständig liegt dieser infolge Oxidation in Brauneisen umgewandelt vor. Begleiter in den Calcitdrusen von der Grube *Samson* sind Tetraedrit, Cubanit oder Löllingit. Bei Treseburg im Unterharz führt ein Gang im Tiefenbachtal Wismut-haltigen Pyrrhotin.

Bornit (Buntkupferkies) Cu_5FeS_4 tetragonal

H: 3 D: ~5

Der im frischen Bruch bronzefarben metallisch glänzende, unter Lichteinwirkung aber schnell bläulich violett anlaufende und später dann fast schwarz gefärbte Bornit ist recht weich und zeigt einen muscheligen Bruch. Nicht selten gibt es Verwechslungen von „Buntkupferkies" und bunt angelaufenem Chalkopyrit.

Insbesondere auf den Kupfer-führenden Erzgängen im Südwestharz erfolgte die Bornitbildung vor allem im Zusammenhang mit Verwitterungsprozessen, wobei in Lösung gegangenes Kupfer abwärts wandert und im Bereich der Grundwasserzone aufgrund seines „halbedlen" Charakters und geänderter physikochemischer Bedingungen mit primärem Kupferkies reagiert und diesen verdrängt. Man nennt diesen Vorgang **Zementation**, was einer Veredelung entspricht, denn der Kupfergehalt erhöht sich von 34% im Chalkopyrit auf 62% im Bornit.

Bornit kann aber auch unter niedrigen Temperaturen „primär" aus hydrothermalen Lösungen kristallisieren.

Bekannte Bornitfundstellen gibt es im Südwestharz, hierzu zählen der Herbstberg- und der Flußgruber Gang (später Fluoritgrube *Barbis*) im Großen Andreasbachtal, der Frische Lutter Gang in der Graden Lutter, der Klingentaler Gang in der Krummen Lutter sowie im Raum Sieber der Henriette Gang im Siebertal und das Neue Reiche Glück in der Großen Kulmke. Derber Bornit bildet meist eingewachsene Erzbutzen oder Gängchen bis zu mehreren Zentimetern Mächtigkeit, begleitet von Calcit, Fluorit oder Baryt. Winzige Kristalle wurden im St. Andreasberger Revier beobachtet. Auf Rissen wird Bornit gerne von Covellin, Idait oder Yarrowit verdrängt, was aber nur erzmikroskopisch zu erkennen ist.

In den Kupferschieferrevieren von Mansfeld und Sangerhausen bildet Bornit einen wichtigen Kupferträger, sowohl feinkörnig im Flöz selbst als auch grobkristallin begleitet von Calcit oder Baryt auf den gangförmigen Mineralisationen der sogenannten „Rücken". Zu den Raritäten zählen in Calcitdrusen gefundene, kleine, rundliche Kristalle von 1 bis 2 mm Größe. Eine Besonderheit sind die parallel zur Schichtung des Flözes eingelagerten bis 5 mm mächtigen „Erzlineale", bestehend aus innig mit Chalkosin verwachsenem Bornit.

Erztrum mit metallisch violett angelaufenem Bornit und Malachit in Baryt – Grube Henriette im Siebertal (BB 4 cm)

Chalkosin (Kupferglanz) Cu_2S monoklin

H: 2,5-3 D: 5,6

Chalkosin ist der häufigste Vertreter der Kupferglanzfamilie, die recht ähnlich zusammengesetzte Minerale wie **Djurleit, Digenit, Anilith** oder **Geerit** umfasst. Die Bildung dieser Kupfersulfide erfolgt entweder im niedrigen hydrothermalen Bereich oder im Rahmen von Zementationsprozessen. Typisch für diese auch erzmikroskopisch schwer unterscheidbaren Erzminerale, die innig verwachsen auftreten und sich ineinander umwandeln können, ist ein mattschwarzer Halbmetallglanz mit mehr oder weniger ausgeprägten blauen Anlauffarben. An der Luft (auch in Sammlungen) wandelt sich Chalkosin langsam, aber stetig in Djurleit um. Djurleit selber zerfällt in der Natur unter Kupferverlust allmählich in Anilith. Dieser kann sich weiter in Geerit verwandeln.

Die Vorkommen von Chalkosin im Harz entsprechen in etwa denen von Bornit. So ließ sich Chalkosin in bis zu 3 mm großen Kristallen im Großen Andreasbachtal auf den Halden des Flussspatbergbaus finden. Weitere Funde liegen vom Klingentaler Gang in der Krummen Lutter vor.

Im Mansfelder Kupferschiefer findet sich Kupferglanz reichlich als wesentliche Komponente des „Chalkosin“- und „Bornit-Chalkosin-Typs“. Besonders die „Erzlineale“ und die Rückenmineralisation lieferten bisweilen interessante Stücke von meist derber Ausbildung. Kristalle sind auch hier selten (s. S. 100).

Digenit Cu_9S_5 trigonal

Typlokalität für den zur Kupferglanzfamilie zählenden Digenit ist das Sangerhäuser Kupferschieferrevier, von wo das Mineral erstmals 1844 durch August Breithaupt (1791–1873) beschrieben wurde. Da sich das betreffende Stück später als ein Gemenge von Chalkosin und Covellin entpuppte, wurde das Mineral zunächst diskreditiert, 1942 aber von Buerger als Hochtemperaturmodifikation von Chalkosin wieder eingeführt. Eine Unterscheidung von Chalkosin ist nur erzmikroskopisch möglich.

Betechtinit $(Cu, Fe)_{21}Pb_2S_{15}$ orthorhombisch

Auch dieses recht seltene, nach dem russischen Mineralogen A.G. Betechtin (1897–1962) benannte Sulfid wurde erstmals von Schüller & Wohlmann (1955) vom Vitzthumschacht im Mansfelder Revier beschrieben. Dort fand es sich als Bestandteil einer Rückenmineralisation in Form von schwarzen, nadelig ausgebildeten Kristallen, die in Einzelfällen Längen von 2 cm erreichen können. Begleiter sind gediegen Silber, Galenit, Bornit und hier ebenfalls nadelig ausgebildeter Chalkosin. Beide lassen sich durch die unterschiedliche Orientierung der Flächenstreifung unterscheiden; so ist diese bei Betechtinit stets parallel, während sie bei Chalkosin immer quer zur Längsachse ausgerichtet erscheint. Funde beschränkten sich auf die Betriebszeit des Kupferschieferbergbaus.

Nadeliger Betechtinit in Calcitdruse vom Vitzthumschacht im Mansfelder Revier (BB 7,5 mm)

Covellin CuS hexagonal

Der auffällig blau metallisch glänzende Covellin bildet sich in der Regel supergen aus Chalkopyrit oder Bornit. Die ganz ähnlich zusammengesetzten, aber wesentlich selteneren Minerale, wie **Yarrowit**, **Spionkopit** und **Idait** lassen sich nur erzmikroskopisch oder röntgenografisch identifizieren. Verbreitet erscheint Covellin als hauchdünner, blauer bis rotvioletter Überzug auf Galenit oder Sphalerit. Es handelt sich um einen zementativen Ersatz, wobei etwa das unedlere Zink der Zinkblende oberflächlich durch das edlere Kupfer in Form von CuS ersetzt wird. So bestehen sämtliche bläulichen bis rotvioletten Anlauffarben der Sulfide aus diesen Mineralien. In geringen Mengen ist Covellin auf vielen Kupfer-führenden Erzvorkommen im Harz weit verbreitet, tritt aber nur sehr selten in größeren Körnern oder gar sichtbaren Kristallen auf.

Attraktive Erzstücke stammen aus den Kupferschieferrevieren am östlichen Harzrand, während die Halden des Kupfererzbergbaus im Südwestharz (Grube *Henriette* im Siebertal) nur kleine Belegstücke liefern. Rezent, auch in Sammlungsräumen, bilden sich auf Bruchflächen von Kupfererzen winzige, schwarz erscheinende Tafeln von Covellin, die leicht zerbrechlich sind.

Blau metallische Covellin-Kristalle auf grauem Chalkosin – Lichtloch 81 des Schlüsselstollens im Mansfelder Revier (BB 6 cm)

Idait mit Covellin eingewachsen in Calcit – Lichtloch 81 des Schlüsselstollens im Mansfelder Revier (BB 1 cm)

2.3 Silberminerale

Minerale der Silberreicherze
Zu den Harzer Silbermineralen zählen neben gediegenem Silber, Silberlegierungen und Silbersulfiden vor allem die komplex zusammengesetzten Silbersulfosalze, die neben Schwefel vor allem Antimon, seltener aber auch Arsen enthalten. Ihr Auftreten beschränkt sich normalerweise zusammen mit anderen „Bleiglanzbegleitern" auf erzmikroskopisch feine Einschlüsse in Bleierzen oder als Rarität in winzigen Kristallen auf drusigen Klüften. Schöne Beispiele lieferten im Erzbergwerk Grund der Laubhütter- und der Bergwerksglücker Gang.

Eine Ausnahme im Harz bildet das St. Andreasberger Revier, wo diese Minerale, begleitet vom Calcit, der sogenannten „edlen Kalkspatformation", stark konzentriert vorkommen und spektakuläre Reicherzfälle bilden, die nicht selten hervorragend kristallisierte Drusenminerale hervorbrachten. Solche Stufen in Kombination mit Antimon, arsenreichen Mineralen, Calcit und Zeolithen trugen maßgeblich zur internationalen Bekanntheit dieser Fundstätte bei.

Dyskrasit (Antimonsilber) Ag_3Sb rhombisch

H: 3 ,5, D: 9,7

Dieses im frischen Zustand silberweiß metallisch glänzende Mineral, das 75,4 % Silber beinhaltet, bildete auf den St. Andreasberger Gängen früher

Dyskrasit mit „Hüten" aus Silberglanz – Grube Samson, St. Andreasberg (BB 2 cm)

Silberglanz, pseudomorph nach drahtförmigem Silber – Grube Samson, St. Andreasberg (Höhe 1,5 cm)

Dyskrasit Zwilling überwachsen mit Löllingit – Grube Samson, St. Andreasberg (BB 15,5 mm)

Dyskrasit-Kristalle in gediegen Arsen – Grube Samson, St. Andreasberg (BB 8 cm)

das häufigste Silbererz. Wie viele Silberverbindungen läuft auch Dyskrasit durch die oberflächliche Bildung von Silbersulfid anfangs gelb und mit der Zeit zunehmend schwarz an, ein Effekt, der sich bei vielen alten Sammlungsstücken zeigt. Von dem sehr ähnlichen Antimon, das nicht anläuft und spröde ist, unterscheidet er sich durch die „Schneidbarkeit" und den fehlenden Bruch.

Hervorragende Kristalle von prismatischem Habitus, manchmal auch verzwillingt zu pseudohexagonalen Drillingen von 2 cm, in Ausnahmefällen sogar bis 4 cm Kantenlänge, lieferte die Grube *Samson*. Verwachsungspartner sind Calcit, Galenit, Löllingit, Arsen und andere Silbersulfosalze. St. Andreasberg ist das weltweit bekannteste und kristallografisch wohl am besten untersuchte Vorkommen von Dyskrasit-Kristallen.

Pyrargyrit (dunkles Rotgültigerz) Ag_3SbS_3 trigonal

H: 2,5, D: 5,8

Dieses auffällige, auf den St. Andreasberger Gruben früher recht verbreitete Silbersulfosalz, trug ganz wesentlich zum Ruhm der kleinen Silberlagerstätte bei. So schreibt K.C. Leonhard 1826: „Die *Rotgültigerze, welche recht eigentlich bei Andreasberg zu Hause sind, zeichnen sich aus durch Deutlichkeit und Größe der Kristalle wie durch Schönheit der Farbe.*"

Von keiner anderen Fundstätte ist eine so große Vielfalt an Kristallen in hervorragender Ausbildung bekannt geworden. Nach GEBHARD (1990) gibt es 45 einfache Formen mit zahlreichen Kombinationen. Typisch sind skalenoedrisch ausgebildete Kristalle mit glatten Flächen, aber auch gedrungene, kegelförmige, flächenreiche Individuen mit gestreiften Prismenflächen dürfen als charakteristisch gelten. Auffällige Merkmale des blendeartig bis diamantartig glänzenden Minerals sind die tiefroten Innenreflexe der durchscheinenden Kristalle, der dunkelkirschrote Strich sowie ein muscheliger Bruch. Von der Grube *Samson* liegen Stufen mit 1–2 cm, in Ausnahmefällen bis 10 cm großen flächenreichen Kristallen vor.

„Der Stoß blutet..." sagten die Bergleute, wenn beim Bohren ein Nest Rotgültigerz getroffen wurde und blutrotes Bohrmehl herausrieselte. Das antimonreiche Rotgültigerz kann hier, abweichend vom Namensattribut „dunkel" auch recht hellrot vorkommen, ohne Arsen zu enthalten.

Schon seit dem 18. Jahrhundert ließ das Bergamt besondere Silbererzstufen zu damals bereits horrenden Preisen an Sammler veräußern, wodurch sich ein Vielfaches des Silbermetallwertes erzielen ließ.

Heute dürften Haldenfunde, selbst von winzigen Mikromounts, schon Glücksfälle darstellen.

Sehr vereinzelt fanden sich auch bis einige Millimeter große Pyrargyrit-Kristalle im Grunder Revier. Im Unterharz konnte eingewachsener Pyrargyrit von den Antimon-reichen Erzgängen bei Dietersdorf bestimmt werden.

Proustit (lichtes Rotgültigerz) Ag_3AsS_3

Das Arsen-reiche Endglied der Rotgültig-Reihe ist im St. Andreasberger Revier vermutlich eine große Rarität. Eine sichere Bestimmung ist selbst erzmikroskopisch problematisch. Viele historische Proustitstufen erwiesen sich bei genauer Untersuchung als helle Pyrargyrite.

Pyrostilpnit (Feuerblende) Ag_3SbS_3 monoklin

Dieses chemisch dem Pyrargyrit gleiche Mineral zählt zu den Raritäten der St. Andreasberger Silbererzgänge. Es handelt sich um dünntaflige oder blättrige Kristalle, die manchmal kleine büschelige Aggregate von wenigen Millimetern Größe bilden. Aufgrund seiner recht auffälligen lichtroten Farbe wurde dieses Silbermineral während der Betriebszeit der Grube *Samson* auch in den tiefen Aufschlüssen immer wieder beobachtet.

Pyrargyrit-Skalenoeder bis 2 cm – Grube Samson, St. Andreasberg

Pyrargyrit Skalenoeder mit flachen Kopfflächen, Grube Samson – St. Andreasberg (BB 2 cm)

Pyrargyrit-Skalenoeder mit aufgewachsenen kleineren Kristallen in Calcitdruse – Grube Samson, St. Andreasberg (BB 5 mm)

Pyrargyrit-Skalenoeder mit Flächenstreifung – Grube Samson, St. Andreasberg (BB 2 mm)

Pyrostilpnit-Tafeln in Calcitdruse – Grube Samson, St. Andreasberg (BB 1,9 mm)

Pyrostilpnit-Tafeln – Grube Samson, St. Andreasberg (BB 1 mm)

Stephanit Ag_5SbS_4 orthorhombisch

H: 2-2,5, D: 6,2-6,3

In makroskopisch kristalliner Ausbildung wurde dieses Silbersulfosalz während der Betriebszeit der St. Andreasberger Gruben lokal auf Stufen zusammen mit Rotgültigerz gefunden. Die metallisch grauen, matt angelaufenen Kristalle erscheinen kurzprismatisch bis dicktafelig und bilden durch mehrfache Verzwilligung oft pseudohexagonale Gruppen. Erzmikroskopisch ist Stephanit in den Derberzen als jüngerer Verdränger von Pyrargyrit wesentlich präsenter.

Stephanit in gedrungenen Kristallen – Grube Samson, St. Andreasberg (1,5 cm Kantenlänge)

Stephanit-Drilling mit pseudohexagonaler Symmetrie – Grube Samson, St. Andreasberg (BB 3 mm)

Einzelner tafelförmiger Stephanitkristall – Grube Samson, St. Andreasberg (BB 3 mm)

Polybasit $(Ag, Cu)_{16}Sb_2S_{11}$ monoklin

Polybasit-Kristall mit hexagonal-tafeligem Habitus – Grube Samson, St. Andreasberg (BB 3 mm)

Dieses Silbersulfosalz, das nur recht selten in makroskopischer Ausbildung auftritt und dem Stephanit manchmal ähnelt, bildet in Drusen vornehmlich dünntafelige bis blättrige, sechseckige Kristalle. In Ausnahmefällen können diese, meist freistehend aufgewachsen, bis 1 cm Größe erreichen. In Splittern ist das unter Lichteinwirkung rasch schwarz anlaufende Mineral rot durchscheinend. Wesentliche Begleiter sind neben Dyskrasit oft die Kupferminerale Chalkopyrit und Tetraedrit.

Stengeliger Argentopyrit – Grube Samson, St. Andreasberg (BB 3 mm)

Miargyrit $AgSbS_2$ monoklin

H: 2,5-3, D: 5,25

Auch dieses seltene Sulfosalz, das stets von Pyrargyrit begleitet wird, zählt zu den charakteristischen St. Andreasberger Silbermineralen. Im Gegensatz zu einem anderswo verbreitet beobachteten, dicktafeligen Habitus, bildet Miargyrit hier silbergraue, fast immer schwarz angelaufene, kleine (bis 1 mm), spießförmige Individuen, die auf Pyrargyritkristallen aufgewachsen sind oder darauf polykristalline Überzüge formen. Wichtiges Erkennungsmerkmal von Miargyrit sind rote Innenreflexe, die sich bei entsprechendem Lichteinfall auf den muschelig brechenden Flächen des Erzes zu erkennen geben. Einzelfunde von Miargyrit sind von Wolfsberg und Dietersdorf bekannt geworden.

Miargyrit-Kristalle mit roten Innenreflexen – Grube Samson, St. Andreasberg (BB 3 mm)

Diaphorit $Pb_2Ag_3Sb_3S_8$ monoklin

Dieses während der Bergbauzeit in den Gruben nirgendwo festgestellte Silbermineral konnte erst in den 1980er-Jahren im Haldenmaterial der am Beerberg liegenden Grube *Claus Friedrich* bestimmt werden (SCHNORRER-KÖHLER 1983). Es bildet, eingewachsen in Calcit, mit Löllingit überkrustete, bis 5 mm große, prismatische bis tafelige, markant gestreifte Kristalle. Weitere Funde des sehr seltenen Silberminerals sind aus dem Wolfsberger Revier bekannt.

Freieslebenit $PbAgSbS_3$ monoklin

Dieses makroskopisch leicht mit dem Diaphorit zu verwechselnde Silbersulfosalz fand sich bei Dietersdorf im Unterharz in typisch längs gestreiften tafeligen Kristallen mit spitzer Kopffläche bis zu 1 mm Länge. Eine sichere Unterscheidung von Diaphorit ist nur mikroanalytisch oder röntgenografisch möglich.

Diaphorit-Kristall mit typischer Flächenstreifung – Grube Claus Friedrich, St. Andreasberg (BB 6 mm)

Freieslebenit-Kristalle in Quarzdruse – Dietersdorf im Unterharz (BB 3 mm)

Fizélyit $Pb_{14}Ag_5Sb_{21}S_{48}$ monoklin

Winzige Fizélyit-Kristalle auf Quarz – Schwenda, Unterharz (BB 1 mm)

Fizélyit-Kristall, nadelig mit Längsstreifung – Grube Claus Friedrich, St. Andreasberg (BB 0,5 mm)

Dieser Silberspießglanz konnte in einer Paragenese zusammen mit Diaphorit in Haldenmaterial von der Grube *Claus Friedrich* bei St. Andreasberg nachgewiesen werden (SCHNORRER & KOCH, 1989). Er bildet winzige (0,5 mm), lange, fast schwarze Nadeln. In ganz ähnlicher Ausbildung konnte Fizélyit zusammen mit Freibergit und Miargyrit auch in Quarzgängen bei Schwenda im Unterharz nachgewiesen werden.

Argentopyrit $AgFe_2S_3$ orthorhombisch

Zu den geschätzten Raritäten des St. Andreasberger Reviers zählen die sogenannten Silberkiese. Bekanntester Vertreter ist der erstmals von STRENG 1875 erkannte und untersuchte Argentopyrit, als dessen Typlokalität Jachymov in Tschechien gilt, wobei Material von der Grube *Samson* aber ebenfalls zum Tragen kam. Das hier zunächst für Pyrrhotin angesehene, bronzefarbene, metallisch-glänzende, manchmal bunt angelaufene Mineral bildet prismatische Kristalle mit Riefen parallel zur Längsachse. Verbreitet bilden die Kristalle pseudohexagonale Säulen (Drillingsbildungen wie bei Aragonit) und bis 1 mm große walzen- oder zahnradförmige Kristalle. Verwachsungspartner sind Pyrargyrit, Stephanit und „aufgeplatztes Scherbenkobalt“.

Sternbergit $AgFe_2S_3$ orthorhombisch

Der noch seltenere Vertreter der Silberkiese bildet in der Regel dünne, leisten- oder plättchenförmige, pseudohexagonale Kristalle, die plastisch biegsam sind. Seine Bestimmung ist wegen der Ähnlichkeit zu Argentopyrit ziemlich problematisch.

Akanthit (Tief-Silberglanz) Ag_2S monoklin

Das sehr weiche, stets schwarz angelaufene Silbersulfid entsteht sowohl als jüngste hydrothermale Bildung als auch supergen infolge von Zementationsvorgängen. Es findet sich nur in geringen Mengen meist zusammen mit gediegen Silber, das teilweise pseudomorph in Akanthit umgewandelt sein kann. Häufiger sind pulvrige Überzüge von Silberglanz auf Silber und Silbersulfosalzen. Bei Kristallen handelt es sich um Paramorphosen nach der kubischen Modifikation Argentit, der sich oberhalb von 173 °C bildet und als Würfel oder Oktaeder kristallisiert.

Samsonit $Ag_4MnSb_2S_6$ monoklin

Benannt nach der Hauptgrube des St. Andreasberger Reviers handelt es sich hier um das sicherlich berühmteste Harzer Silbermineral, das weltweit eine große Rarität darstellt. Es wurde erstmals 1908, wenige Jahre vor der Betriebseinstellung auf dem Samsoner Hauptgang, im Niveau der 29. Strecke in rund 600 m Tiefe in zwei kleinen Erzfällen mit Silbersulfosalzen begleitet von Calcit und Quarz (WERNER 1910) gefunden. Insgesamt konnten etwa 60 kleine Stüfchen mit bis zu 4 cm großen, frei gewachsenen, langprismatischen Kristallen geborgen werden. Das von seinen Eigenschaften dem Pyrargyrit recht ähnliche Mineral entstand unter sehr speziellen Bedingungen, die einen Einbau von Mangan ermöglichten. Die Grube gilt weltweit als einziger Fundpunkt für makroskopisch kristallinen Samsonit, sodass die wenigen auf dem Markt angebotenen Stufen astronomische Preise erzielen dürften. Inzwischen ließ sich das Mineral von fünf weiteren Fundstellen, u.a. Cobalt im kanadischen Ontario und Garpenberg in Mittelschweden, erzmikroskopisch nachweisen.

Samsonit in langprismatischen Kristallen (bis 2 cm Länge) – Grube Samson, St. Andreasberg (Geosammlung TU Clausthal)

Chlorargyrit (Hornsilber) AgCl kubisch

Dieses sekundäre Silbermineral wurde von den Bergleuten wegen seiner Farbe und seines Glanzes „Hornsilber“ genannt. Charakteristisch für das Silberhalogenid ist eine langsame Schwärzung unter Sonnenlichteinwirkung, der Effekt, auf dem die analoge Schwarzweiß-Fotografie beruht. Das Mineral findet sich oberflächennah auf den Silbererzgängen des St. Andreasberger Reviers, hauptsächlich am Beerberg. Neben unscheinbaren gelben Krusten gibt es hier auch würfelige Kristalle, die mitunter zum Skelettwachstum neigen und durch bevorzugtes Kantenwachstum einen treppenartigen Aufbau zeigen (Schnorrer & Gross 1995).

Eine der seltsamsten Oxidationsbildungen im St. Andreasberger Revier stellt das sogenannte „**Buttermilcherz**“ („Thoniges Hornsilber“) dar. Der Chronist Honemann (1754) gibt eine Fundbeschreibung aus dem Jahre 1576 von der Grube *St. Georg* (später *St. Jürgen*) folgendermaßen wieder: „*... zum öfteren weich fließend gediegen Silber gefunden ..., welches auß dem Gange und Drußen gefloßen, daß man es mit Händen zusammenraffen können, und außgesehen wie eine Buttermilch, wen man es ins Glas geschöpft, und es darinen trucken worden, ist es kein Metall, sondern einen Thon gleich, anzusehen geweßen, jedoch hat der Zentner davon 100 M. Silber gehalten.*“ Spätere chemische Analysen definier-

Chlorargyrit-Würfel auf Silberglanz – Grube Alter Theuerdank, St. Andreasberg (BB 3 mm)

ten es als ein Gemenge aus Chlorargyrit und verschiedenen Tonmineralen. Leider sind die wenigen erhaltenen historischen Belegstücke im Laufe der Zahl stark nachgedunkelt (siehe Bild Seite 72). Neuere Funde von Buttermilcherz sind bisher nicht bekannt geworden. In den seit einigen Jahres befahrbaren alten Abbauen der Grube *St. Jürgen*, ebenso wie in der benachbarten Grube *Theuerdank*, fanden sich keinerlei Reste dieser merkwürdigen Mineralisation.

„Gänsekötigerz" (Ganomatit)

Eine andere silberhaltige Sekundärbildung wurde wegen der äußerlichen Ähnlichkeit mit Vogelexkrementen von den Bergleuten als „Gänsekötigerz" bezeichnet. Diese manchmal schwefelgelb oder zeisiggrün, mitunter auch rotbraun und schwarz gefärbten Überzüge weisen eine glatte, fettglänzende Oberfläche auf. Nach neueren Untersuchungen handelt es sich um Gemenge von Pittizit mit Chloragyrit und untergeordneten Anteilen von Realgar oder Auripigment.

Ganomatit als glasiger gelber Überzug auf wurmförmigem Arsen – Grube Samson, St. Andreasberg (BB 3 mm)

2.4 Arsenide und Sulfide mit Kobalt, Nickel und Wismut

Arsenopyrit (Arsenkies) FeAsS orthorhombisch

H: 5,5-6, D: ca. 6

Dieses silberweiße, metallisch glänzende, uneben brechende Erzmineral tritt auf hydrothermalen Lagerstätten recht verbreitet in Erscheinung und ist gewöhnlich der wichtigste Träger des giftigen Halbmetalls Arsen. Als „Durchläufer" weist Arsenopyrit einen breiten Bildungsbereich auf und wird gern von Quarz begleitet. In idiomorpher Ausbildung zeigen die meist kurzprismatisch-rautenförmigen Kristalle eine charakteristische Flächenstreifung parallel zur c-Achse. Beim Anschlagen verrät der knoblauchartige Geruch die Anwesenheit von Arsen. In stärkeren Konzentrationen, lokal gelegentlich in derben Massen, tritt Arsenopyrit eigentlich nur in den Revieren von St. Andreasberg und Hasserode auf, wo er leicht mit dem dort reichlich vorkommenden Löllingit verwechselt werden kann. Bekannter Fundpunkt ist das „Arsenikkiestrum" der Grube *Samson*, wo feinkristalliner Arsenopyrit das Bindemittel einer bis 0,5 m mächtigen Gangbrekzie bildet. Auch im östlich anschließenden Odertaler Revier (z. B. Grube *Neue Weintraube*) fand sich reichlich derber Arsenkies. Von der Grube *Aufgeklärtes Glück* bei Hasserode sind in Calcit eingebettete, silberweiße Kristallmassen in Calcit bekannt. Auf den Oberharzer Erzgängen hingegen ist Arsenopyrit, von wenigen Ausnahmen abgesehen, ausgesprochen selten.

Verschiedene Funde gibt es aus dem Harzburger Gabbrosteinbruch, wo Quarz-Karbonat-Gänge zumeist kaum millimetergroße, gestreckte, stark glänzende Arsenopyrit-Kristalle führen. Selten tritt das Mineral auch in bis 2 cm großen strahligen Aggregaten auf. Hier ließ sich auch der **Alloklas** genannte, Kobalt-dominante Mischkristall zum Arsenopyrit nachweisen, dieser bildet die Umhüllung von in Calcit eingewachsenen idiomorphen Arsenopyrit-Kristallen.

Einige der Unterharzer Gänge enthalten Arsenopyrit, vor allem der Reiche Davidsgang bei Alexisbad, wo er kleine Einschlüsse im Gangquarz bildet.

Löllingit (Arsenikalkies, Mißpickel) $FeAs_2$ orthorhombisch

H: 5-5,5, D: 7,4-7,5

Safflorit $CoAs_2$ orthorhombisch

H: 4,5-5, D: 6,9-7,3

Der in massig-derber Ausbildung dem Arsenopyrit recht ähnliche Löllingit tritt fast immer gemeinsam mit Calcit auf. Größere freigewachsene Kristalle, meist von tafeligem bis lanzettförmigem Habitus, sind selten. Unter dem Mikroskop

Arsenopyrit in stengeligen Kristallen, eingewachsen in Quarz – Gabbrosteinbruch bei Bad Harzburg (BB 3,5 cm)

Löllingit als silbergrauer, kristalliner Überzug auf schaligem Arsen – Grube Samson, St. Andreasberg (BB 7 cm)

Löllingit in Calcit eingewachsen (Anschliff) – Grube Samson, St. Andreasberg (BB 5 cm)

zeigen sich oft typisch sternförmige Durchdringungs-Drillinge. Die in der Regel eingewachsenen Kristallaggregate lassen sich durch Weglösen des Calcits mit Salzsäure freilegen. Bedeutendstes Harzer Vorkommen ist das St. Andreasberger Revier, wo Löllingit in der „edlen Kalkspatformation" die Silberreicherze sowie auch gediegenes Arsen und Antimon begleitet. Schöne Stufen liegen vom Samsoner Hauptgang und vom Gnade Gotteser Gang vor. Reichlich zu finden ist Löllingit auch im Hasseröder Revier bei Wernigerode (Grube *Aufgeklärtes Glück*), wo sich im Haldenmaterial in Calcit eingebettete, radialstrahlige Aggregate finden lassen. Durch eine weitgehende Mischkristallbildung mit Safflorit kann der Löllingit der genannten Vorkommen relativ viel Kobalt einbauen. Eine Unterscheidung von **Safflorit**, der ebenfalls viel Eisen enthalten kann, ist ohne chemische Analyse nicht möglich. Gewisse Hinweise lassen sich aber aus der Paragenese ableiten. Während Löllingit gerne mit gediegen Arsen oder Silbererzen vergesellschaftet ist, findet sich Safflorit stets zusammen mit anderen Kobalterzen wie Skutterudit.

In derber, grobkristalliner, aber auch kollomorpher Ausbildung fand sich Löllingit in bis 10 cm großen Aggregaten auf Calcitgängen im Bad Harzburger Gabbrosteinbruch. Durch das Weglösen des Calcits konnten Gruppen von hahnenkammartigen Kristallen von einigen Millimetern Größe freigelegt werden. Häufiger sind dort derbe Massen, aber auch unscheinbare, graue Gelstrukturen aus Löllingit von mehreren Zentimetern Größe.

Rammelsbergit (Weißnickelkies) $NiAs_2$

orthorhombisch

H: 5,5-6, D: ca. 7,1

Silbergrauer Rammelsbergit verwachsen mit Nickelin – Sangerhausen (Bildbreite 6,5 cm)

Gestrickte Verwachsung von Safflorit mit Gersdorffit (hellgrauer Kern) – Wilhelmsglücker Gang, Grube Roter Bär, St. Andreasberg (BB 13 cm)

Das in den arsenidischen Nickel-Kobalt-Paragenesen recht verbreitete, zinnweiße metallisch glänzende Erzmineral gleicht makroskopisch wie auch mikroskopisch Löllingit und Safflorit, mit denen innige Mischkristallbeziehungen bestehen. Als wesentlicher Anhaltspunkt für sein Vorliegen mag die häufig zu beobachtende Verwachsung mit dem farblich unverkennbaren Nickelin gelten.

Vornehmlich eingewachsen in Karbonate bildet feinkristalliner, oft konzentrisch-girlandenartig ausgebildeter Rammelsbergit die Umhüllung von älteren Arseniden. Gut dokumentierte Fundstätten sind u. a. die Grube *Roter Bär* im St. Andreasberger Revier, die Grube *Aufgeklärtes Glück* bei Hasserode und der ehemalige Diabassteinbruch am Heimberg bei Wolfshagen.

Die meisten Funde liegen aus den Kupferschieferrevieren am östlichen Harzrand (Eisleben, Mansfeld) vor, wo Rammelsbergit verbreitet auf den mineralisierten „Rücken" als jüngerer Begleiter von Nickelin und Maucherit auftrat.

Der makroskopisch sehr ähnliche **Pararammelsbergit** ist nur durch Analysen von Rammelsbergit zu unterscheiden. Er findet sich in inniger Verwachsung im Steinbruch am Heimberg bei Wolfshagen (SCHNORRER-KÖHLER 1982). Außerdem konnte er in Material vom Ernstgang der Grube Roter Bär nachgewiesen werden.

Nickelin (Niccolit, Rotnickelkies) NiAs hexagonal

H: 5-5,5, D ca. 7,5

Seinen mittelalterlichen Namen „Kupfernickel" verdankt das farblich recht auffällige Erzmineral dem hell kupferroten Metallglanz, der es von anderen arsenidischen Erzmineralen deutlich unterscheidet. Kristalle von meist rundlichem Habitus sind große Raritäten. In derber Form fällt das Mineral durch seine hohe Dichte und den unebenen bis muscheligen Bruch auf. Die Vorkommen im Harz beschränken sich auf wenige, meist isolierte, kleine, gangförmige Vorkommen mit karbonatischer Gangart. Häufige Begleiter sind Gersdorffit und Rammelsbergit. Nickelin wird oft in hellgrünem Annabergit als Verwitterungsprodukt umgewandelt.

Im heute renaturierten Diabassteinbruch am Heimberg bei Wolfshagen (Oberharz) wurde 1981 auf einer Gangstörung eine mehrere Zentner schwere Masse von grob mit Gersdorffit verwachsenem Nickelin aufgeschlossen, die einen einmaligen Fund darstellte (SCHNORRER-KÖHLER 1982). Einen ähnlichen, aber wesentlich kleineren Fund gab es im Okertal bei Romkerhalle (GEBHARD & STEINKAMM, 1969).

Nickelin fand sich im St. Andreasberger Revier als häufige Komponente der arsenidischen Nickel-Kobalt-Erze. Reichhaltige Erzstufen liegen von den Gruben *Samson*, *Catharina Neufang*, *Fünf Bücher Moses* ("Koboldsfirste") und *Prinz Maximilian* vor. In bemerkenswert komplexer Verwachsung mit Bleiglanz und

Zinkblende fand sich aus Gelen kristallisierter Nickelin auf der Grube *Roter Bär*, auf den dort in den 1920er-Jahren aufgeschlossenen Erzgängen (BINDER 2019).

Bronzefarbiger Nickelin, verwachsen mit grauem Nickel-Skutterudit – Grube Samson, St. Andreasberg (BB 5 cm)

Nickelin-Kristalle – Eisleben im Mansfelder Revier (BB 4 cm)

Derber Nickelin, nesterartig in Calcit oder Baryt eingewachsen, ist eine verbreitete Komponente der komplex mineralisierten „Rücken“ in den Kupferschieferrevieren von Mansfeld und Sangerhausen am südöstlichen Harzrand.

Bronzefarbener Nickelin, umhüllt mit grauem Gersdorffit – Steinbruch Heimberg bei Wolfshagen (BB 10 cm)

Breithauptit NiSb hexagonal

H: 5,5, D: 8,1

Dieses sehr seltene Mineral ist mit Nickelin isotyp und stellt dessen Antimonanalogon dar. In der äußeren Erscheinung ähneln sich beide Minerale, doch zeigt die metallisch hellkupferrote Farbe des Breithauptits einen violetten Stich. Typlokalität ist die Grube *Samson* in St. Andreasberg, von wo es 1833 durch Friedrich Stromeyer (1776–1835) zuerst als „Antimonnickel“ beschrieben wurde. Eingesprengt in oder aufgewachsen auf Calcit bildet es bis wenige Millimeter große, tafelige Kristalle. Begleitminerale sind Bleiglanz und Antimon-haltiger Rammelsbergit. Außerhalb dieses Reviers, wo sich Breithauptit auch nur an wenigen Stellen und meist in größerer Tiefe zeigte, liegen mikroskopische Identifizierungen aus dem Steinfelder Revier bei Braunlage sowie dem Hasseröder Revier bei Wernigerode vor.

Rötlich violetter Breithauptit verwachsen mit silbergrauem Galenit in Calcit – Grube Samson, St. Andreasberg (BB 8 cm)

Gestreckte Maucherit-Kristalle – Wolfschacht im Mansfelder Revier (Bildbreite 5 mm)

Maucherit $Ni_{11} As_8$ tetragonal

H: 5, D 8,0

Das relativ seltene, in derber Ausbildung dem Nickelin ähnelnde Erzmineral ist im frischen Bruch rosa-silbergrau und läuft bald rötlich grau an. Neben Nickelin kann es leicht übersehen werden, unterscheidet sich aber durch den etwas matteren Glanz und einen geringeren Rotanteil. Sein stellenweise reichliches Auftreten, vornehmlich als Derberz zusammen mit Calcit oder Baryt, begleitet von anderen Nickel-Kobalt-Arseniden, beschränkt sich auf einige „Rücken" in den Kupferschieferrevieren von Mansfeld und Sangerhausen. Die Erstbeschreibung durch Grünling erfolgte erst 1913 mit Angabe von Eisleben als Fundort. Schöne Gangstücke lieferte insbesondere der Schacht Graf Hohenthal (später Hans Seidel) bei Helbra. Bis einige Millimeter große Kristalle, in Form von quadratischen Täfelchen, gehören zu den großen Raritäten. Erzmikroskopisch ließ er sich auch als Bestandteil der Nickel-Kobalt-Paragenese der Grube *Roter Bär* in St. Andreasberg nachweisen.

Skutterudit (Speiskobalt) $CoAs_{2\text{-}3}$

Nickel-Skutterudit (Chloantit) $NiAs_{2\text{-}3}$

H: 5,5-6, D: 6,5-6,8

Die beiden visuell nicht unterscheidbaren Arsenide zeigen sehr variable Zusammensetzungen und bilden eine nahezu vollständige Mischkristallreihe, wobei auch Eisen in nicht unerheblichem Maße mit eingebaut werden kann. Beide sind silberweiß und glänzen metallisch, ähnlich wie Arsenopyrit. In den meisten Fällen bilden sie die Hauptbestandteile von arsenidischen Nickel-Kobalt-Paragenesen und treten derb eingesprengt in Calcit oder Baryt auf. Die im Harz selten zu findenden, frei gewachsenen Kristalle sind meist Kombinationen aus Würfel, Rhombendodekaeder und Oktaeder. Bis 1 cm große Individuen fanden sich im St. Andreasberger Revier, wo „Speiskobalt" vor allem im 18. Jahrhundert zur Erzeugung blauer Kobaltfarbe (Smalte) gewonnen wurde. Neben der *Koboldsgrube* im Odertal gab es Anbrüche auf den Gruben *Fünf Bücher Moses*, *Neuer Prinz Maximilian*, *Redensglück* und *Neuer Theuerdank*. Wegen der ausgeprägten Nickeldomianz in den Mischkristallen war dieser Rohstoff nur bedingt als „Farbenerz" verwertbar. Für die hier, aber auch zeitweise in Braunlage und Hasserode betriebenen Farbenmühlen mussten zusätzlich ausländische, kobaltreiche Erze aus dem Siegerland und dem Richelsdorfer Gebirge eingekauft werden.

Haldenfunde in Mikromountgröße liegen aus dem Steinfelder Revier bei Braunlage, der Grube *Aufgeklärtes Glück* bei Hasserode sowie im Südwestharz von den Gruben *Henriette* im Siebertal und *Frische Lutter* bei Bad Lauterberg vor. Ein isoliertes, kleines, aber recht kobaltreiches Vorkommen von Skutterudit wurde zuletzt um 1870 auf dem Gottesglücker Gang im Gemkental „im" heutigen Okerstausee untersucht. In den Derberzen wird Skutterudit von Safflorit, Rammelsbergit, Kupferkies und Tennantit begleitet (STEDINGK 1982).

Gersdorffit (Nickelarsenkies) NiAsS kubisch

Cobaltin CoAsS kubisch

H: 5, D: ca. 6,0

Dieses auf einigen Harzer Erzgängen stellenweise in starker Anreicherung auftretende Nickelmineral erscheint wegen seiner meist derb-körnigen Ausbildung und dem grauen, oft stumpf angelaufenen Metallglanz wenig auffällig. Gut entwickelte, würfelige oder oktaedrische Kristalle bilden Ausnahmen. In grobkörnigen Aggregaten oder unter dem Mikroskop macht sich eine vollkommene, dem Bleiglanz ähnliche Spaltbarkeit bemerkbar. Der Chemismus kann ziemlich schwanken, so kann neben Eisen auch reichlich Kobalt ins Gitter eingebaut werden. Auch kann ein Teil des Arsens durch Antimon ersetzt sein.

Auf den Oberharzer Gängen tritt Gersdorffit in geringen Mengen verbreitet in Form mikroskopisch feiner Einschlüsse in Bleiglanz oder auch in Gangartmineralen auf. Stärker angereichert, in derber Form eingewachsen in dolomitisch-ankeritischer Gangart, fand sich Gersdorffit auf der Grube *Großfürstin Alexandra* im Großen Schleifsteinstal bei Goslar. Das Vorkommen bestand allerdings nur auf einem geringmächtigen, über einige 10er Meter vererzten „Nickeltrum", das um 1900 Anlass für einen kurzzeitigen „Nickelboom" und die Schaffung umfangreicher Bergbauanlagen gab. Stufen von hier zeigen in braune, grobspätige Karbonate eingewachsenen, körnigen, oft bunt angelaufenen Gersdorffit, der von hellgrünem Annabergit überkrustet wird.

Gersdorffit in derben Massen von mehreren Dezimetern Mächtigkeit fand sich Anfang der 1980er-Jahre verwachsen mit Nickelin und anderen Nickelarseniden im Diabassteinbruch am Heimberg bei Wolfshagen. Am Kontakt zur karbonatischen Gangart zeigten sich Ansätze von würfeligen Kristallen.

Gersdorffit, manchmal mit Kobaltgehalten von bis zu 10 Gew.-%, tritt als verbreiteter Bestandteil der Nickel-Kobalt-Paragenesen im St. Andreasberger Revier auf. Neben dem Samson sei hier die Grube *Fünf Bücher Moses* mit der sogenannten Koboltfirste genannt, wo eingesprengt in zerhacktem Quarz teilweise in Annabergit umgewandelter Kobalt-reicher Gersdorffit anstand. Stufen von frischem Gersdorffit, verwachsen mit Bleiglanz und Calcit, lieferte früher der Tiefe Oderstollen östlich von St. Andreasberg. Stark kobaltbetonte Mischkristalle fanden sich begleitet von Safflorit auf dem Wilhelmsglücker Gang der Grube *Roter Bär* in „gestrickten" Verwachsungsformen.

Skutterudit in Kuboktaedern – Gottesglücker Gang im Gemkentaler Revier, Oberharz (BB 4 cm)

Kugeliges Aggregat aus winzigen Gersdorffit-Kristallen – Grube Samson, St. Andreasberg (BB 3 mm)

Ein im Gabbrosteinbruch von Bad Harzburg in Quarz-Karbonat-Gängen gefundenes, matt graues Erz, konnte als Cobaltin-Gersdorffit-Mischkristall bestimmt werden. Hier zeigten sich winzigste Kuboktaeder (etwa 0,1 mm) verwachsen mit nadeligem Bismuthinit und gediegen Wismut.

Aus dem Unterharz liegen meist mikroskopische Gersdorffitfunde von der Grube *Glasebach* und aus den Revieren von Wolfsberg und Dietersdorf vor, hier sitzt Gersdorffit u. a. in winzigen Würfeln auf Bournonit.

Ullmannit NiSbS kubisch

H: 5-5,5, D: 6,7

Das dem Gersdorffit isotype und äußerlich recht ähnliche Antimonmineral ist wesentlich seltener und makroskopisch nur schwer erkennbar. Beide Sulfarsenide können Mischkristalle (früher „*Korynit*") bilden, aber auch nebeneinander vorkommen und zonare Verwachsungen bilden. Ullmannit ist etwas heller und läuft im Gegensatz zu Gersdorffit nicht an.

Auf den Gängen von St. Andreasberg findet er sich als seltene Komponente der Antimon-betonten Paragenesen.

In den arsenidischen Nickelerzen aus dem Steinbruch am Heimberg bei Wolfshagen umkrustet jüngerer Ullmanit älteren Gersdorffit. Hier fanden sich Kristalle mit ausgeprägter Zonierung (LADEMANN 2020). Auf einigen Oberharzer Gängen ließen sich punktuell Ullmannit-Gersdorffit-Mischkristalle als feinste Imprägnationen in Erz und Gangart nachweisen, z. B. Grube *Caroline* bei Clausthal und Lautenthals Glück.

Historische Funde liegen von der Grube *Albertine* bei Harzgerode vor. Erzmikroskopisch ließ sich Ullmannit auf dem Biwender Gang (Fluorschacht Straßberg) nachweisen. Aktuelle Funde dürften nicht mehr möglich sein.

Tučekit $Ni_9Sb_2S_8$ tetragonal

Das antimonhaltige Nickelsulfid Tučekit wurde in Deutschland bisher nur aus dem Siegerland beschrieben. Es konnte kürzlich erzmikroskopisch in einem Anschliff aus dem Ernstgang der Grube *Roter Bär* im Andreasberger Revier nachgewiesen werden (BINDER 2019). Dort tritt das Mineral vergesellschaftet mit antimonreichem Gersdorffit, Bleiglanz, Ullmannit und Nickelin in Form aneinandergereihter, hypidiomorpher bis xenomorpher Kristalle auf, welche das Vanadium-Schichtsilikat Roscoelith umgeben. In ähnlicher Paragenese wurde es von der Nickelvererzung aus dem Steinbruch am Heimberg bei Wolfshagen nachgewiesen (LADEMANN 2020).

Millerit (Haarkies) NiS trigonal

H:3,5, D 5,3

Millerit-Nadeln herausgelöst aus Calcit – Steinbruch Heimberg bei Wolfshagen (BB 2 mm)

Garbe aus Millerit-Nadeln – Mansfelder Revier (BB 1,6 mm)

An seiner messinggelben Farbe und der Neigung, in Klüften oder Drusen in nadelförmigen Kristallen und büscheligen Aggregaten aufzutreten, ist das Nickelsulfid in der Regel leicht zu erkennen. Millerit findet sich verbreitet, doch immer nur in geringen Mengen und stets als jüngste primäre Bildung in vielen Nickelerzparagenesen. Freistehende Nadeln lassen sich häufig mit teilweise ebenfalls messingfarben angelaufenem Cubanit verwechseln.

Funde kennt man von den Gruben *Großfürstin Alexandra* bei Goslar und *Roter Bär* bei St. Andreasberg, von der Nickelmineralisation im Steinbruch Heimberg bei Wolfshagen und aufgewachsen auf Tonschiefer in der Dachschiefergrube *Glockenberg* bei Goslar. Auf der Schwefelkiesgrube *Einheit* bei Elbingerode im Mittelharz trat Millerit sporadisch in bis zu 2 cm langen Nadeln auf.

Ebenso fand sich Millerit als seltene Komponente von Rückenvererzungen im Mansfelder Kupferschieferrevier.

Smythit (Fe, Ni)$_9$S$_{11}$ trigonal

Der Pyrrhotin-ähnliche Smythit bildet winzige, metallisch glänzende, sechsseitige Tafeln von dunkel bronzebrauner Farbe. Solche finden sich auf der Grube *Roter Bär* im St. Andreasberger Revier in den Nickel-betonten Gangerzen, wo sie in den Hohlräumen von ausgelaugten Mangan-reichen Calciten auskristallisiert sind. Bei der Verwitterung wandeln sich die Smythite häufig unter Beibehaltung ihrer sechsseitigen Blättchenstruktur in Eisenhydroxide um und sind dann braunrot durchscheinend. Da dünntaflige Pyrrhotine dieselbe Umwandlung aufweisen können, ist eine Verwechslung unvermeidlich.

Siegenit (Kobaltkies) (Ni, Co)$_3$S$_4$ kubisch

Silbermetallische Oktaeder in einer Quarzdruse von der Grube *Neue Weintraube* im Magdgrabtal konnten als Mischkristall der Siegenit-Violarit-Reihe bestimmt werden. Die bis 1 mm großen Kristalle werden von eingewachsenem Galenit und Chalkopyrit begleitet.

Wismutminerale

Während auf vielen Gangerzlagerstätten – z. B. im Erzgebirge und Schwarzwald – zusammen mit arsenidischen Nickel- und Kobaltmineralen verbreitet auch Wismut auftritt, zählen Wismutminerale im Harz zu den Seltenheiten, die nur in wenigen Vorkommen beobachtet wurden. Am häufigsten ist Wismut in gediegener Form zu finden und wird daher unter den „Elementen“ beschrieben.

Bismuthinit (Wismutglanz) Bi_2S_3 orthorhombisch

H: 2, D: 6,8-7,2

Bismuthinit tritt im Hasseröder Revier, meist nur erzmikroskopisch erkennbar, als jüngerer Begleiter von Wismut auf. Die grauen, stets eingewachsenen Körner sind vollkommen spaltbar und zeigen einen tafeligen bis spießförmigen Habitus. In nadeliger Ausbildung findet sich Bismuthinit frei aufgewachsen neben anderen Wismut-Sulfosalzen auf Quarz. Funde liegen auch von der Fluoritgrube *Brachmannsberg* bei Straßberg im Unterharz vor.

Bismuthinit-Nadeln in Quarzdruse – Grube Brachmannsberg bei Siptenfelde, Ostharz (BB 2 cm)

Emplektit-Nadeln überkrustet mit gelbgrünem Bismutit – Klingentaler Gang, Bad Lauterberg (BB 3 mm)

Emplektit $CuBiS_2$ orthorhombisch
Aikinit $PbCuBiS_3$ orthorhombisch

Komplex zusammengesetzte Wismutträger treten punktuell auf den Baryt-Quarz-Gängen des Südwestharzes auf. In Mikromountgröße liegt Emplektit vom Klingentaler Gang in der Krummen Lutter vor, wobei es sich um aus nadeligen Individuen zusammengesetzte Kristallbüschel handelt. Auf dem benachbarten Wolkenhügeler Gang konnte neben Emplektit auch Aikinit bestimmt werden. Die zeitweilig erhöhte Konzentration von Wismut in den mineralisierenden Lösungen kommt auch durch die Bildung von Bi-haltigem Arsen-Antimon-Fahlerz zum Ausdruck, das mikroanalytisch in Material vom Wolkenhügeler Gang festgestellt wurde.

Als Umwandlungsprodukte der Wismutspießglanze ließen sich Beyerit und Bismutit nachweisen (Gröbner & Kloss 2010).

Lillianit $Pb_3Bi_2S_6$ orthorhombisch

Dünne graue Nadeln von der Fluoritlagerstätte Brachmannsberg im Unterharz wurden als Lillianit bestimmt (Augustin 1993). Eine Unterscheidung der nadeligen Wismutminerale ist generell schwierig und erfordert eingehende mikroanalytische Untersuchungen.

Lillianit in feinen Nadeln – Grube Brachmannsberg bei Siptenfelde, Unterharz (BB 7,5 mm)

2.5 Sulfide mit Antimon und Quecksilber einschließlich Sulfosalze

Antimonminerale

Stibnit (Antimonit, Grauspießglanz) Sb_2S_3

orthorhombisch

H: 2 D: 4,6

Dieses silbrig grau metallisch glänzende Mineral, das sich unter niedrig temperierten hydrothermalen Bedingungen meist auf gangförmigen Lagerstätten bildet, ist weltweit der wichtigste Antimonträger. Sehr charakteristisch ist neben der geringen Härte und dem niedrigen Schmelzpunkt (ca. 540 °C) die nadelig-spießige Ausbildung der flächenreichen, von Prismen- und Pyramidenflächen geprägten Kristalle. Die Spaltflächen weisen eine grobe Querstreifung auf. Typisch sind büschelige oder wirrstrahlige Aggregate.

Mit Ausnahme der Antimonlagerstätte Wolfsberg, wo Stibnit in derber Form als Haupterz auftritt, zeigt sich dieses Mineral auf den anderen Harzer Erzgängen, wo Antimon hauptsächlich in verschiedenen Sulfosalzen gebunden ist, nur ganz sporadisch und in sehr geringen Mengen. Hierzu zählen während der jüngsten Mineralisationsphase in Hohlräumen gewachsene, feine, zu büschelartigen Aggregaten zusammengeballte Nadeln mit bis 1 cm Länge. Solche „Kristalligel“ fanden sich mancherorts im Erzbergwerk Grund und vor

Antimonit in gebogenen Kristallen auf Quarz – Wolfsberg, Unterharz (BB 7 cm)

allem im St. Andreasberger Revier (Grube *Samson*), wo sie, auf zerhacktem Quarz gewachsen, die sogenannten *Mausaugen* bilden. Möglichkeiten der Verwechslung bestehen mit anderen „Spießglanzen" sowie mit Millerit und Cubanit, die sich jedoch meist durch ihre metallisch gelbe Farbe unterscheiden.

Antimonit-Kristalle mit Kopfflächen in Quarzdruse – Wolfsberg, Unterharz (BB 3 mm)

Antimonit-Kristalle auf gediegen Arsen – Grube Samson, St. Andreasberg (BB 2 cm)

Antimonit-Igel mit Anlauffarben in Calcitdruse – Grube Samson, St. Andreasberg (BB 8 mm)

Metastibnit Sb_2S_3 amorph

Diese seltene, amorphe Modifikation von Antimonsulfid fand sich bislang nur im St. Andreasberger Revier als dünner, hell- bis dunkelroter Überzug auf Calciten. Früher wurde das auffällige, vermutlich späthydrothermal gebildete Mineral fälschlicherweise für den farblich sehr ähnlichen Realgar gehalten.

Kermesit (Rotspießglanz) Sb_2S_2O triklin

H: 2,5, D: 4,6

Das durch den kirschroten Halbmetallglanz und die nadelige oder faserige Ausbildung recht auffällige Mineral begleitet als eine der jüngsten Bildungen in der Antimonparagenese von Wolfsberg stets Stibnit. In Quarzdrusen bildet Kermesit strahlige Aggregate bis zu Größen von mehreren Millimetern oder überzieht als feiner roter Kristallfilz Plagionit. Ebenso wurde er als Bestandteil des früher von hier beschriebenen *„roten Zundererzes“* bestimmt. In aus kleinen Nadeln bestehenden, radialstrahligen Kluftbelägen ließ er sich auch im St. Andreasberger Revier nachweisen.

Metastibnit als roter erdiger Belag – St. Andreasberg (BB 15 mm)

Kermesit in roten Nadeln auf Antimonit – Grube Samson, St. Andreasberg (BB 3 mm)

Boulangerit $Pb_5Sb_4S_{11}$ monoklin

H: 2,5-3 D: 5,8-6,2

Als häufigster Vertreter der sogenannten Bleispießglanze zeigt dieser Bleiglanzbegleiter im Prinzip eine recht ähnliche Verbreitung wie Bournonit, erscheint auf den Erzgängen aber insgesamt etwas seltener. Typisch ist eine feinfaserige bis nadelige Ausbildung des grau metallisch glänzenden Bleisulfosalzes, das ohne Röntgenanalyse schwer von anderen „Spießglanzen" wie z. B. Jamesonit zu unterscheiden ist. Das auf verschiedenen Gruben in Clausthal und Zellerfeld sporadisch gefundene *Federerz* oder *Plumosit* – ein federleichtes, feinfilziges Gewebe aus sehr dünnen, bis 1,5 cm langen Nädelchen – besteht größtenteils aus Boulangerit. Eine andere Abart wurde von den Bergleuten *Zundererz* genannt. Nesterartige Zwickelfüllungen und krustige Überzüge auf Quarz lieferte der Burgstätter Gangzug. In zahlreichen älteren Publikationen wird dieses als Jamesonit angesprochen.

Bei ganz ähnlichen, auf den Erzgruben des Unterharzes angetroffenen „Federerzen" handelt es sich ganz überwiegend auch um Boulangerit.

Die Antimon-reiche Gangmineralisation von Wolfsberg und Dietersdorf beinhaltet verbreitet Boulangerit in büscheligen Aggregaten, verwachsen mit milchigem Gangquarz oder nahezu monomineralisch als dünne Kluftbe-

Boulangerit in nadeliger Ausbildung mit winzigen, aufgewachsenen Wurtzit-Kristallen – Dietersdorf, Unterharz (BB 7 mm)

Nadeliger Jamesonit – Wolfsberg, Unterharz (BB 7 cm)

läge ohne Gangart im Nebengestein. Boulangerit-Nadeln sind im Gegensatz zu Jamesonit und Dadsonit weniger biegsam. Typisch ist ihre Verwitterung zu gelbem bis ocker-farbigem „Antimonocker" (Stibiconit oder Cervantit). Weitere Fundstellen sind die *Weiße Zeche* und der Kronsberg bei Hayn, die Gruben bei Schwenda sowie der Osterberg bei Gernrode.

In den bleireichen Massiverzen des Rammelbergs zeigt sich Boulangerit mikroskopisch weit verbreitet und bildet parallel zur Schichtung bzw. Schieferung eingeregelte Nädelchen oder Täfelchen.

Jamesonit (Federerz) $Pb_4FeSb_6S_{14}$ monoklin

H: 2,5, D: 5,5-5,6

Der früher als Zundererz oder Federerz bezeichnete Jamesonit bildet grauschwarze, feinnadelige, verfilzte Aggregate. Allerdings dürfen nicht alle so ausgebildeten Erze bedenkenlos als Jamesonit bezeichnet werden. Eine Abgrenzung gegenüber Boulangerit, Stibnit oder Dadsonit ist nur auf analytischen Wege möglich. Sehr feine Nadeln formen Ringe oder Zylinder, die allerdings nur unter dem Rasterelektronenmikroskop zu erkennen sind.

Gesicherter Fundort für Jamesonit ist vor allem Wolfsberg (Siemroth 1991). Auch auf den Halden der Weißen Zeche bei Hayn konnte Jamesonit als feiner Nadelfilz eingewachsen in Siderit nachgewiesen werden. Funde von Jamesonit in Gangquarz liegen von der Grube *Ayezucht* bei Straßberg vor.

Das Vorkommen von Boulangerit und Jamesonit im St. Andreasberger Revier gilt noch als fraglich, denn die Untersuchung entsprechend ausgewiesener alter Stücke ergab ausnahmslos Stibnit. Erst kürzlich konnten in Calcit eingewachsene Erznadeln als Blei-Antimon-Sulfid bestimmt werden. Eine exakte Zuordnung zu einem Mineral ließ aber die geringe Probemenge nicht zu.

Dadsonit $Pb_{23}Sb_{25}S_{16}Cl$ triklin

H: 2,5, D: 5,7

Die früher als Heteromorphit bezeichneten, haarförmigen Erze von Wolfsberg stellten sich alle als Dadsonit heraus. Typisch für Dadsonit ist eine Verbiegung der schwarzen, haarförmigen Nadeln, die auch makroskopisch auf den Stücken zu erkennen ist und als Unterscheidungsmerkmal gegenüber Jamesonit dienen kann.

Nadelfilz aus Dadsonit – Wolfsberg, Unterharz (BB 3 mm)

Zinckenit $Pb_9Sb_{22}S_{42}$ hexagonal

H: 3-3,5, D: 5,36

Der bereits 1825 von Zincken als neues Mineral von Wolfsberg beschriebene „Grauspießglanz“ findet sich dort recht verbreitet in stahlgrau bis eisenschwarz gefärbten, nadlig bis lang prismatisch ausgebildeten Kristallen.

Diese sind auf Quarz aufgewachsen und bilden häufig radialstrahlige, kugelige Aggregate. Bei dickeren Säulen lässt sich im Querschnitt die hexagonale Symmetrie erkennen. Die Kristalle erreichen in historischen Funden bis 3 cm Länge. Die heutigen Haldenfunde liegen im Millimeterbereich. Die in metallisch blau-violett schimmernden Anlauffarben des Zinckenits erleichtern die Unterscheidung von anderen nadeligen Erzmineralen.

Zinckenit in nadeligen Kristallen mit bunten Anlauffarben in Quarzgang – Wolfsberg, Unterharz (BB 7 cm)

Plagionit $Pb_5Sb_8S_{17}$ monoklin

H: 2-3, D: 5,4-5,6

Dieses von Zincken (1831) als ein „neues Spießglanzerz von Wolfsberg" beschriebene Erzmineral wurde von G. Rose (1833) näher charakterisiert und wegen seiner schiefwinkligen Kristallform als Plagionit bezeichnet. Typisch für Plagionit sind tafelige Kristalle mit stark glänzenden Basisflächen, während die anderen, gestreiften und gerundeten Flächen eher matt wirken. Diese linsenförmigen Kristalle erreichten in der *Graf Jost-Christian-Zeche* Größen bis zu 7 mm. Der wesentlich häufiger auftretende, massige Plagionit ist meist schwarz gefärbt. Auf den Halden bei Dietersdorf sind Gruppen von tafeligen Plagionit-Kristallen mit rauer Oberfläche bis 1 cm Durchmesser gefunden worden.

Plagionit-Kristalle auf einem Derberzstück – Wolfsberg, Unterharz (BB 5 cm)

Plagionit in Aggregaten aus tafeligen Kristallen mit rauer Oberfläche – Dietersdorf, Unterharz (BB 3 cm)

Semseyit $Pb_9Sb_8S_{21}$ monoklin

H: 2,5-3, D: 6,1

In Wolfsberg bildet Semseyit schwarze, kurzprismatische Kristalle, die entweder parallele Verwachsungen oder kugelige Aggregate bilden. Diese bis zu 1 cm großen Kristalle sind oft mit „Federerz“ verwachsen. In Dietersdorf tritt metallisch-schwarzer, derber Semseyit in sehr unscheinbarer Form auf. In diesen Erzen vorkommende Drusen enthalten stark glänzende, kurzprismatische Kristalle bis Millimetergröße, die sich durch eine zur Längserstreckung der Flächen schiefe Streifung auszeichnen.

Im St. Andreasberger Revier lieferte die Halde der am Beerberg liegenden Grube *Claus Friedrich* als große Rarität Funde von Semseyit in Form dicktafeliger, stahlgrauer Kristalle von max. 5 mm Größe, begleitet von Diaphorit und Fizelyit.

Einzelkristall von Semseyit mit deutlicher Flächenstreifung – Dietersdorf, Unterharz (BB 1 mm)

Chalkostibit (Wolfsbergit) $CuSbS_2$ orthorhombisch

H: 3-4, D: 4,9

Auch für dieses seltene Erzmineral gilt die Antimongrube *Graf Jost-Christian-Zeche* bei Wolfsberg als Typlokalität. Entdecker war Bergrat J.L.C. Zincken, der es, verwachsen mit Quarz, erstmals 1835 beschrieb. 1849 erhielt es den spä-

Chalkostibit (Wolfsbergit) als gestreiftes Kristallfragment, historischer Fund – Graf Jost-Christian-Zeche, Wolfsberg, Unterharz (BB 17 mm)

Chalkostibit (Wolfsbergit) in winzigen Nadeln – Brachmannsberg bei Siptenfelde, Unterharz (BB 1 mm)

ter aber wieder verworfenen Namen Wolfsbergit. Typisch für das bleigraue, metallisch glänzende, oft auch bunt angelaufene Kupfermineral sind dicktafelige Kristalle mit gestreiften Prismenflächen bis über 1 cm Größe. Es besteht eine vollkommene Spaltbarkeit parallel (010). Erzmikroskopisch ließ sich Chalkostibit im St. Andreasberger Revier als Komponente einer Antimon-reichen Paragenese der Grube *Bergmannstrost* identifizieren. Auch winzige Nadeln in drusigem Quarz von der Grube *Brachmannsberg* bei Siptenfelde wurden als Chalkostibit bestimmt. Im Neuen Lager des Rammelsbergs (Teilsohle 11/4) wurde Chalkostibit in dicktafeligen Kristallen mit gestreiften Prismenflächen gefunden (Fund L. Markworth 1987).

Berthierit $FeSb_2S_4$ orthorhombisch

H: 2-3, D: 4,6

Dieses dem Stibnit sehr ähnliche, dunkelstahlgraue, nicht selten bunt angelaufene Mineral fand sich bislang in der Paragenese von Wolfsberg und Dietersdorf. Eine Unterscheidung von anderen nadelig ausgebildeten Erzmineralen gelingt nur auf analytischem Wege.

Berthierit-Nadeln in einer Quarzdruse – Wolfsberg, Unterharz (BB 15 mm)

Fülöppit $Pb_3Sb_8S_{15}$ monoklin

Fülöppit ist erzmikroskopisch von Wolfsberg und Dietersdorf nachgewiesen. Es begleitet Plagionit und Pyrit und bildet tafelige Kristallfragmente in Quarz (AUGUSTIN 1993).

Meneghinit $Pb_{13}CuSb_7S_{24}$ orthorhombisch

Meneghinit fand sich in Neudorf als Einschluss in Jamessonit in bis zu 1 mm großen, schwarz metallisch glänzenden Erznadeln zusammen mit Chalkopyrit. Auch im Neuen Lager des Rammelsberges (Teilsohle 11/4) konnte dieses Mineral nachgewiesen werden (Fund L. Markworth 1987).

Meneghinit in Nadeln mit Chalkopyrit – Teilsohle 11/4 des Rammelsberges bei Goslar (BB 2,5 mm)

Cinnabarit (Zinnober) HgS trigonal

H: 2-2,5 D: ca. 8,4

Das durch seine „zinnoberrote" Farbe recht auffällige Quecksilbermineral stellt im Harz eine große Rarität dar und konnte nur an ganz wenigen Stellen nachgewiesen werden. Trotzdem lässt sich seine Fundgeschichte bis ins Mittelalter zurückverfolgen, denn im Bereich des Silberbachtals bei Wieda im Südharz ließen bereits die Zisterzienser Mönche vom Kloster Walkenried danach schürfen. Auch später gab es wiederholt Anlass zur Suche nach diesem früher ausschließlich als „Seife" in Bachsedimenten angetroffenen Mineral als Quelle für das auch von Alchimisten begehrte Quecksilber. Dieses war vor allem zur Gewinnung von feinstkörnigem Gold (Amalgamierung) unverzichtbar. In den Schwermineralseifen von Wieda fanden sich nach Blömeke (1881) Senfkorn- bis Erbsen-große, gerundete Zinnoberkörner. Bildung und Herkunft der vermutlich aus dunklen Tonschiefern stammenden Erze konnten bisher nicht eindeutig geklärt werden.

Auf den Oberharzer Erzgängen ist Cinnabarit außerordentlich selten und entstand ähnlich wie Stibnit während der jüngsten Mineralphase. In bis 2 mm langen Kristallen fand es sich auf den Gruben *Bergwerkswohlfahrt* und *Wiemannsbucht* (Erzbergwerk Grund) (SCHNORRER-KÖHLER 1981). Funde liegen auch von Wolfsberg im Unterharz vor.

Realgar AsS monoklin

H: 1,5-2 D: ca. 3,5

Einzige sicher belegte Fundstätte für das leuchtend rote Arsensulfid ist Wolfsberg im Unterharz, wo es derb und in bis 1 cm großen prismatischen Kristallen als Begleiter von gediegen Arsen in Quarztrümern gefunden wurde. Eine Verwechslung mit Cinnabarit ist leicht möglich.

Realgar in roten, durchsichtigen Kristallen – Wolfsberg, Unterharz (BB 5 mm)

Cinnabarit in abgerundeten Körnern („Seife“) – Historische Probe vom Zinnoberbergbau bei Wieda aus dem Fundus der Bergakademie Clausthal (BB 6 cm)

2.6 Oxidische Eisen- und Wolframminerale und sonstige primäre Oxide

Magnetit (Magneteisenstein) Fe_3O_4 kubisch

H: 5,5, D: ca. 5

Das zur Spinellgruppe zählende schwarze, mattglänzende Mineral stellt mit einem theoretischen Eisengehalt von 72,4 Gew.-% das wertvollste Eisenerz überhaupt dar. Der stets starke Ferromagnetismus (Name!) und im Falle idiomorpher Ausbildung der typisch oktaedrische Kristallhabitus machen die Identifizierung einfach. Meist feinkörnig mit Quarz und anderen Eisenmineralen vermengt findet sich derber Magnetit manchmal reichlich in lagerförmigen Erzkörpern bei Bad Harzburg und im Elbingeröder Komplex, wo es für den Sammler aber kaum ansprechende Stücke gibt.

Die im Raum Elbingerode bis Ende der 1960er-Jahre geförderten vulkanosedimentären Erze der Gruben *Braunesumpf* und *Büchenberg* wiesen durchschnittliche Magnetitanteile von etwa 16% auf.

Ausgesprochen Magnetit-reich und filigran mit Hämatit und Pyrit verwachsen waren die Erze der einstigen Gruben *Blanke-* und *Bunte Wormke* bei Man-

Magnetit-Kristalle in Rhombendodekaederform – Granitkontakt bei Königskrug nahe Braunlage (BB 1 cm)

delholz, westlich von Königshütte an der Kalten Bode, wo sich im Haldenmaterial und anstehend in den Pingen Erzproben gewinnen lassen.

Nordöstlich von Altenau (Forstorte Kalbe, Eiserner Weg und Spitzenberg), in der kontaktmetamorphen Zone des Brockengranits, haben sich die roten, vorwiegend hämatitischen Lagererze des Oberharzer Diabaszuges nahezu vollständig in schwarzen Magneteisenstein umgewandelt. Zahlreiche Pingenzüge zeugen von einem ausgedehnten Altbergbau und gestatten Funde der hornfelsartigen, innig mit Quarz, Silikaten und Pyrit verwachsenen Magnetiterze. Kürzlich wurde unweit davon im Steinbruch Huneberg eine bis 0,5 m mächtige Magnetiterzlinse im metamorph überprägten Diabas aufgeschlossen.

Hämatit (Roteisenstein, Eisenglanz) Fe_2O_3 trigonal

H: 6,5 D: ca. 5

Dieses im Harz überaus verbreitete Eisenmineral verrät sich leicht durch den blutroten Strich und einen metallischen oder matt grauschwarzen Glanz. Es findet sich in sehr unterschiedlichen Ausbildungsformen, so blättrig-dünntafelig als *Spekularit* oder *„Eisenglanz"*, begleitet von Quarz oder Karbonatmineralen auf Gängen (z. B. verbreitet im Mittelharz, Raum St. Andreasberg-Sieber-Bad Lauterberg sowie bei Ilfeld). Eine lokal (z. B. im Sperrental westlich von St. Andreasberg) angetroffene, kirschrote, erdige Ausbildungsform, die eine enorme Färbekraft (Rötel) besitzt und auf Wasser schwimmt, wurde von den Bergleuten *„Eisenrahm"* genannt. Weitaus häufiger ist die als *„Roteisenstein"* bezeichnete derbe Ausbildungsform, die vor allem in vulkanosedimentär entstandenen „Lagern" in bedeutenden Mengen angetroffen wurde.

Reichliche Fundmöglichkeiten bieten die alten Halden entlang des Oberharzer Diabaszuges (Osterode-Lerbach, Kehrzug, Polsterberg) und ähnliche Vorkommen zwischen Wieda und Zorge (Abbaugebiet am Wiedaer Hüttenweg) im Südharz sowie das durch einen beschilderten Lehrpfad erschlossene Bergbaugebiet am Büchenberg nördlich von Elbingerode.

Die für den Mineralienfreund im Harz sicherlich interessanteste Ausbildungsform von Hämatit ist zweifellos der **Rote Glaskopf**. Die halbmetallisch schwarz glänzenden, kugelig-schalig bis traubig-nierig ausgebildeten Aggregate bestehen aus radialstrahligem Hämatit. Dieser bildete sich unter sehr niedrigen hydrothermalen Bedingungen durch Entwässerung von Kolloiden. Im Südwestharz führte insbesondere der Hämatit Schwerspat-Gang der Knollengrube bei Bad Lauterberg reiche Anbrüche von Rotem Glaskopf. Von hier stammen hervorragende Stufen mit Aggregatdurchmessern von mehr als 10 cm, was die bis 1925 betriebene Eisenerzgrube bis weit über die Grenzen des Harzes hinaus bekannt machte. Mit etwas Glück sind hier immer noch nette Haldenfunde möglich.

Hämatit-Kristalle – Schwinzenkopf bei Schwenda im Ostharz (BB 5 mm)

Hämatite in blättrigen Kristallen („Eisenglanz") in einer Gangbrekzie mit Quarz-Gangbrekzie – Königsberger Eisensteinbergbau bei Sieber (BB 5 cm)

Schöne Stufen von Rotem Glaskopf lieferten verschiedene Hämatit-führende Erzgänge im Raum Ilfeld, wovon hier nur die Gänge im Fischbachtal am Netzberg und am Unterberg genannt seien.

In den Quarzgängen bei Rottleberode und Schwenda finden sich tafelige Kristalle von Hämatit.

Hämatit als Roter Glaskopf in Baryt – Knollengrube bei Bad Lauterberg (BB 9 cm)

Roter Glaskopf (Hämatit) – Knollengrube bei Bad Lauterberg (BB 4 cm)

Goethit (Nadeleisenerz) α-FeOOH orthorhombisch

H: 5-5,5 D: 4-4,4

Als Hauptbestandteil des im gesamten Harz weit verbreiteten **Limonits** (in derber Form *Brauneisenstein*) prägt dieses einst oberflächennah durch Verwitterungseinflüsse gebildete Mineral den *„Eisernen Hut"* zahlreicher sulfidischer oder karbonatischer Erzvorkommen. Ausgangsmaterial sind unter anderem eisenhaltige Sulfide (Pyrit, Markasit, Kupferkies) oder karbonatische Eisenminerale wie Siderit oder Ankerit. Das darin enthaltene zweiwertige Eisen (Fe^{2+}) ist unter oxidierenden Bedingungen instabil und verwandelt sich in Gegenwart von Sauerstoff und Wasser in die dreiwertige Form (Fe^{3+}), das als Eisenhydroxid fixiert wird. Ein Prozess, welcher dem wohl bekannten „Verrosten" von Eisen entspricht. Kennzeichnend ist das, je nach Körnigkeit und Kristallisationszustand, rostbraune bis ockergelbe, schlackig-porös bis erdig ausgebildete Mineral für den „eisernen Hut" von Erzlagerstätten und somit nicht selten Träger zahlreicher anderer supergener Mineralneubildungen.

Feinkristalliner Goethit in kugelig-schaliger Ausbildung wird **Brauner Glaskopf** genannt. Auf den Oberharzer Erzgängen entstand er örtlich supergen aus Siderit und stellt in dieser Form ein sammelwürdiges Mineral dar. Reichlich Funde liegen aus dem Gegentaler Revier (zuletzt Grube *Friederike*) nahe des Innerste-Stausees vor. Der hier schwarz glänzende Goethit-Glaskopf kleidet bis zu mehrere Kubikdezimeter große Drusen aus, die nicht selten auch mit wasserklaren Bergkristallen besetzt sind.

Ganz ähnliche Vorkommen bietet das von Gangspalten durchzogene Iberg-Winterberg-Kalksteinmassiv bei Bad Grund. Hier erfolgte eine Umwandlung von manganhaltigem Siderit in Goethit im Zuge einer tiefgründigen Verkarstung. Der teils schlackig und teils als Brauner Glaskopf ausgebildete Limonit lieferte mit bis zu 10% Mangan ein hervorragendes „Stahlerz", das dort seit dem frühen Mittelalter abgebaut und in Gittelde (Teichhütte) verschmolzen wurde. Eine im Zechsteinkarst des Südharzes, z. B. am Eulenstein und Schachtberg bei Bad Lauterberg, angetroffene stalaktitische Ausbildungsform von ockerfarbenem Limonit ist der sog. Orgelstein.

Lepidokrokit (Rubinglimmer) γ-FeOOH orthorhombisch

H: 5, D: 4

Diese wesentlich seltenere Modifikation von Eisenhydroxid tritt meist nur sehr feinkörnig auf und lässt sich auch nur schwer eindeutig bestimmen. Im Steinbruch Winterberg bei Bad Grund bildet Lepidokrokit eine blutrote Ader aus winzigen Kristallen im Goethit.

Goethit als Brauner Glaskopf – Grube Friederike / Gegentaler Gang, Innerstestausee (BB 9 cm)

Lepidokrokit als blutrote Ader aus winzigen Kristallen im Goethit – Steinbruch Winterberg bei Bad Grund (BB 3 mm)

Wolframminerale

Wolframit (Fe, Mn) WO_4 monoklin

H: 5-5,5, D: ca. 7,4

Wolframmineralisationen sind im Harz selten und beschränken sich auf wenige Erzgänge im Umfeld des Rambergplutons. Dennoch zählt Wolframit, als Hauptträger dieses Stahlveredlermetalls, wegen seiner markanten Erscheinungsform zu den ausgesprochenen Klassikern dieser Region. Es handelt sich stets um die eisenbetonten Glieder der Wolframit-Mischkristallreihe, die von den Endgliedern Ferberit ($FeWO_4$) und Hübnerit ($MnWO_4$) gebildet wird. Typisch für das hauptsächlich von Quarz begleitete schwarze Mineral sind prismatische Kristalle von stängeligem Habitus, die eine auffällige Längsstreifung aufweisen und sich durch eine vollkommene Spaltbarkeit nach (010) auszeichnen. Während sich Wolframit in den meisten Fällen unter ziemlich hohen Temperaturen im pneumatolytischen Stadium zusammen mit Zinn-, Molybdän- oder Lithium-Mineralen bildet, handelt es sich hier, wo die genannten Begleiter fehlen, um eine unter hochhydrothermalen Bedingungen erfolgte Kristallisation.

Als älteste Erzphase liegt Wolframit fast ausschließlich in Form von isolierten Kristallbruchstücken vor, die von jüngeren Komponenten, wie Quarz und Siderit, regelrecht verkittet werden. In Gangstücken lassen sich gelegentlich Kristallnegative beobachten.

Die meisten Funde bescherte der Neudorf-Straßberger Gangzug, aber auch der Biwender Zug, der Feld- und Quellenzug sowie die Grube *Elisabeth-Albertine* bei Harzgerode zählen zu den Fundstellen. Eingebettet in eine Matrix aus Quarz und Pyrit, seltener auch zusammen mit Siderit und Bleiglanz, lieferten die Gruben Wolframit-Kristalle von bis zu 10 cm Länge und 2 cm Breite. Ein Abbauversuch fand zuletzt während des 1. Weltkrieges auf der Grube *Glücksstern* statt, wobei sich die Produktion auf wenige Tonnen Wolframiterz beschränkte. Heute gehört schon einiges Glück dazu, um im Haldenmaterial kleine Belegstücke zu finden.

Eingewachsener Wolframit ließ sich auch auf den Halden der Grube *Trau auf Gott* an der Wäsche, am Kulmer Berg bei Schwenda sowie in einer Greisenmineralisation am Kupferberg bei Gernrode feststellen.

Scheelit $CaWO_4$ tetragonal

H: 4,5-5, D: ca. 6,0

Dieses stets sehr unscheinbare Wolframmineral kommt auf den Unterharzer Gängen in geringen Mengen verbreitet als jüngerer Begleiter und Verdränger von Wolframit vor. Ohne den Gebrauch einer UV-Lampe, die Scheelit bei Dunkelheit im kurzwelligen Bereich kräftig bläulich weiß fluoreszieren lässt, bleibt dieses dem Quarz ähnliche Mineral praktisch unsichtbar.

In Form kleiner graugelber, mitunter orangebrauner, uneben brechender Körner umsäumt Scheelit den Wolframit. Beschrieben wurden Pseudomorphosen von Scheelit nach Wolframit. Insbesondere von der Grube *Birnbaum* im Neudorfer Revier stammen schöne scharfkantige bipyramidale Kristalle mit manchmal mehrere Zentimeter großen Prismenflächen, die auch isoliert im Gangquarz liegend vorkommen. Nach HESEMANN (1930) enthielt das hier händisch ausgehaltene Wolframerz 7,1–7,5% Wolframit und 5,9–6,1% Scheelit.

Wolframit in langprismatischer Ausbildung verwachsen mit Galenit und Siderit – Grube Pfaffenberg bei Neudorf im Unterharz (BB 9 cm)

Scheelit in pseudooktaedrischer Ausbildung – Birnbaumschacht bei Neudorf im Unterharz (BB 7,5 mm)

Zu einem überraschenden Aufschluss einer disseminierten Scheelitmineralsation erlangte man Ende der 1990er-Jahre bei der Auffahrung eines Entwässerungsstollens zur Verwahrung des ehemaligen Straßberger Flussspatbergbaus auf dem Biwender Gang (Fluorschacht), der im Ultenbachtal in der Nähe von Siptenfelde angesetzt wurde. Dieser traf auf ein stark brekziiertes Gangmittel aus Quarz, Fluorit, Pyrit und Siderit mit darin unregelmäßig verteilten kleineren und größeren Butzen von Scheelit. Infolge rasch einsetzender Oxidation verschwand dieser schöne Aufschluss schon nach wenigen Jahren unter braunem Eisenhydroxid.

Sonstige primäre Oxide

Korund Al_2O_3 trigonal

Das durch seine außerordentlich hohe Mohshärte von 9 auffällige Aluminiumoxid findet sich im Harz nur sehr selten als kontaktmetamorphe Neubildung in hochgradig überprägten Aluminium-reichen Sedimentgesteinen (Paragneise, Hornfelse). Im Gabbrosteinbruch von Bad Harzburg fand sich in hellen gneisartigen Xenolithen Korund als hellblauer Saphir in bis 5 mm großen Körnern, umgeben von Muskovit.

Saphir (blauer Korund) umgeben von einem Reaktionshof aus Muskovit im kontaktmetamorphen Gneis – Gabbrosteinbruch Bad Harzburg (BB 6 mm)

Die drei polymorphen Titanoxide können alle im Harz gefunden werden. Anatas ist auf den, im Harz verbreiteten, geringmächtigen Quarzgängchen von verschiedenen Stellen bekannt geworden. Allen dreien gemeinsam ist ihre geringe Kristallgröße. Daher werden sie oft übersehen.

Rutil TiO_2 tetragonal

Diese sehr stabile und weit verbreitete Form von Titandioxid findet sich im Harz fast nur als akzessorischer Bestandteil von magmatischen Gesteinen, wobei insbesondere einige Ganggesteine, wie der „Bodetal-Kersantit" bei Treseburg, mikroskopisch recht viel Rutil enthalten, der unter hydrothermalen Bedingungen aus Ilmenit hervorgegangen ist. Wegen der großen Verwitterungsbeständigkeit findet sich Rutil auch als Schwermineral in den Harzflüssen. Sammelwürdige Kristalle in Millimetergröße finden sich am Ziegenberg im Grünschiefer der metamorphen Zone von Wippra und im Kersantit am Kloster Michaelstein unweit von Blankenburg.

Anatas TiO_2 tetragonal

Dieses durch seine tafelige bzw. pyramidale Kristallform und die hellblaue Farbe unverwechselbare Titanmineral findet sich an verschiedenen Stellen im Harz, jedoch nur sehr sporadisch in winzigen idiomorphen Kristallen. Hierzu zählen die kontaktmetamorphen Gesteine im Umfeld des Brockengranits bei St. Andreasberg und Braunlage (Gruben *Roter Bär, Tiefer Oderstollen* und *Steinfelder Revier*). Die zerstreut einzeln aufgewachsenen hochglänzenden Kristalle sind meistens pyramidal und braun bis orange gefärbt. Nur vom Tiefen Oderstollen sind blaugraue, dünntafelig ausgebildete Anatas-Kristalle bekannt geworden. In ähnlichem Habitus findet sich dieses Mineral blaugrau gefärbt und klar im Drängetal bei Hasserode (Gruben *Margarethe, Louise Charlotte* und *Kleeblattsglück*). Diese teilweise hauchdünnen Kristalle sind auf Quarzklüften gewachsen oder können aus Calcitgängen herausgelöst werden.

Anatas bildete sich auch in den sauren Rotliegendvulkaniten des Ilfelder Beckens in Form meist gelber Bipyramiden sowie als Kluftmineral im Gabbronorit von Bad Harzburg.

Brookit TiO_2 orthorhombisch

Auch die dritte, recht seltene Modifikation von Titandioxid lässt sich selten im Harz nachweisen. Belegstücke liegen vom Ziegenberg bei Wippra vor, wo sich das Mineral auf schmalen Quarz-Klüften in einem quarzitischen Gestein gebildet hat. Es handelt sich um bis zu 3 mm große, längsgestreifte rote Tafeln, die hier zusammen mit Anatas und Rutil vorkommen.

Anatas in grauschwarzen Bipyramiden auf Chlorit – Gabbrosteinbruch Bad Harzburg (BB 2 mm)

Gelber Anatas idiomorph als Bipyramide – Ilfeld, Südharz (BB 1,5 mm)

Anatas in blauen, durchsichtigen Tafeln – Tiefer Oderstollen bei St. Andreasberg (BB 3 mm)

Anatas als Bipyramide mit starker Flächenstreifung – Ziegenberg bei Wippra (BB 1,6 mm)

Rutil in parallel und knieförmig verwachsenen Nadeln – Ziegenberg bei Wippra (BB 1,3 mm)

Brookit als tafelige Kristalle – Ziegenberg bei Wippra (BB 3,6 mm)

Spinell (Var. Pleonast) (Mg, Fe) Al_2O_4 kubisch

H: 8 D: 3,5-3,7

Dieser Mischkristall aus der überaus komplex zusammengesetzten Gruppe der Spinelle findet sich als typisches Kontaktmineral in hochgradig überprägten Kalksilikatfelseinschlüssen im Gabbronorit von Bad Harzburg, wo er meist als schwarze oktaedrische Kristalle eingewachsen in blauem Calcit vorkommt. Auch ein blassroter bis roter Spinell in bis 1 mm großen Oktaedern fand sich hier (KORITNIG 1978).

Ein bemerkenswertes Vorkommen, das im Tiefenbachtal bei Bad Harzburg angetroffen wurde, erhielt von früheren Bearbeitern die etwas irrige Bezeichnung „Glimmerperidotit". Diese dunklen, auffällig grobkörnigen Mineralgemenge bestehen aus Spinell, Fayalit und Phlogopit sowie untergeordnet etwas Pyroxen und Plagioklas. Die Bildungsumstände bleiben rätselhaft, vermutlich handelte es sich bei diesen linsenförmigen Einschlüssen ursprünglich um Eisenerze, wie sie in der Nähe als Nebengestein auftreten, die teilweise vom gabbroiden Magma „verdaut" wurden (LIESSMANN 2018).

Spinell (Var. Picotit) (Mg, Fe) $(Al, Cr, Fe)_2O_4$ kubisch

H: 5,5-6, D: ca. 4,6

Spinell (Var. Pleonast) in schwarzen Oktaedern in bläulichem Calcit – Gabbrosteinbruch Bad Harzburg (BB 6 mm)

Dieser Chrom-haltige Spinell, der zum Chromit überleitet und unter dem Mikroskop opak erscheint, tritt fast ausschließlich als akzessorischer Gemengeteil in den „dunklen" ultramafischen Gesteinen (Harzburgite, Melaolivinnorite) des Harzburger Komplexes auf. Er bildet kleine, dunkelbraune isometrische Körner, die oft gerundete Oktaeder darstellen. Nach Vinx (1982) sind darin durchschnittlich 29–41 Masse-% Cr_2O_3 enthalten. Abgerundete Körner finden sich in der Schwermineralfraktion der von der Radau mitgeführten Feinsandfracht.

Gelbbrauner Scheelit ersetzt stängeligen Wolframit auf einer historische Stufe von Neudorf im Ostharz (BB 8 cm)

2.7 Manganminerale

Pyrolusit MnO_2 tetragonal

H: 2-6, D: ~5

Als Hauptkomponente des sogenannten „Weichmanganerzes" ist Pyrolusit weit verbreitet. Kennzeichnend sind die schwarze Farbe und der ebensolche Strich sowie die geringe Härte der derben Substanz. Eigenständige Kristalle sind aber wesentlich härter und ziemlich spröde.

Auf den Ilfelder Braunsteingängen tritt Pyrolusit als häufiger Begleiter und jüngerer Verdränger von Manganit in Erscheinung, so finden sich hier typische Pseudomorphosen nach Manganit-Kristallen. Als Kluftfüllung im Rhyodazit formt Pyrolusit nicht selten radialstrahlige Aggregate aus bis 2 cm langen lattenförmigen Kristallen mit silbrig-metallisch grauem Glanz. Verbreitet sind zweidimensionale „Pyrolusitsonnen".

In der Manganparagenese des Steinbruchs Winterberg tritt Pyrolusit ebenfalls in radialstrahligen Kristallgruppen auf. Hier erreichen sie nur wenige Millimeter und werden von krustigem Manganomelan oder Ranciéit begleitet.

Auf verschiedenen Harzer Erzgängen entsteht gelegentlich Pyrolusit bei der Verwitterung von manganhaltigem Siderit. Es handelt sich um krustige schwarze Beläge und nur sehr selten um unscheinbare kleine Kristalle (Varietät

Pyrolusit als schwarze „Igel" in einer Barytdruse – Steinbruch Winterberg (BB 5 mm)

Polianit). Beispiele sind der Gegentaler Gangzug am Innerstestausee (Grube *Friederike*), die Grube *Pfaffenstieg* am Fuß des Wurmbergs bei Braunlage oder das Neudorfer Revier.

Pyrolusit in quaderförmigen Kristallen – Grube Friederike, Gegentaler Gangzug (BB 3 mm)

Manganit γ-MnO(OH) monoklin

H: 4 D: 4,3-4,4

Der Name dieses insgesamt relativ seltenen Manganminerals verbindet sich für viele Mineralienfreunde weltweit mit dem Namen des Südharzortes Ilfeld, wo die vermutlich weltbesten Kristalle dieser Mineralart gefunden wurden. Schaustücke von Manganit aus dem ehemaligen Ilfelder „Braunsteinrevier" (Silberbachtal, Harzeburg, Kleiner Möncheberg) befinden sich in allen bedeutenden mineralogischen Sammlungen weltweit. So gilt dieses Vorkommen als Typlokalität für den erstmals von Haidinger 1827 beschriebenen Manganit. Oxidische Manganerze treten hier, begleitet von Calcit und Baryt, auf zahlreichen geringmächtigen Gängen auf, die scharf begrenzt saure permische Vulkanite durchschlagen. Lagerstättenkundlich spricht man von „Rasenläufern", da die Gänge nur oberflächennah reiche Mineralisationen aufweisen. Die bis 10 cm langen und 2 cm dicken, halbmetallisch schwarz glänzenden Kristalle sind gewöhnlich langsäulig und in vertikaler Richtung deutlich gestreift. Sie werden in charakteristischer Weise von einer flachen Basisfläche begrenzt, die durch beginnende Auflösung löchrig erscheinen kann. Auch kleinere Kristalle sind meist flächenarm, bilden aber gerne knie- oder kreuzförmige Zwil-

Manganit-Kristalle auf Quarz – Manganbergbau bei Ilfeld, Südharz (BB 10 cm)

Parallel verwachsene Manganit-Kristalle Manganbergbau bei Ilfeld, Südharz (BB 7 cm)

linge. Zur Unterscheidung von anderen Manganmineralen dient der braune Strich. Häufig liegt Manganit in Pyrolusit umgewandelt vor, was sich gut anhand der resultierenden Zerbrechlichkeit ausmachen lässt. Auch können verbreitet Pseudomorphosen von Hausmannit nach Manganit beobachtet werden. In einigen Fällen wird Manganit auch von Calcit oder Baryt pseudomorph verdrängt.

Weitere Funde von Manganit, wenn auch meist nur derber unscheinbarer Form, liegen aus der Wippraer Zone im Südostharz und von Elbingerode vor.

Groutit α-MnO(OH) orthorhombisch

H: 3,5-4 D: 4,14-4,17

Während die schönsten Groutit-Kristalle Deutschlands nur wenig nördlich des hier behandelten Gebietes, in der Grube *Emilie* bei Bülten-Adenstedt gefunden wurden, ist das Vorkommen dieses Minerals im Harz lange Zeit fraglich gewesen. Da die Kristallform meist nicht gut genug zu erkennen ist, lässt sich dieses Mineral nur auf röntgenografischem Weg von dem isochemischen Manganit unterscheiden. Der im Vergleich zum Manganit deutlich seltenere Groutit bildet linsenförmige, teilweise spießförmige Kristalle, die sich nur bei näherer Betrachtung der einzelnen Winkel von gedrungenen Manganit-Kristallen unterscheiden lassen. Fundorte sind das Ilfelder Revier und die Grube *Einheit* bei Elbingerode.

Hausmannit Mn_3O_4 tetragonal (pseudokubisch)

H: 5-5,5 D: 4,7-4,8

Hausmannit-Kristalle auf einer Kluftfäche – Liesenberg bei Ilfeld (BB 2 cm)

Für dieses Manganoxid gilt das Ilfelder Revier als einziger Fundpunkt im Harz. Hier füllte das halbmetallisch mattschwarze, stets isometrisch-körnig wirkende Mineral als Derberz bis zu 40 cm mächtige Gangspalten aus. Hausmannit hat einen rötlich braunen Strich. Größere idiomorphe pyramidale Kristallbildungen in Drusen sind selten und meist klein (bis 6 mm). Gelegentlich zeigen sich gemäß dem spinellähnlichen Gitter Oktaeder-ähnliche Bipyramiden. Typisch für die Ilfelder Hausmannit-Kristalle ist eine starke Flächenstreifung. Gegenüber Manganit unterscheiden sich massive Stücke durch ihre höhere Härte und ihre Stabilität gegenüber Pyrolusit. Charakteristisch sind auch parallel verwachsene Kristalle mit spitz zulaufenden Flächen, wobei Drillinge entstehen, die dreizackigen Kronen ähneln. Beobachten lassen sich gelegentliche Pseudomorphosen von Hausmannit nach Manganit.

Hausmannit-Drilling mit Flächenstreifung auf Braunit – Sülzhayn bei Ellrich (BB 5 mm)

Braunit $Mn^{2+}Mn_6^{3+}O_8SiO_4$ tetragonal

H: 6-6,5, D: 4,7-4,8

Als gar nicht so seltener, jedoch ziemlich unauffälliger Begleiter von Manganit und Pyrolusit tritt das braunschwarze Mangansilikat in meist derber, körniger Form auf den Ilfelder Braunsteingängen in Erscheinung.

Braunit in winzigen, stark glänzende, etwas rundliche Kristallen auf Manganit – Harzeburg bei Ilfeld (BB 2 mm)

Braunit in Oktaedern – Sengelbachtal bei Biesenrode / Wippraer Zone, Unterharz (BB 1 cm)

Häufig überziehen Rasen von winzigen, schwarzen Braunit-Pseudooktaedern (tetragonale Bipyramiden) andere Manganminerale oder die Gangarten. Von dem recht ähnlich ausgebildeten Hausmannit unterscheidet sich Braunit durch einen starken Halbmetallglanz und die nicht gestreiften Kristallflächen. Braunit-Kristalle erreichen nur selten Größen von mehr als 1 mm. Nicht selten findet sich Braunit auch als Derberz.

Ein weiteres Fundgebiet bildet die metamorphe Zone von Wippra im Südostharz. Hier tritt Braunit verbreitet zusammen mit Hämatit in den Karpholith-führenden Schiefern auf. Kristalle von gut 1 mm Größe kommen im Sengelbachtal bei Biesenrode vor.

Ramsdellit $\gamma\text{-}MnO_2$ orthorhombisch

H: 3, D: 4,3

Diese eisenschwarze Modifikation von Mangandioxid ist wesentlich seltener als Pyrolusit. Eine Unterscheidung anhand der Kristallform ist problematisch, sodass eine exakte Bestimmung nur mithilfe einer röntgenografischen Strukturanalyse möglich ist.

Nachgewiesen wurde dieses Braunsteinmineral sowohl im Ilfelder Manganerzrevier als auch in manganreichen Limoniterzen aus dem Steinbruch Winterberg bei Bad Grund. Hier bildet Ramsdellit winzige (etwa 0,1 mm), parallel verwachsene, leistenförmige Kriställchen.

Psilomelan (Schwarzer Glaskopf)

Hollandit $Ba(Mn^{4+}{}_6Mn^{3+}{}_2)\,O_{16}$ monoklin

Kryptomelan $K(Mn^{4+}{}_6Mn^{3+}{}_2)\,O_{16}$ tetragonal

Diese in kollomorpher Ausbildung häufig innig vermengten und optisch nicht unterscheidbaren Minerale bilden dichte Krusten oder auch „Schwarzen Glaskopf“. Gemäß der Ritzhärte teilt man diese Manganoxide vereinfacht in eine „harte“ und eine „weiche“ Gruppe ein. Die „harten“ Vertreter (Mohshärte > 4) werden unter dem Namen **Psilomelan** zusammengefasst, die weichen hingegen als **Manganomelan** (siehe unten) bezeichnet. Ohne exakte Analysen ist eine genauere Mineralbestimmung unmöglich. Fundorte von Psilomelanen sind beispielsweise die Manganerzschürfe bei Braunlage. Die Derberze von der dortigen *Kühnhold'schen Grube* bei Königskrug enthalten etwa 30% Aluminiumoxid und 4% Eisen. Aus dem Brockengranit bei Schierke sind Mischkristalle von Hollandit mit Kryptomelan in traubiger Form beschrieben.

Hollandit ließ sich in Material vom Ilfelder Manganerzrevier und Kryptomelan von der Grube *Friederike* im Gegental bei Lautenthal nachweisen (Gröbner et al. 2006).

Kryptomelan in schwarzen Igeln – Grube Friederike, Gegentaler Gangzug (BB 3 mm)

Psilomelan als schwarzer Glaskopf – Kühnhold'sche Grube bei Königskrug, Braunlage (BB 2 cm)

Coronadit $Pb(Mn^{4+}_6Mn^{3+}_2)O_{16}$ monoklin

Dieses Blei-haltige „Hartmanganerz“ tritt als kollomorphe Bildung, teils als „Schwarzer Glaskopf“, gelegentlich zusammen mit supergenen Bleimineralien wie Cerussit oder Mimetesit auf. Als Mikromount findet sich Coronadit gar nicht so selten im Haldenmaterial der Oberschulenberger Grube *Glücksrad*. Leicht verwechseln lässt sich Coronadit mit dem identisch aussehenden Manganomelan oder schwarz gefärbtem Brauneisen. Wichtigstes Erkennungsmerkmal ist die enge Verwachsung mit Bleimineralien. Auch auf anderen Oberharzer Blei-Zink-Erzgängen konnte dieses Mineral nachgewiesen werden, zum Beispiel von der Grube *Anna* im Ochsental bei Lautenthal und von der Grube *Kahlenbergsglück* bei Zellerfeld. Weitere Fundstellen sind die Zeche *Gertrud* bei Trautenstein sowie einige Gruben im Straßberger Revier. Coronadit fand sich auch im Gabbrosteinbruch bei Bad Harzburg.

Coronadit – Grube Glücksrad bei Oberschulenberg (BB 4 cm)

„**Manganomelan**“ werden weiche (Mohshärte < H 4), oft kollomorphe Manganoxide zusammenfassend genannt. Der Name „Wad“ steht für rußartig-pulvrige dichte (kryptokristalline) Massen von Mangandioxid, die mit Eisenhydroxid (Limonit) innig vermengt vorliegen.

Die meist zerbrechlichen Manganomelane treten als Verwitterungsneubildungen auf vielen Bergbauhalden in Erscheinung. Häufig bilden sie kleine Pusteln und Flecken auf Malachit, Azurit oder den Gangarten, manchmal erscheinen sie krustig als „Schwarzer Glaskopf“ mit matter Oberfläche. Typische Fundorte sind die Reviere von Oberschulenberg im Oberharz und Ilfeld im Südharz.

Nester von erdigem Wad in zelligem Quarz kennzeichnen die Hutzone zahlreicher Südharzer Barytgänge. Während des Ersten Weltkrieges zog man solche Kleinvorkommen sogar als potenziellen Manganrohstoff in Betracht. Eine für den Mineralienfreund wesentlich attraktivere Ausbildungsform sind die auf Kluftflächen im Baryt anzutreffenden, filigran verästelten Mangandendriten, die nicht selten mit grünen Malachittupfern übersprenkelt sind.

Folgende Weichmanganerze sind im Harz explizit untersucht:

Birnessit $(Na, Ca, K)_{0.6}(Mn^{4+}, Mn^{3+})_2O_4 \cdot 1.5H_2O$ monoklin

Birnessit wird von der Grube *Aufgeklärtes Glück* bei Hasserode beschrieben. Identische Aggregate liegen von der Grube *Louise* bei Rottleberode vor.

Todorokit $(Na, Ca, K) (Mn, Mg)_6O_{12} \cdot 3\text{-}4.5H_2O$ monoklin

Todorokit ist vom Gabbrosteinbruch und von den Oberschulenberger Gruben als schwarzer blumenkohlartiger Überzug bekannt.

Ranciéit $(Ca, Mn^{2+})_{0.2}(Mn^{4+}, Mn^{3+}) O_2 \cdot 0.6H_2O$ trigonal

Folienartiger Ranciéit auf Stalaktiten aus Manganomelan – Steinbruch Winterberg (BB 1 cm)

Das Calcium-haltige Manganoxid Ranciéit ist ein sehr unscheinbares Mineral und wird daher leicht übersehen. Es bildet goldbronzefarbene, metallisch glänzende Krusten und feinpulvrige Überzüge auf anderen Manganerzen. Aufgrund der sehr geringen Härte lässt sich Ranciéit leicht abreiben, weshalb eine grobmechanische Reinigung solche Stufen leicht beschädigen kann. Im Harz gibt es zahlreiche Fundorte für dieses stets nur in geringen Mengen auftretende Mineral. Auf dem Gegentaler Gangzug bei Lautenthal kommt Ranciéit zusammen mit Pyrolusit und Hollandit vor. Im Steinbruch Winterberg bei Bad Grund begleitet er Pyrolusit und Ramsdellit und in Oberschulenberg Coronadit. Im Ilfelder Manganerzrevier überzieht Ranciéit grobkristallinen Manganit.

Ranciéit in goldbronzefarbigen Aggregaten – Kalkwerk 7 bei Elbingerode, Mittelharz (BB 15,5 mm)

Asbolan $(Co, Ni)_{2-x}Mn^{4+}(O, OH)_4 \cdot nH_2O$ hexagonal

Heterogenit $(Co, Ni)^{3+}O(OH)$ hexagonal

Die nicht genau definierte Sammelbezeichnung Asbolan umfasst schwarze oxidische Kobalt-Mangan-Mineralgemenge, die pulvrig-erdig oder krustig-glaskopfartig ausgebildet sein können. Eine sichere Unterscheidung von „Manganomelanen“ ohne Kobalt- oder Nickelgehalte ist nur auf analytischen Wegen möglich. Als supergene Bildungen zusammen mit Erythrin wurde Asbolan in

Form schwarzer Flecken, Überzüge oder glaskopfartiger Massen auf angewitterten arsenidischen Kobalt-(Nickel)-Erzen von verschiedenen Harzer Vorkommen nachgewiesen. Hierzu zählen die Grube *Aufgeklärtes Glück* bei Hasserode, die *Koboldsgrube* im Odertal bei St. Andreasberg sowie diverse „Rückenmineralisationen" in den Kupferschieferrevieren am südlichen und südöstlichen Harzrand.

In reiner Form wurde das Mangan-freie, hier leicht Nickel-haltige Kobalthydroxid **Heterogenit** bisher nur im Sanderz des Iberges bei Stempeda, unweit von Rottleberode und in Material von der Rückenmineralisation der Grube *Lange Wand* bei Ilfeld nachgewiesen. Hier kommt außerdem auch das Barium-haltige Manganoxid **Romanechit** vor.

Schwarze Heterogenit-Kugeln mit Erythrin – Grube Lange Wand bei Ilfeld (BB 2 mm)

Weitere Manganmineralien:

Manganosit MnO kubisch

Unter den Namen „Grünmanganerz" beschrieb Jasche 1817 kleine rundliche Einschlüsse im Rhodonit des bekannten Kieselmanganerzvorkommens Schävenholz bei Elbingerode. Das als Mineral recht seltene Oxid des zweiwertigen Mangans zeigt im frischen Bruch eine an Malachit erinnernde, gräulich grüne

Farbe. Durch Oxidation des Mangans verfärbt sich der Manganosit im Laufe der Zeit gräulich bis eisenschwarz. Zur Betriebszeit der Grube fand sich das Mineral lediglich in kleinen Nestern und maximal 1 cm mächtigen Gängchen.

Grüner Manganosit im frischen Bruch – Schävenholz bei Elbingerode (BB 2,4 mm)

Pyrobelonit $PbMn^{2+}VO_4(OH)$ orthorhombisch

Rot durchscheinender Pyrobelonit-Kristall auf Rhyolith – Manganerzbergbau bei Ilfeld (BB 2 mm)

Dieses seltene Blei-Mangan-Vanadat wurde erst in neuerer Zeit im Ilfelder Manganerzrevier erkannt. Der Pyrobelonit bildet winzige blutrot durchscheinende Kristalle, die im zerbrochenen Zustand als orange Schüppchen auffallen. Die markante feuerrote Farbe rührt vom zweiwertigen Mangan her, woraus sich auch der Name (griechisch pyros = Feuer) ableitet. Begleitet wird Pyrobelonit von braunen und gelben spätigen Massen eines Calcium-haltigen Rhodochrosits.

Rhodonit (Mangankiesel) $CaMn_4[Si_5O_{15}]$ triklin

H: 6, D: 3,6

Das durch seine kräftig rosenrote Farbe auffällige Mangansilikat tritt im Harz nur an wenigen Stellen, ausschließlich feinkörnig-derbe ausgebildet, auf. Wegen der interessanten attraktiven Verwachsungsformen mit den begleitenden Kieselschiefern zählt dieser gesteinsbildende Rhodonit, vor allem im angeschliffenen Zustand, durchaus zu den sammelwürdigen Mineralen. Die Entstehung erfolgte im Zusammenhang mit vulkanosedimentären Prozessen geknüpft an kieselige Sedimentgesteine (Adinole). Die oft gebänderten Rhodonitgesteine lassen sich zu den sogenannten Vulkanochemiten rechnen. Bekanntester Fundpunkt für das früher als „Mangankiesel" bezeichnete Material ist die alte Grube *Kaiser Franz* im Schävenholz bei Elbingerode im Mittelharz. Zur DDR-Zeit fanden dort letztmals Versuche statt, den mit Rhodonit durchsetzten Kieselschiefer zur Herstellung von Dekorgegenständen zu nutzen. Begleitminerale sind bisweilen Rhodochrosit und Tephroit (WITZKE 2013). Knollenförmige Aggregate von „Mangankiesel" bis mehrere Dezimeter Durchmesser finden sich auch im Nebengestein des Gabbrosteinbruchs von Bad Harzburg. Auffälligstes Merkmal ist die schwarze Verwitterungskruste aus Mangandioxid.

Tephroit Mn_2SiO_4 orthorhombisch

H: 6, D: 4,11

Das zur Olivinreihe gehörende Mangansilikat Tephroit tritt im Mangankiesel-Vorkommen vom Schävenholz bei Elbingerode als recht unauffälliger Begleiter von Rhodonit verbreitet auf (WITZKE 2013). Der durch eine hohe Dichte ausgezeichnete Tephroit bildet rotbraune bis dunkelbraune mikrokristalline Massen bis 1 dm Mächtigkeit; häufig liegt er eng mit den Rhodonitlagen verwachsen vor. Winzige schwarze Hausmannit-Einschlüsse sind meist nur im Anschliff erkennbar.

Rosafarbener Rhodonit mit wenig braunem Tephroit im Anschliff – Schävenholz bei Elbingerode (BB 12,5 cm)

Rosa Rhodonit in Wechsellagerung mit braunem Tephroit – Schävenholz bei Elbingerode (BB 5 cm)

2.8 Gangartminerale

Quarz SiO_2 trigonal

H: 7, D: 2,65

Quarz ist das mit Abstand häufigste Mineral der hydrothermalen Gänge, die fast überall im Harz zu finden sind. Von den eigentlichen Erzgängen lassen sich mehr oder weniger „reine" Quarzgänge unterscheiden, wie z. B. den als weiße Mauer herausgewitterten Elfensteingang bei Bad Harzburg oder den „Silbernen Mann" bei Hasserode.

Als derbes Matrixmineral („Gangart") unterscheidet sich Quarz durch seine hohe Härte, den unebenen bis muscheligen Bruch und die fehlende Spaltbarkeit (im Gegensatz zu den „Späten") leicht von anderen weißen Gangarten.

Typische Bergkristalle, mit gestreckten rechteckigen Prismen, wie sie für alpine Klüfte typisch sind, gibt es im Harz kaum zu finden. Weit verbreitet sind stattdessen die sogenannten Kappenquarze, die scheinbar nur aus sechsseitigen Kristallspitzen (Rhomboederflächen) bestehen und Drusen auskleiden oder als „Rasen" Kluftflächen bedecken. Typisch für diese meist milchig trüben und nur in seltenen Fällen wasserklaren Kristalle ist eine deutliche Zonierung. Diese zeichnet den sechsseitigen Habitus nach und beruht auf winzigen, unterschiedlich verteilen Flüssigkeitströpfchen, die während des Kristallwachtums eingeschlossen wurden. Die einzelnen Kristallindividuen ähneln Zähnen mit spitz zulaufenden „Wurzeln". Auf den Oberharzer Erzgängen fanden sich idiomorphe Kappenquarze mit Durchmessern von 10–20 cm. Schöne Stufen lieferten der Schacht Kaiser Wilhelm II in Clausthal, der Ochsentaler Gang bei Lautenthal (in beträchtlicher Größe) und das Erzbergwerk Grund. An den Quarztrümern des Bockswieser Gangzuges, die bei Oberschulenberg rippenartig herausgewittert sind, lassen sich hübsch zonierte Kappenquarze aufsammeln.

Auf den quarzreichen Gängen des Lauterberger Reviers fanden sich bis 1 cm große auch rosa und selten leicht amethystfarbene Quarz-Kristalle z. B. im Schadenbeek.

Bemerkenswerte Rauchquarze von teilweise alpinem Habitus (in Einzelfällen bis 20 cm) stammen aus Drusen in pegmatitischen Gängen im Umfeld des Harzburger Basitkomplexes. Funde liegen aus dem Gabbrosteinbruch und dem in den frühen 1980er-Jahren aufgefahrenen Oker-Radau-Stollen vor. Begleiter sind Feldspäte, Schörl, Pyrit und Chlorit. Bergkristall und Rauchquarz treten auch im Brockengranit als Kluftminerale auf; Funde liegen von den ehemaligen Steinbrüchen bei Braunlage und Schierke vor.

Bis zu 1 cm große Hochquarze in Form idiomorpher hexagonaler Bipyramiden („Doppelender") lassen sich im vergrusten Rhyolith des Großen Auerberges bei Stolberg im Unterharz aufsammeln. Primär handelt es sich um vulkanische Einsprenglinge, die bei der Verwitterung freigesetzt werden. Bekannt wurden sie unter der volkstümlichen Bezeichnung *„Stolberger Diamanten"*. Ähnliche doppelendige Quarze finden sich als Detritus zusammen mit Erzen in vulkanisch veränderten, geröteten Molassesedimenten des Mansfelder Landes.

Bei Treseburg fand sich als besondere Varietät der sogenannte *„Katzenaugen-Quarz"*, der parallel eingelagerte Fasern von Hornblende-Asbest enthält und dadurch den optischen Effekt des Changierens zeigt.

Chalcedon (Achat, Jaspis) SiO_2

Die dichte mikrokristalline Ausbildungsform von „Kieselsäure" findet sich vorwiegend in Form von Achat, Karneol oder Jaspis als Füllung von Lithophysen in den sauren und intermediären Vulkaniten des Südharzer Rotliegenden. Während Jaspis und Karneol durch unterschiedliche Anteile von Eisen- oder Manganoxiden rötlich, bräunlich oder gelblich gefärbt sind, zeigt Achat eine fein rhythmisch gebänderte Struktur und ganz verschiedene, unterschiedlich kräftige Färbungen. Kugelförmige Aggregate bis 0,5 m Durchmesser fanden sich stellenweise in den dichten Rhyolithen des Ravensberges bei Bad Sachsa sowie als Lesesteine auf den Feldern am südlichen Harzrand im Raum Sülzhayn-Appenrode. Begleitet von Chlorit füllt Achat kleine „Mandeln" im „Melaphyr" des Ilfelder Beckens, zum Beispiel im Beretal am Netzberg unweit von Netzkater.

Gelegentlich tritt hornsteinartiger Chalcedon auch als hydrothermale Gangfüllung auf.

Typischer Gangquarz mit trüben Kanten – Grube Hoher Trost bei Bad Lauterberg (BB 6 cm)

Quarz-Doppelender (15 mm lang) – Sanderz von Mansfeld

Rauchquarz-Kristalle mit Chloritüberzug – Gabbrosteinbruch bei Bad Harzburg (Kristallgröße 6 cm)

Bergkristall mit Prehnit aus einem hydrothermalen Gang – Gabbrosteinbruch bei Bad Harzburg (Kristallgröße 5 cm)

Braun und gelb gebänderter Chalcedon – Grube Sperrentalsglück bei St. Andreasberg (BB 7 cm)

Anpolierte Rhyolithknolle mit verschiedenfarbigem Achat – Bad Sachsa (BB 15 cm)

Amethyst als zonar gefärbte Kristalle in Granit – Schierke (BB 6 cm)

Jaspis in quarzreichem hämatitischen Eisenerz – Elbingeröder Eisensteinsrevier (BB 10 cm)

Kappenquarz teilweise mit Malachit überwachsen – Oberschulenberg (DD 10 cm)

Katzenaugen-Quarz – Treseburg im Unterharz (BB 9 cm)

Fluorit (Flussspat) CaF_2 kubisch

H: 4, D: 3,1-3,2

Wegen seiner vielen Farbvarietäten und schönen Kristallstufen zählt dieses Gangartmineral auch im Harz zu den besonders attraktiven Sammlermineralen. Reichlich Material lieferten die Erz- und Mineralgänge im südlichen und östlichen Teil des Gebirges, wo Fluorit lange Zeit als wichtiges Industriemineral abgebaut wurde. Im Oberharz hingegen fehlt dieses sonst so verbreitete Mineral komplett.

Während die sehr variable Eigenfarbe allein keine sichere Bestimmung erlaubt, können der kubische Habitus, die sehr gute Spaltbarkeit nach dem Oktaeder, die meist gute Transparenz und der Glasglanz sowie die Härte, die das Ritzen von Calcit ermöglicht, als sichere Diagnosemerkmale dienen.

Vorherrschende Kristallform ist der Würfel; abgeschrägte Ecken deuten auf Kombinationen mit dem Oktaeder hin, wobei diese Oktaederflächen manchmal gegenüber den Würfelflächen durchaus dominieren können. Auch reine Oktaeder treten gelegentlich auf.

Bekannteste Fundstätten im Südwestharz sind die ehemalige *Flussspatgrube Barbis* (Flußgruber- und Herbstberg Gang) im Großen Andreasbachtal und die Bergschachtzeche am Heikenberg bei Bad Lauterberg, wo kräftig gefärbter, blauer, grüner und violetter Fluorit verwachsen mit Braunspat und Baryt vorkamen. Sehr schöne Stufen von gut kristallisiertem hellgrünen bis hellvioletten Fluorit zusammen mit Baryt und Hämatit fanden sich in der Knollengrube. Eine Besonderheit sind Pseudomorphosen von Rotem Glaskopf nach würfeligem Fluorit.

Relativ selten, doch in besonders schönen Kristallen bis 12 cm Kantenlänge und in verschiedenen Farben (hellgelb bis blau violett) fand sich Fluorit im St. Andreasberger Revier (Neufanger- und Andreaskreuzer Gang).

Von den reichen Fluoritlagerstätten des Unterharzes lieferten nur Flussschächter- und Backöfener Gang bei Rottleberode im Krummschlachttal (bei alten Stücken findet sich als Fundort oft Stolberg angegeben) schöne und bisweilen auch recht große Kristalle (bis 0,5 m Kantenlänge), vorherrschend farblos, bisweilen rosa oder auch zart grün gefärbt.

Hervorragend ausgebildete, meist kräftig violett gefärbte Fluorite fanden sich in Drusen des Brockengranits. Ergiebige Funde lieferten die Steinbrüche am Wurmberg bei Braunlage und Knaupsholz bei Schierke während ihrer Betriebszeit.

Fluorit in Würfeln mit Oktaederflächen – Backöfener Gang bei Rottleberode (Kantenlänge 2 cm)

Gelbe Fluorit-Würfel auf Galenit mit Quarz und Kupferkies überstäubt – Grube St. Andreaskreuz, St. Andreasberg (Kantenlänge 16 mm)

Grüner oktaedrischer Fluorit – Grube Samson, St. Andreasberg (Kantenlänge 14 mm)

Fluorit-Oktaeder – Grube Samson, Neufanger Hangender Gang, St. Andreasberg (BB 7 cm)

Violette Fluorit-Würfel in einer Druse im Ilsestein-Granit bei Ilsenburg (BB 4 mm)

Fluorit-Kristall mit Quarz in einer Granitdruse – Steinbruch am Wurmberg bei Braunlage (BB 5 mm)

Calcit (Kalkspat) $CaCO_3$ trigonal

H: 3, D: 2,71

Dieses im Harz sehr verbreitete Karbonatmineral tritt gesteinsbildend in Kalksteinen und Marmoren auf oder begleitet in vielfältiger Form kristallisiert als Gangart zahlreiche Erze. In derber Form lässt sich das häufig weiße oder farblose Mineral durch seine ausgezeichnete rhomboedrische Spaltbarkeit, die niedrige Härte und die spontane Gasentwicklung beim Test mit verdünnter Salzsäure leicht identifizieren. Die häufig gut ausgebildeten Kristalle zeigen entweder einen vorherrschend rhomboedrischen oder skalenoedrischen Habitus und nicht selten reichlich unterschiedliche Flächenkombinationen.

Weltbekanntes Beispiel hierfür ist das St. Andreasberger Revier, das Calcit-Kristalle von außergewöhnlicher Größe und Formenvielfalt hervorbrachte. Hier begleitet Calcit als häufigste Gangart in der sogenannten „edlen Kalkspatformation" die reichen Silbererze. Es gibt drusenreiche „Spatgänge", in denen durch mehrfaches Öffnen des Gangraums günstige Bedingungen für das freie Wachstum von Kristallen geherrscht haben. Berühmtheit erlangte eine 1785 auf dem *Fünf Bücher Moses* Gang angetroffene, 10 m lange und 1 m hohe Druse, die vollständig mit bis zu 25 cm großen Calcit-Kristallen ausgekleidet war.

Schon die Bergleute belegten die unterschiedlichen Erscheinungsformen mit anschaulichen Namen wie *Kanonenspat, Nadelspat, Blätterspat, Würfelspat, Linsenspat, Schweinezähne* oder *Krähenaugen.* Die Größe der Kristalle reicht von wenigen Millimetern bis zu fast 1 m Kantenlänge. Kristallografische Untersuchungen ergaben insgesamt 144 einfache Formen und 391 Kombinationen (vgl. WILKE 1952). Diese Vielgestaltigkeit beruht auf Kombinationen von ganz unterschiedlich entwickelten flachen und steilen Rhomboedern, Skalenoedern sowie Basisflächen.

Unter UV-Licht unterscheiden sich die verschiedenen Calcitgenerationen durch ihre Fluoreszenzfarben. So bewirkt der bei höheren Temperaturen (oberhalb von etwa 100 °C) bevorzugte Einbau von Mangan ins Calcitgitter eine rote bis orange Fluoreszenz. Niedriger temperierte Bildungen hingegen leuchten bei der Bestrahlung nur weiß bis schwach gelblich.

Ein bekannter Fundort für große Calcitstufen mit vorwiegend rhomboedrisch entwickelten, bis 5 cm großen Kristallen ist der Kalksteinbruch Winterberg bei Bad Grund. Der massenhaft von Brüchen durchzogene Korallenkalk führt häufig mit grobspätigem Kalkspat gefüllte Klüfte, die charakteristische weiße Spaltrhomboeder liefern. Offene Klüfte und kluftartige Karsthöhlen führen Calcit in Kristallen und als Sinterbildung z. T. in Form von Stalaktiten oder vereinzelt als kurios krumm gewachsene Exzentriques.

Hübsche Calcitstufen kommen auch im Grauwackesteinbruch Unterberg bei Ilfeld und im Gabbrosteinbruch bei Bad Harzburg ans Tageslicht. Auch hier erreichen die vorwiegend rhomboedrischen Kristalle Größen von mehreren Zentimetern.

Eine weitere bekannte Harzer Calcitfundstätte war die ehemalige Schwefelkieslagerstätte Einheit (Grube *Drei Kronen* und *Ehrt*) bei Elbingerode. Während der Betriebszeit wurden hier wiederholt mit rhomboedrischen Kristallen ausgekleidete Klüfte in den Vulkaniten sowie Karstschlotten im angrenzenden Kalkstein aufgeschlossen. Von hier stammen bis 25 cm große, oft verzwillingte, meist gelblich gefärbte Kristalle.

Die Oberharzer Erzgänge führen neben grobspätigem Kalkspat in Drusen als oft jüngste Bildung wasserklare linsenförmige Calcit-Kristalle (sogenannten *Perlspat*), z. B. *Schacht Kaiser Wilhelm II* in Clausthal. Von der Grube *Hoher Trost* bei Bad Lauterberg sind Stufen mit bis zu 4 cm großen Calcit-Kristallen bekannt. Auch das Straßberg-Neudorfer Revier lieferte attraktive Calcitstufen.

Im Kupferschiefer-Altbergbau am südöstlichen Harzrand entwickeln sich aus dem Zechsteinkalk häufig rezente Sinterkrusten, die durch verschiedene Metallverbindungen grün, blau oder sogar rosa gefärbt sein können. Unter Tropfstellen entstehen nicht selten frei bewegliche Sphärolithe bis 15 mm Durchmesser und füllen als „*Höhlenperlen*" bisweilen handtellergroße Becken, die auch als „Vogelnester" bezeichnet werden.

Calcit als Kanonenspat von St. Andreasberg (BB 7 cm)

Tafeliger Calcit von St. Andreasberg (BB 3 cm)

Calcit in Rhomboedern – Steinbruch Winterberg bei Bad Grund (Kantenlänge 2 cm)

Calcit als parkettierte Kristallgruppe – Grube Einheit bei Elbingerode (BB 8 cm)

Calcit-Kristalle mit steilen Skalenoedern – Gabbrosteinbruch bei Bad Harzburg (BB 3 cm)

Calcit in vielflächigen, tafeligen Kristallen – Gabbrosteinbruch bei Bad Harzburg (BB 6 cm)

Calcit-Höhlenperlen in einem „Vogelnest“ – Schlüsselstollen Lichtloch 81, Mansfelder Revier (BB 15 cm)

Calcit als „Linsenspat“ – Gabbrosteinbruch bei Bad Harzburg (BB 7 cm)

Siderit (Eisenspat) $FeCO_3$ trigonal

H: 4-4,5, D: 3,7-3,9

Der als Gangartmineral im Harz weit verbreitet anzutreffende Siderit wurde früher stellenweise als Eisenerz abgebaut. Kennzeichnend für die Siderite der Ober- und Unterharzer Erzgänge sind relativ hohe Mangangehalte (bis etwa 20% $MnCO_3$), die auf einer Mischkristallbildung mit Rhodochrosit beruhen. Solche waren als Rohstoff sehr gefragt, da sich der Mangan-haltige Spateisenstein, sofern damit keine Sulfide verwachsen waren, hervorragend zur Stahlherstellung eignete.

Das im frischen Zustand beigegelbe bis bräunlich graue Mineral wandelt sich unter oxidierenden Bedingungen leicht in braunen Limonit (Goethit) um. Sehr häufig finden sich daher Pseudomorphosen von Goethit nach Siderit. Das dabei freigesetzte Mangandioxid verursacht eine braunschwarze Färbung.

Typisch sind linsenförmige Kristalle von flach rhomboedrischer Gestalt, wobei die Flächen nicht selten sattelartig gekrümmt erscheinen.

Verschiedene Oberharzer Gänge führen spätigen Siderit in erheblichen Mengen, hierzu zählen der Silbernaaler Gangzug (Erzbergwerk Grund), das Rosenhöfer Revier bei Clausthal und der Hütschental-Spiegeltaler Zug bei Wildemann. Die nur gelegentlich als Auskleidungen von Drusen zu findenden, Hahnenkamm-förmigen Kristalle sind meist kleiner als 5 mm und können ebenmäßige Rasen bilden.

Siderit in gekrümmten Rhomboedern auf Sphalerit – Grube Lautenthals Glück (BB 6 cm)

Innerhalb des Iberg-Winterberg-Massivs bildete sich massenhaft feinkristalliner Spateisenstein (sogenannter „Flinz“ der Bergleute) durch hydrothermale Verdrängung des Kalksteins. Begünstigt durch eine tiefgreifende jüngere Verkarstung erfolgte eine fast vollständige Umwandlung von Siderit in Limonit (Brauneisenstein) mit typischen Pseudomorphosen. Häufige Begleiter sind Baryt und Quarz.

Reichlich meist mehr oder weniger stark in Brauneisen umgewandelter Siderit fand sich auf den Erzgängen des Unterharzes. Frischer Siderit in schönen honiggelben bis hellbraunen, bis 2 cm großen rhomboedrischen Kristallen prägt die historischen Erzstufen von Neudorf.

Siderit in linsenförmigen, flachtafligen Kristallen – Erzbergwerk Grund (BB 4 cm)

Rhodochrosit (Manganspat) $MnCO_3$ trigonal

H: 4-4,5, D: 3,3-3,6

Manganreiche Siderite können fließend in eisenreiche Rhodochrosite übergehen. Dieser Name wird gegeben, wenn Mangan gegenüber Eisen überwiegt, wobei oft auch Calcium oder Magnesium anwesend sein können. Reiner, kräftig rosa gefärbter Rhodochrosit durchädert in Form feinkristalliner Gängchen die „Mangankiesel“ vom Vorkommen Schävenholz bei Elbingerode. Ein weiterer Fundpunkt ist die ebenfalls im Elbingeröder Komplex liegende ehemalige Grube *Einheit*, wo Manganspat in hellrosa gefärbten kugeligen Aggregaten bis 4 cm Durchmesser auftrat. Die Ilfelder Manganerzgänge führten rosaroten Rhodochrosit als seltene feinkörnige Gangfüllung.

Rhodochrosit in braunen, würfelähnlichen Kristallen auf nadeligem Cerussit – Grube Glücksrad, Oberschulenberg (BB 3 mm)

Schwach rosa gefärbter Rhodochrositgang mit eingewachsenem, schwarzen Manganit vom Manganbergbau bei Ilfeld (BB 5 cm)

Funde von gelbem bis rotbraunem Rhodochrosit in winzigen, würfelig erscheinenden Rhomboedern mit gerundeten Kanten von kaum mehr als 1 mm Größe fanden sich in Quarzdrusen der Grube *Glücksrad* bei Oberschulenberg. Diese können leicht übersehen werden, da sie durch eine teilweise Umwandlung in Brauneisen und Manganoxid schwarzbraun erscheinen und mehr oder weniger hohl und zerbrechlich sind.

Dolomit $CaMg(CO_3)_2$ trigonal
Ankerit $CaFe(CO_3)_2$ trigonal
Kutnahorit $CaMn(CO_3)_2$ trigonal

H: 3,5-4, D: 2,85-2,95

Diese Doppelkarbonate treten nur selten rein, sondern vorwiegend in komplexen Mischkristallen auf. Ankerit und Dolomit sind die Hauptbestandteile des sogenannten *Braunspats*, der sich auf vielen Erzgängen findet und zusammen mit Quarz die ältesten hydrothermalen Bildungen (Vorphase) repräsentiert. Hierbei handelt es sich um meist grobspätige, in frischem Zustand beigegraue, oft aber braun gefärbte Gangfüllungen, die ohne chemische Analyse nicht näher zu bestimmen sind. In idiomorpher Ausbildung ähneln die gelblich grauen, gekrümmten Rhomboeder dem wesentlich häufigeren Siderit.

Dolomit in weißen Rhomboedern auf Quarz – Erzbergwerk Grund (DB 7 cm)

Dolomit-Rhomboeder auf Roteisen – Zellerfelder Gangzug / Oberharz (BB 10 cm)

Kutnahorit in braunen, gestreckten Rhomboedern – Grube Einheit bei Elbingerode (BB 7 cm)

Relativ reiner **Dolomit** zählt in Form kleiner, weißer bis elfenbeinfarbener Rhomboeder zu den jüngsten Bildungen auf den Oberharzer Erzgängen. Schöne Stufen mit kleinen, weißen, scharfkantigen Dolomitrhomboedern, die Quarz-Rasen oder Erzkristalle „überzuckern“, stammen aus dem Erzbergwerk Grund. Grobspätige Dolomit-Mischkristalle mit einem hohen Ankeritanteil bilden die Gangart des Nickelerztrums der Grube *Großfürstin Alexandra* bei Goslar. Relativ reiner **Ankerit** in bräunlichen Kristallen bis 6 mm Größe konnte von der Grube *Einheit* bei Elbingerode und vom Steinbruch Rieder bei Gernrode analytisch belegt werden.

Nur sehr selten ist im Harz das rosabraune, manganhaltige Endglied **Kutnahorit** zu finden. Derb, recht unscheinbar, in inniger Verwachsung mit Siderit konnte er in Material vom Erzbergwerk Grund nachgewiesen werden. Weitere vereinzelte Funde von Kutnahorit in graubraunen, gekrümmten Rhomboedern liegen vom Manganerzbergbau bei Ilfeld vor. In bräunlichen, kugelig-strahlig geformten Aggregaten fand sich dieses Mineral in Material von der Grube *Einheit* bei Elbingerode. Auch hier liegt das unscheinbare Mineral mit Siderit verwachsen vor; eine exakte Bestimmung ohne chemische Analyse ist unmöglich.

Aragonit $CaCO_3$ orthorhombisch

H: 3,5-4, D: 2,95

Diese gegenüber Calcit wesentlich seltenere Modifikation von Calciumcarbonat bildet gewöhnlich weiße bis farblos transparente Büschel aus nadeligen Kristallen, die ganz junge Bildungen darstellen. Funde dieser Art liegen vom Steinbruch am Heimberg bei Wolfshagen und aus dem Iberg-Winterberg-Komplex bei Bad Grund vor. Auf den Halden im Hütschental bei Wildemann fanden sich kleine nadelige Aragonite in Sideritdrusen. In Form kleiner, aus weißen Nadeln bestehender „Kristalligel“ konnte Aragonit auch im Steinbruch Schiefermühle des Erzbergwerks Rammelsberg bei Goslar beobachtet werden. Aus verschiedenen Gruben des Lauterberger Reviers sind flachtafelig bis nadelig entwickelte Aragonite bis über 1 cm Länge sowie typische „Eisenblüten“ bekannt geworden. Auf Bergbauhalden bilden sich Rasen aus weißen Aragonit gerne auf korrodierten Eisengegenständen.

Rezent gebildeter Aragonit, in Form von korallenartig verästelter „Eisenblüte“ findet sich bisweilen an den Stößen einiger Wasserlösungsstollen in den Kupferschieferrevieren von Mansfeld und Sangerhausen. Oftmals als „Aragonit“ bezeichnete Sinterbildungen aus dem Mansfelder Kupferschieferbergbau erwiesen sich nach röntgenografischen Untersuchungen stets als Calcit.

Zur Unterscheidung von Aragonit und nadeligem Calcit sollte die Kristallform genau betrachtet werden: Während sich der trigonale Calcit durch drei- oder sechseckige Kristallquerschnitte verrät, weisen die rhombischen Aragonit-Kristalle rechte Winkel und meist auch rechteckige Querschnitte auf.

Beiden gemeinsam ist das spontane Aufsprudeln beim Kontakt mit verdünnter Salzsäure. Dieser Test kann zur Abgrenzung von Aragonit zum ähnlich kristallisierenden Strontianit dienen.

Aragonit-Nadeln mit Kopfflächen – Steinbruch Winterberg bei Bad Grund (BB 1 cm)

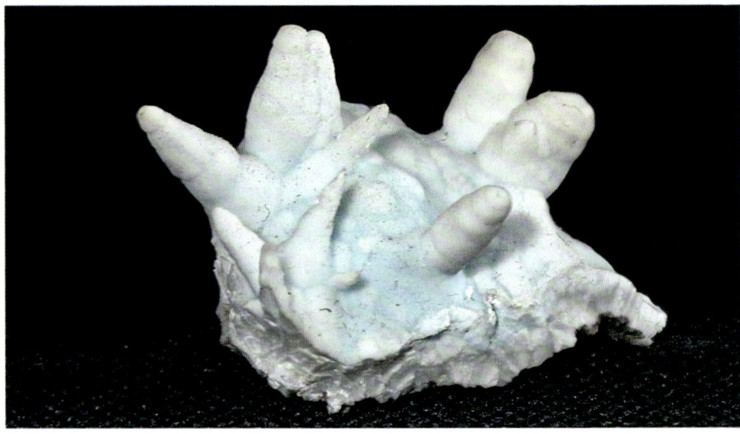

Aragonit als „Eisenblüte", durch Kupfersalze leicht bläulich gefärbt – Tiefer Georg-Stollen, Bad Grund (BB 3 cm)

Strontianit $SrCO_3$ orthorhombisch

H: 3,5, D: 3,7

Das farblose, manchmal auch grünlich oder gelblich grau gefärbte Strontium-mineral findet sich hauptsächlich als junger Begleiter von Baryt auf den Gän-

Strontianit in Büscheln auf Baryt – Königsgrube im Siebertal (BB 4 cm)

Strontianit als „Feldwebelschnurrbärte" auf Baryt – Grube Bergwerkswohlfahrt bei Bad Grund (BB 5 cm)

gen des Ober- und des Südwestharzes. Eine Verwechselung mit Aragonit ist leicht möglich. Sicheres Indiz für die Anwesenheit von Strontium ist die karminrote Flammenfärbung einer mit Salzsäure benetzten Probe. Im Lauterberger Revier kleiden spitz zulaufende Strontianit-Kristalle bisweilen Barytdrusen aus. Kluftmineralisationen mit büschelförmig gruppierten Kristallen bis 5 mm Größe fanden sich gelegentlich im derben Schwerspat der Grube *Wolkenhügel* bei Bad Lauterberg und der *Königsgrube* im Siebertal. Die besten und größten Strontianit-Kristalle des Harzes lieferte die Grube *Bergwerkswohlfahrt* (Silbernaaler Gang) bei Bad Grund. Hier zeigten sich Aggregate aus mehrere Zentimeter großen, langprismatischen Kristallen, die parallelverwachsen auf Baryt sitzen und von den Bergleuten „Feldwebelschnurrbärte" genannt wurden.

Baryt (Schwerspat) $BaSO_4$ orthorhombisch

H: 3, D: ca. 4,5

Das gewöhnlich schneeweiße oder farblose, vorherrschend „spätig" ausgebildete Mineral verrät sich leicht durch die vollkommene Spaltbarkeit und die für eine Gangart ungewöhnlich hohe Dichte. Typisch sind auch die flächenreichen, gewöhnlich tafelig bis blättrig ausgebildeten Kristalle. Durch feinste Hämatitbeimengungen kann Baryt auch rosarot gefärbt vorliegen.

Trotz der ausgedehnten Schwerspatlagerstätten im Südwestharz liegen von den bei Bad Lauterberg betriebenen Hauptgruben *Wolkenhügel* und *Hoher Trost* nur verhältnismäßig wenige gute Barytstufen vor. Häufige Begleitminerale sind Kupferkies und Malachit. Gefunden wurden bis handtellergroße Aggregate mit bis 5 cm großen, meist rein weißen, selten farblos klaren, dicktafeligen Kristallen. Ähnliche Funde lieferte die *Königsgrube* im Siebertal. Weitere Fundorte von Baryt sind der westliche Teil des St. Andreasberger Reviers, verschiedene kleine Gangvorkommen im Raum Sülzhayn-Ilfeld und der Silberbach-Louiser Gang bei Stolberg im Unterharz. Der Flussschacht bei Rottleberode lieferte hübsche Kugelbaryte, die heute gesuchte Sammlerstücke darstellen.

Charakteristisch für das Auftreten von Baryt im Oberharz ist eine sehr uneinheitliche Verteilung. Während er auf einigen Gängen fast fehlt, findet er sich anderswo in mächtigen Trümern, deren Bildung stets während der jüngsten Phase der Gangmineralisation erfolgte. Hierzu zählt der Silbernaaler Gangzug, wo Schwerspat auf der Grube *Bergwerkswohlfahrt* erstmals 1822 zur Herstellung weißer Farbpigmente abgebaut wurde. Drusen mit hübschen tafeligen Kristallen, manchmal auf Siderit aufgewachsen oder gelegentlich mit Markasit „überzuckert", brachte der Bergbau von Wildemann (Haus Ditfurther-, Hütschentaler- und Spiegeltaler Gang) ans Tageslicht.

Reichlich, oft von Limonit begleiteter, grobspätiger Baryt findet sich auf zahlreichen Gängen, die das Iberg-Winterberg-Massiv bei Bad Grund durchziehen und bis 2 m mächtig sein können. Diese liefern immer wieder bedeu-

Blau gefärbter, großtafeliger Baryt – Steinbruch Winterberg bei Bad Grund (BB 8 cm)

Transparente, 1 cm lange Baryttafeln umkleiden einen Tetraedrit-Kristall mit Chalkopyritmantel – Rosenhöfer Gangzug bei Clausthal

tende Stufen von „hahnenkammförmig“ kristallisiertem Baryt, manchmal in halbkugelförmigen oder rosettenartigen Aggregaten. Allerdings sind farblosklare oder ganz weiße Stücke die Ausnahme, da die Gegenwart von Limonit

Barytstufe mit tafeligen Kristallen – Grube Hoher Trost bei Bad Lauterberg (Kristallgröße 1 cm)

Doppelendiger Baryt-Kristall – Grube Alter Prinz Maximilian, St. Andreasberg (Kristallgröße 1 cm)

verbreitet für braune Überzüge sorgt. Als ganz besondere, nur selten vorkommende Spielart der Natur dürfen bis kopfgroße Kristallaggregate aus tafeligen Kristallen von hellblauer bis graublauer Farbe gelten.

Baryt-Kristalle als spitzwinkelige Meißel – Grube Silberbach im Thyratal bei Stolberg (BB 9 cm)

Kugeliges Baryt-Aggregat – Flussschacht bei Rottleberode (BB 4 cm)

Dass auch die bis heute auf den Oberharzer Gangstörungen zirkulierenden Wässer bisweilen „mineralführend" sind, zeigen rezente Barytbildungen in Form von Sinterabsätzen, die während der jüngeren Betriebszeit im Erzbergwerk Grund und der Grube *Lautenthals* Glück beobachtet wurden. Hier setzte ausgefälltes Bariumsulfat innerhalb kurzer Zeit Rohrleitungen zu.

In den Mansfelder Rücken ist Baryt, neben Calcit, die Hauptgangart. Die ältere Generation führt als grobspätiger, typisch rotbraun gefärbter Baryt die Vererzung mit Uraninit und gediegen Wismut, während der weiße Baryt die Gangart der Nickelarsenide mit Silber und Chalkosin bildet.

Coelestin $SrSO_4$ orthorhombisch

H: 3, D: ca. 4

Obwohl die Harzer Baryte als Mischkomponente durchschnittlich bis zu 5% Strontiumsulfat enthalten, stellt eigenständiger Coelestin eine Seltenheit dar. Die meisten dieser Mischkristalle („*Barytocoelestin*") sind in der Regel nicht Strontium-reich genug, um als Coelestin zu gelten. Die Unterscheidung zwischen beiden Mineralen ist ohne chemische Analyse schwierig.

Funde von milchig hellblauem Barytocoelestin in bis 2 cm großen, tafeligen Kristallen gab es im Erzbergwerk Grund und im Iberg-Winterberg-Komplex. Von den Barytgängen des Lauterberger Reviers sind ebenfalls hellblaue Kristalle bis 6 mm als Seltenheit beschrieben worden. Bernsteinfarbener Coelestin in bis 5 mm großen Kristallen fand sich auf einer Kluft im Anhydrit des Steinbruchs Kohnstein bei Niedersachswerfen im Südharzer Zechsteingür-

Hellblaue Coelestin-Kristalle in einer Druse – Erzbergwerk Grund, Oberharz (BB 2 cm)

tel. Auch von den Rückenmineralisation des Mansfelder Reviers ist Coelestin in Gängen aus hellblauen nadeligen Kristallen zusammen mit Calcit bekannt.

Gelblicher, flächenreicher Coelestin-Kristall – Steinbruch Kohnstein bei Niedersachswerfen (Kristallgröße 3 mm)

Anhydrit $CaSO_4$ **orthorhombisch**

H: 3-4, D: ca. 3

Das wasserfreie Calciumsulfat tritt einerseits im Südharzer Zechsteingürtel massenhaft gesteinsbildend auf und findet sich andererseits als relativ seltenes Gangartmineral auf einigen hydrothermalen Erzlagerstätten.

Der während des oberen Perms im sedimentären Umfeld durch Eindampfung ausgeschiedene Gips (wasserhaltiges Calciumsulfat) wandelte sich während der Versenkung durch druckbedingte Entwässerung in Anhydrit um, der sich später, nach erfolgter Hebung nahe der Erdoberfläche durch Wasseraufnahme wieder in Gips zurückverwandelte. Nur in ganz frischem Zustand unter Tage ist körniger Anhydrit hellhimmelblau, sonst grau. Bekannte Vorkommen sind Petershütte bei Osterode, der Himmelberg bei Appenrode und der Kohnstein bei Niedersachswerfen. Im Steinbruch Kohnstein finden sich Drusen mit wasserklaren, farblosen Anhydrit-Kristallen, die bis mehrere Zentimeter Größe erreichen und auffällig hochglänzend sind. Häufiger gibt es dort grobspätigen Anhydrit, der bisweilen auch bläulich grau gefärbt sein kann (Siemroth 1992).

Auf einigen Oberharzer Erzgängen ersetzte spätiger Anhydrit in größeren Tiefen den gleichaltrigen Baryt als Gangart. Funde liegen von den tiefen Sohlen

Anhydrit in klaren, flächenarmen Kristallen – Steinbruch Kohnstein bei Niedersachswerfen (BB 2 cm)

der Grube *Thurm-Rosenhof* bei Clausthal vor, wo grauweiß bis schwach bräunlich gefärbter, grobspätiger Anhydrit bis 10 cm mächtige Trümer ausfüllte. Auf dem Silbernaaler Gangzug (Erzbergwerk Grund) trat dieses Mineral ebenfalls, wenn auch nur sehr untergeordnet, in Erscheinung. Die tafeligen Kristalle erreichten Korndurchmesser von bis zu 2 cm.

Auf große Mengen von grobspätigem Anhydrit traf man im frühen 18. Jahrhundert auf der Lauterberger Kupfererzgrube *Kupferrose*. Das von den Bergleuten „Spatwacke" genannte Mineral bildete ein mächtiges Gangmittel, das Material zur Schachtmauerung lieferte. Der daraus gefertigte Kopf des „Kupferroser Neuen Schachtes" stellt heute ein technisches Denkmal dar (S. 83). Die Halden am Heibekskopf enthalten reichlich Brocken von äußerlich vergipstem, grobspätigen Anhydrit, der manchmal Einschlüsse von Kupferkies führt.

Gips (Gipsspat, Selenit) $CaSO_4 \cdot 2H_2O$ monoklin

H: 2, D: ca. 2,3

Das gesteinsbildend auftretende, wasserhaltige Calciumsulfat zeigt eine ähnliche Verteilung wie Anhydrit, aus dem es in der Regel durch Wasseraufnahme hervorgegangen ist. Gipsgestein prägt in Form weißer Klippen weite Abschnitte des Zechsteingürtels am südlichen und östlichen Harzrand. Durch die gute Wasserlöslichkeit hat sich hier eine einzigartige Gipskarstlandschaft gebildet.

Rezenter Gips in Schwalbenschwanzzwillingen – Pumpensumpf des Thomas-Münzer-Schachts bei Sangerhausen (Aggregat 11 cm)

Gipskristalle mit Azurit und Smithsonit – Steinbruch Schiefermühle Erzbergwerk Rammelsberg bei Goslar (BB 3 mm)

Die typischste Ausbildungsform des kristallisierten Gipses ist das wasserklare Marienglas, das durch eine sehr vollkommene Spaltbarkeit und die geringe Härte (mit dem Fingernagel ritzbar!) auffällt. Bis zu 0,5 m große Tafeln entstehen durch Umlagerung und Sammelkristallisation auf Klüften. Funde liegen von Ührde bei Osterode, dem Hainholz bei Düna, aus dem Raum Walkenried-Ellrich sowie von Niedersachswerfen und Questenberg vor.

Einen spektakulären Aufschluss bildet die beim Kupferschieferbergbau im Sangerhäuser Revier mit einem Entwässerungsstollen angefahrene Segen Gottes Schlotte, eine große Höhle, deren Wände weitgehend mit grobkristallinem, bernsteinfarbenem Marienglas ausgekleidet sind. Aus dem Pumpensumpf des Thomas-Münzer-Schachts bei Sangerhausen sind bis zu 10 cm lange, gesteckte Kristalle bekannt geworden. In den Schlotten fanden sich hingegen mehr blockig ausgebildete Gipskristalle bis zu mehreren Dezimetern Länge. In beiden Vorkommen sind die bekannten „Schwalbenschwanzzwillinge“ gefunden worden.

Klare, monokline Einzelkristalle sind nur selten zu finden. z. T. in Gipshöhlen, wo sie im durch Verdunstung entstandenen sinterähnlichen „Gekrösegips“ manchmal zu beobachten sind.

Nadelig kristallisierter Gips findet sich verbreitet, wenn auch meist nur in kleinen Individuen, als rezente Neubildung im Altbergbau, wo die bei der Verwitterung von Sulfiden (vornehmlich Pyrit) freigesetzte Schwefelsäure mit Calcit reagierte und infolge von Verdunstung Calciumsulfat kristallisiert. Ein

Gips als Spalttafel der Varietät Marienglas – Questenberg (BB 15 cm)

gutes Beispiel ist der „Alte Mann“ des Erzbergwerks Rammelsberg, wo mehrere Zentimeter lange, spießförmige Kristalle, die wie Reif glitzernde Überzüge oder Krusten bilden. Aus Gipsnadeln bestehender „Sand“ knirscht unter den Füßen wie frisch gefallener Schnee. Im Beerberg bei St. Andreasberg findet sich Gips in Form winziger Kristalle auf oxidierten Pyrit im untertägig aufgeschlossenen Diabas.

Während der Ausdehnung bei der Umwandlung aus Anhydrit deformierter Bändergips, sogenannter „Schlangengips“ – Steinbruch Kohnstein bei Niedersachswerfen (BB 12 cm)

2.9 Sekundärminerale der Bleiparagenese

Cerussit $PbCO_3$ orthorhombisch

H: 3-3,5, D: 6,5

Das weiße oder hellgraue Bleikarbonat Cerussit ist das bei Weitem häufigste Oxidationsprodukt von Bleiglanz und daher im Ausbiss oder auf den Halden vieler Blei-Zink-Erzlagerstätten zu finden. Kompakte Massen, die durch ihr hohes Gewicht auffallen, stellen Ausnahmen dar. Vorherrschend handelt es sich um feinkristalline Krusten oder aufgewachsene nadelige Kristalle, die Längen von mehr als 2 cm erreichen können. Kleine, vorherrschend taflig ausgebildete Kristalle zeigen oft dachförmige Kopfflächen. Die lang gestreckten Cerussit-Kristalle sind aufgrund ihrer Sprödheit sehr zerbrechlich und weisen nur selten intakte Kopfflächen auf. Während für derben Cerussit ein fettiger Diamantglanz typisch ist, zeigen sich die lang gestreckten Kristalle ausgesprochen seidig glänzend und weisen eine ausgeprägte Riefung parallel zur Längserstreckung auf. Verbreitet lassen sich Zwillingsbildungen beobachten. Verwachsungen unter 30°- bzw. 60°-Winkeln führen zur Bildung „blockig“ erscheinender Drillinge, die durch ihre sechsseitigen Formen eine hexagonale Symmetrie vortäuschen. Manchmal können sich auch sternförmige Verwachsungen bilden.

Bekannte Fundorte für gut kristallisierte Cerussite sind die Halden von Oberschulenberg oder am „Bleifeld“ auf dem Zellerfelder Gangzug westlich

Cerussit in fast 2 cm langen prismatischen Kristallen auf Quarz – Zellerfelder Gangzug

der Bergstadt. Im St. Andreasberger Revier lieferten insbesondere die tiefgründig oxidierten Gänge des Beerberges interessante kleine Kristallstufen.

Cerussit in langprismatischen Kristallen – Grube Glücksrad bei Oberschulenberg (BB 3 cm)

Anglesit in tafeligen Kristallen – Grube Giepenbach bei Tanne im Mittelharz (BB 1 cm)

Attraktive Stücke mit stark glänzendem, häufig verzwillingtem Cerussit fanden sich auch in der Galenitvererzung des Gabbrosteinbruchs bei Bad Harzburg.

Anglesit-Kristall (links) neben Cerussit (rechts) – Grube Engelsburg bei St. Andreasberg (BB 7,5 mm)

Anglesit $PbSO_4$ orthorhombisch

Das farblose Bleisulfat Anglesit ist äußerlich dem Cerussit recht ähnlich, tritt im Harz aber weitaus seltener in Erscheinung. Die im Vergleich zum Cerussit mehr „gedrungen", kurzprismatisch entwickelten Kristalle erreichen in Einzelfällen Kantenlängen vom mehreren Millimetern. Sie sind meist direkt auf dem ursprünglichen Galenit gewachsen. Weitere häufige Verwachsungspartner sind Linarit, Leadhillit und Caledonit, die zur ihrer Bildung ebenfalls saure Lösungen benötigen. Funde sind auf allen Blei-Zink-Erzgängen des Harzes möglich. Durch geringe Kupfergehalte können Anglesite schwach bläuliche oder grünliche Färbungen zeigen. Bester Fundort für Anglesit-Kristalle sind die Halden von Oberschulenberg. Bis 5 mm große Kristalle lieferte die Grube *Giepenbach* bei Tanne im Mittelharz.

Minium (Mennige) $Pb^{2+}{}_2Pb^{4+}O_4$ tetragonal
Massicotit PbO orthorhombisch
Lithargit PbO tetragonal

Die natürlich gebildeten Bleioxide sind sehr selten und auch stets nur in geringen Mengen zu finden. Verbreitet ist Bleioxid in Form sogenannter „*Glätte*", als Produkt der früheren Harzer Buntmetallhütten, zusammen mit Schlacken anzutreffen.

Als Hauptursache für eine quasi natürliche in-situ-Bildung von oxidischen Bleimineralen können Grubenbrände und das früher bei der Erzgewinnung praktizierte „Feuersetzen" angenommen werden.

Minium ist auffallend leuchtend rot und findet sich in Form derber Einsprenglinge und erdiger Krusten oder Anflüge auf zersetzten Bleimineralen wie Galenit oder Cerussit. Bekanntester Fundort ist die Grube *Glücksrad* bei Oberschulenberg, wo sich 1769 ein schwerer Grubenbrand ereignete und der untertägige Brandschutt inklusive der darin enthaltenen „Brandparagenese" auf die Halde geschüttet wurde.

Weitere Fundorte sind der Steinbruch Winterberg bei Bad Grund, der Landesherrner Gang bei Schulenberg sowie einige Bereiche am Beerberg im Revier von St. Andreasberg.

Rotes Minium mit hellgelben Massicotit und klaren Cerussit-Kristallen – „Brandparagenese" der Grube Glücksrad bei Oberschulenberg (BB 1 cm)

Zwei weitere, sehr unscheinbare Bleioxide beschränken sich auf die Oberschulenberger „Brandparagenese": Der orthorhombische **Massicotit** findet sich dort ganz selten in hellgelben, erdigen Pseudomorphosen nach Cerussit oder umkrustet diesen oberflächlich. Ein häufiger Begleiter ist Minium.

Der tetragonale **Lithargit** bildete sich selten als weiße, sehr unscheinbare Komponente auf den durch Hitze umgewandelten Cerussiten.

Oxyplumboroméit (Bindheimit) $Pb_2Sb^{5+}{}_2O_7$ kubisch

Das strukturell zur Pyrochlor-Gruppe zählende Blei-Antimon-Oxid tritt in Oberschulenberg und im Steinbruch Winterberg sehr selten zusammen mit Cerussit auf. Das früher unter dem Namen *Bindheimit* bekannte, recht unscheinbare Mineral bildet in der Regel erdige, graugelbe Krusten, die sich ohne aufwendige Untersuchung nicht eindeutig bestimmen lassen. Funde von weiteren Lokalitäten, wie z. B. Wolfsberg im Unterharz, müssen daher als unsicher gelten.

Linarit $PbCu(SO_4)(OH)_2$ monoklin

Das königsblaue Blei-Kupfer-Sulfat Linarit, das einen starken Glasglanz aufweist, ist ein typisches Oxidationsprodukt von innig verwachsenen Galenit-Chalkopyrit-Erzen, wie sie vor allem im Oberharz verbreitet auftreten. Durch rezente Oxidationsvorgänge innerhalb der Halden bilden sich Krusten und Rasen aus winzigen Linarit-Kristallen. Begleiter sind Cerussit und die Sulfate Brochantit, Langit oder Devillin. Aufgrund der recht ähnlichen Farbe lässt sich Linarit leicht mit Azurit verwechseln, der aber typischerweise nicht in einer Paragenese zusammen mit anderen Sulfaten auftritt. Sicher hilft eine Probe mit verdünnter Salzsäure, denn das Karbonat Azurit sprudelt, das Sulfat Linarit hingegen nicht. Als beste Harzer Fundstelle für Linarit-Kristalle gilt die Halde der Oberschulenberger Grube *Glücksrad*. Die bis mehrere Millimeter großen, scharfkantigen, tafeligen Kristalle sind in Quarzdrusen gewachsen und vermutlich in situ und nicht erst als Haldenbildung entstanden. Weitere Fundstellen sind die Halden des Zellerfelder Gangzugs (Gebiet des „Bleifeldes"), die Halden am Kranichsberg bei Lautenthal, im Ochsental und am Schulentaler Zug bei Altenau. Nachgewiesen wurde Linarit auch im St. Andreasberger Revier, im Sandtal bei Darlingerode und am Osterberg bei Gernrode. Einzelfunde liegen aus den Revieren von Bad Lauterberg, Stolberg und Treseburg vor. Als Seltenheit fand sich Linarit auch auf den Halden des Mansfelder Kupferschieferbergbaus.

Linarit in transparenten Tafeln, kleiner als 1 mm groß – Grube Glücksrad bei Oberschulenberg

Tiefblaue Linarite auf Cerussit-Nadeln – Grube Glücksrad bei Oberschulenberg (BB 5 mm)

Caledonit $Pb_5Cu_2(CO_3)(SO_4)_3(OH)_6$ **orthorhombisch**

Caledonit-Kristalle – Reiche Troster Gang, St. Andreasberg (BB 2 mm)

Caledonit als „Igel" aus türkisen Kristall-Nadeln – Grube Christine im Sandtal / Hasseröder Revier (BB 3 mm)

Der lichtblaue Caledonit findet sich nur in sehr geringen Mengen und als Seltenheit in durchscheinenden, meist lang gestreckten, prismatischen Kristallen, die in büscheligen Aggregaten auf Galenit vorkommen. Vom ähnlich gefärbten Linarit ist Caledonit durch den quadratischen Querschnitt seiner Kristalle zu unterscheiden. Als typisch kann auch die Verwachsung mit Leadhillit und Hydrocerussit direkt auf Galenit gelten.

Die meisten Funde liegen von den Oberschulenberger Halden vor, wo Caledonit von Linarit, Anglesit, Leadhillit oder Brochantit begleitet wird. Außerdem ist er zusammen mit Cerussit, Hydrocerussit, Lanarkit und Minium Bestandteil der von der Grube *Glücksrad* beschriebenen „Brandparagenese". Weitere Fundstellen im Oberharz sind die Grube *Anna* im Ochsental, *Kahlenbergsglück* bei Zellerfeld sowie der Landesherrner Gang bei Schulenberg. Im St. Andreasberger Revier wurde Caledonit von der Grube *Samson* sowie von einigen Gängen am Beerberg und am Schachtelkopf im Odertal bestimmt. Im östlichen Harz fand sich Caledonit im Sandtal bei Darlingerode, an den *Rinderschächten* bei Straßberg und in der Grube *Silberner Nagel* bei Stolberg.

Wherryit $Pb_7Cu_2(SO_4)_4(SiO_4)_2(OH)_2$ monoklin

Das Vorkommen des auffällig leuchtend hellblauen Wherryit beschränkt sich im Harz auf ganz wenige Einzelfunde. Hierzu zählt die Grube *Ludwig Rudolf* im

Wherryit in typischer Färbung – Grube Ludwig Rudolf bei Braunlage (BB 3 mm)

Steinfelder Revier bei Braunlage. Zwar macht die typische blaue Farbe Wherryit unverwechselbar, doch ist eine zweifelsfreie Bestimmung ohne Mikroanalyse unmöglich.

Dundasit $PbAl_2(CO_3)_2(OH)_4 \cdot H_2O$ orthorhombisch

Der weltweit seltene Dundasit konnte für den Oberharz bislang nur im Haldenmaterial der Oberschulenberger Grube *Glücksrad* nachgewiesen werden. Es handelt sich um winzige, weißlich gelbe bis türkisfarbene Nadeln mit starkem Glas- bis Diamantglanz, die radialstrahlig angeordnet, kugelige Aggregate formen. Das Bleimineral Dundasit zeigt sich gern auf Cerussit-Nadeln aufgewachsen und wird von anderen Karbonaten, wie Malachit oder Azurit begleitet. Kugelige Dundasit-Aggregate lassen sich eventuell mit Hydrozinkit oder Hemimorphit verwechseln. Der starke Diamantglanz auf den Bruchflächen kann als typisch gelten, zumal die genannten Zinkminerale, im Gegensatz zu Dundasit, meist auf verwittertem Sphalerit vorkommen. Für den Unterharz ließ sich Dundasit in winzigen beigen Kugeln in Proben vom Versuchsbergbau im Luppbodetal bei Treseburg bestimmen.

Dundasit in hellgelben Pusteln auf Cerussit-Nadeln mit Azurit – Grube Glücksrad bei Oberschulenberg (BB 5 mm)

Türkisfarbige Pusteln von Dundasit mit Cerussit – Grube Glücksrad bei Oberschulenberg (BB 1 cm)

Türkisfarbiges Dundasit-Aggregat auf Cerussit-Nadel – Grube Glücksrad bei Oberschulenberg (BB 3 mm)

Hydrocerussit $Pb_3(CO_3)_2(OH)_2$ trigonal

Leicht zu übersehen neben dem überaus häufigen Cerussit ist der ebenfalls meist farblose Hydrocerussit, der aus weichen, perlmutterartig glänzenden Schuppen bestehende, feinkristalline Rasen bildet. Funde liegen von der Oberschulenberger Grube *Glücksrad* vor, wo das zur sogenannten „Brandparagenese“ zählende Mineral nur bis 0,1 mm großen Kristalle bildet, die auf den ersten Blick Dundasit ähneln, der aber stets in nadelig-radialstrahliger Ausbildung erscheint. Hydrocerussit bildet sich in einem stark basischen Milieu durch Hydratation von Cerussit, was seine Seltenheit erklärt.

Weitere Oberharzer Fundorte sind die Grube *Kahlenbergsglück* bei Zellerfeld und der Landesherrner Gang bei Schulenberg.

Von der Grube *Morgenstern* im Odertaler Revier bei St. Andreasberg gibt es weingelbe Pseudomorphosen von Hydrocerussit nach Cerussit.

Weingelbe Pseudomorphosen von Hydrocerussit nach Cerussit-Kristallen – Grube Morgenstern im Odertal bei St. Andreasberg (BB 3 mm)

Elyit $CuPb_4O_2SO_4(OH)_4 \cdot H_2O$ monoklin

Der vorwiegend als supergene Neubildung in Schlacken der Buntmetallverhüttung zu findende Elyit tritt sonst nur in der „Brandparagenese" der Grube *Glücksrad* bei Oberschulenberg auf. Die maximal 0,2 mm großen, violetten Nadeln werden von Hydrocerussit, Caledonit und Cerussit begleitet. Die typische violette Farbe macht ihn unverwechselbar. Sehr dünne Fasern zeigen allerdings auch nur eine sehr schwach violette Färbung.

Violette Nadeln von Elyit – „Brandparagenese" der Grube Glücksrad bei Oberschulenberg (BB 0,9 mm)

Lanarkit $Pb_2(SO_4)O$ monoklin

Das sehr seltene Bleisulfat Lanarkit bildet in Paragenese mit Caledonit winzige, sehr feine Nädelchen. Einziger Fundort im Oberharz ist die Oberschulenberger Grube *Glücksrad*, wo dieses Mineral in aus weißen bis gelblichen Nadeln bestehenden, radialstrahligen, „igelförmigen" Aggregaten bis 1 mm Durchmesser gefunden wurde. Ein weiterer Fundort ist die Grube *Christine* im Sandtal bei Darlingerode.

Lanarkit kann leicht mit nadeligem Cerussit, Mimetesit oder Dundasit verwechselt werden. Einen Hinweis auf sein Vorliegen gibt die oft aus Caledonit, Anglesit und Linarit bestehende Paragenese.

Schwach bläulich grün gefärbter Lanarkit in radialstrahligen Igeln – Grube Glücksrad bei Oberschulenberg (BB 3 mm)

Leadhillit $Pb_4(CO_3)_2(SO_4)(OH)_2$ monoklin
Susannit $Pb_4(CO_3)_2(SO_4)(OH)_2$ trigonal

Die dimorphen Minerale Leadhillit und Susannit lassen sich nur röntgenographisch unterscheiden, was angesichts zonarer Verwachsungen beider Phasen und möglicher Umwandlung auch problematisch bleibt. Beide bilden sechsseitige, meist farblose, manchmal trübe, taflige Kristalle, die selten auch längs gestreckt vorkommen und in einer Paragenese zusammen mit Caledonit, Linarit, Hydrocerussit und Anglesit auf verwittertem Galenit auftreten. Wegen der geringen Korngröße fallen sie erst unter dem Stereomikroskop durch ihren ausgeprägten Glasglanz ins Auge. Fundorte im Oberharz sind Oberschulenberg, der Landesherrner Gang bei Schulenberg und die Grube *Kahlenbergsglück* bei Zellerfeld. Weitere Nachweise liegen von der Grube *Ludwig Rudolf* im Steinfelder Revier bei Braunlage sowie von der Grube *Christine* im Sandtal bei Darlingerode vor.

Leadhillit-Kristall als hexagonale Tafel mit Linarit – Grube Glücksrad bei Oberschulenberg (BB 3 mm)

Wulfenit $PbMoO_4$ tetragonal
Stolzit $PbWO_4$ tetragonal

Da es auf den Harzer Erzgängen nirgendwo primäre Molybdänmineralisationen gibt, stellen Funde dieser beiden supergenen Minerale, die Mischkristalle bilden, große Raritäten dar. Zudem weisen die bisher gefundenen Kristalle meist weniger als 1 mm Kantenlänge auf. Die besten Funde von Wulfenit lieferten die Halden der Grube *Christine* im Sandtal bei Darlingerode. Hier bildet Wulfenit bis 1 mm große, nadelig gestreckte, bipyramidale Kristalle von oranger Farbe, die in einer Paragenese zusammen mit Cerussit und Malachit oder Pyromorphit vorkommen. Weitere Funde liegen von der Grube *Ludwig Rudolf* im Steinfelder Revier bei Braunlage, der Grube *Neue Weintraube* im Odertaler Revier sowie der Grube *Frische Lutter* im Lauterberger Revier vor. Hier handelt es sich stets um Einzelfunde winzigster tetragonaler Bipyramiden von braunoranger Farbe. Auch die Bleivererzung im Gabbrosteinbruch bei Bad Harzburg lieferte wenige orange Wulfenite in einer Druse mit Hemimorphit. Mikroskopische Einschlüsse von Wulfenit sind auch von Neudorf bekannt.

Das Vorkommen des isotypen Blei-Wolframats **Stolzit** beschränkt sich auf die primär Wolframit-führenden Gänge des Unterharzes. Winzige, stark glän-

Wulfenit in orangen Bipyramiden mit Malachit – Grube Christine im Sandtal bei Darlingerode (BB 3 mm)

zende Kristalle auf Wolframit sind von der Halde am Lichtloch 2 des Schwefelstollens bei Harzgerode und von den Rinderschächten bei Straßberg bekannt.

Wulfenit in winzigen Bipyramiden – Grube Frische Lutter, Bad Lauterberg (BB 2 mm)

Pyromorphit $Pb_5(PO_4)_3Cl$ hexagonal
Mimetesit $Pb_5(AsO_4)_3Cl$ hexagonal
Vanadinit $Pb_5(VO_4)_3Cl$ hexagonal

Diese drei Bleiminerale weisen weitgehende, wenn auch nicht vollständige Mischkristallbeziehungen auf und zeigen ein breites Spektrum an Habitus- und Trachtformen, wie SCHNORRER et al. (2009) am Beispiel des Beerberges bei St. Andreasberg belegen konnten.

Hauptvertreter dieser Gruppe im Harz ist **Pyromorphit**, der verbreitet gut ausgebildete, hexagonale Kristalle von farbloser, gelb-gräulicher, grasgrüner bis olivgrüner Färbung bildet. Vorherrschend sind diese flächenarm, wobei nur das einfache Prisma und die Basisfläche vorhanden sind. Obwohl Pyromorphit in der Oxidationszone vieler Blei-Zink-Gänge anzutreffen ist, lassen sich insgesamt nur selten auch tonnenförmige oder mit Pyramidenflächen spitz

Pyromorphit in flächenarmen, säuligen Kristallen – Grube Glücksrad bei Oberschulenberg (BB 3 mm)

Aggregat aus Pyromorphit-Kristallen – Grube Glücksrad bei Oberschulenberg (BB 2 cm)

Pyromorphit und Mimetesit in zonar gebauten Mischkristallen – Reiche Troster Gang, Beerberg, St. Andreasberg (BB 3 mm)

Nudeliger Pyromorphit – Reiche Troster Gang (St. Anenstollen), Beerberg, St. Andreasberg (BB 3 mm)

Pyromorphit-Mischkristall in gelben, schuppigen Kristallen – Grube Wennsglückt, St. Andreasberg (BB 5 mm)

Grüner Rasen aus Pyromorphit – Grube Wennsglückt, St. Andreasberg (BB 5 mm)

Kugeliger Pyromorphit – Grube Wennsglückt, St. Andreasberg (BB 3 mm)

endende Formen beobachten. Eine klassische Fundstelle im Oberharz ist der Galgenberg von Clausthal, wo die Halden der auf dem Burgstätter Gangzug bauenden Gruben *Dorothea-Landeskrone* und *Haus Braunschweig* gute Handstufen mit grünen Kristallen lieferten. Kleinere Stufen liegen auch vom Zellerfelder Gangzug vor. Reichliche Funde gibt es von den Halden des Oberschulenberger Reviers, hier bildet Pyromorphit häufig aus nadeligen Kristallen zusammengesetzte, radialstrahlige oder blumenkohlartige Aggregate, die mit Azurit und Malachit verwachsen sein können. Kristallrasen auf Quarzmatrix erreichen hier Handtellergröße. Seltene Begleiter sind Cerussit und Mimetesit. Ein weiterer bekannter Fundpunkt ist die Grube *Großfürstin Alexandra* im Großen Schleifsteinstal bei Goslar.

Formen- und farbenreiche Mischkristalle von Pyromorphit und Mimetesit fanden sich am Beerberg bei St. Andreasberg sowohl auf den Halden als auch unter Tage vor allem auf dem Wennsglückter- und dem Reiche Troster Gang, vornehmlich in Form gelbgrüner, kristalliner Krusten auf Quarz. Im Mittelharz lieferte die Zeche *Gertrud* bei Tanne hübsche Stufen. Ansehnliche Funde liegen auch von den *Rinderschächten* bei Straßberg im Unterharz vor.

Mimetesit

Gelber Mimetesit in „igelförmigen“ Aggregaten – Grube Glücksrad bei Oberschulenberg (BB 3 mm)

Gelber Mimetesit in Chrysokoll – Neuer Glückaufer Gang, Beerberg, St. Andreasberg (BB 5 mm)

Das Arsenat-dominierte Endglied dieser Mischkristallreihe, ist im Harz weitaus seltener. Eine sichere Bestimmung ist ohne chemische Analyse unmöglich. In Oberschulenberg bildet Mimetesit schwach gelbbräunlich gefärbte Nadelbüschel mit Cerussit. Die in der Regel unter 1 mm großen Kristalle sind meist mit gelbbraunen Krusten aus winzigen Beudantit-Segnitit-Kristallen vergesellschaftet. Weitere Mimetesitfundstellen sind die arsenreichen Gänge von St. Andreasberg und Harzgerode.

Vanadinit

Das Vanadium-dominierte Endglied ist im Harz nur sehr selten anzutreffen. Am Beerberg im St. Andreasberger Revier fanden sich Vanadinit-Mimetesit-Mischkristalle auf dem Reiche Troster Gang. Auf dem benachbarten Neuen Glückaufer Gang ließen sich untertage auch reine, braunorange Vanadinite nachweisen. Diese bilden bis mehrere Millimeter große, tonnenförmige und spitz zulaufende Kristalle, die auf gelben Mimetesit-Rasen aufgewachsen sind. Die morphologisch reichhaltigsten Vanadinitfunde lieferte eine zeitweilig im Gabbrosteinbruch von Bad Harzburg aufgeschlossene, gangförmige Bleivererzung. Dort fanden sich braune, zu Rasen oder Büscheln aggregierte Nadeln zusammen mit Cerussit, Mottramit und Mimetesit. Auch für die Manganerz-

Vanadinit-Kristalle auf kristallinen Mottramit-Rasen – Neuer Glückaufer Gang, Beerberg, St. Andreasberg (BB 1 cm)

gänge von Ilfeld konnte Vanadinit nachgewiesen werden. Hier handelt es sich um auf Manganit aufgewachsene, unter 1 mm große, gelbe, stark glänzende, flächenreiche Kristalle.

Vanadinit in spitz zulaufenden Kristallen – Gabbrosteinbruch bei Bad Harzburg (BB 3 mm)

Mottramit $PbCu(VO_4)(OH)$ orthorhombisch
Descloizit $PbZn(VO_4)(OH)$ orthorhombisch

Mottramit formt im St. Andreasberger Revier bis max. 0,5 mm große, braune bis rotbraune Kristalle von linsenförmiger Gestalt, die glänzende Rasen auf Gangart bilden. Diese Rasen bilden die Unterlagen des oben beschriebenen, kristallinen Vanadinits. Selten ist er auf Mimetesit-Kristallen aufgewachsen. Die Erstbestimmung erfolgte 2015 in Material von einem Erzanbruch auf dem Glückaufer Gang im Beerberg (Gröbner 2015). Später konnte dieses Mineral auch von einer gangförmigen Bleivererzung im Bad Harzburger Gabbrosteinbruch aufgespürt werden.

Weitere Nachweise von Mottramit ergaben sich für den Frischen Lutter Gang (Halden der Grube *Frische Lutter* und *südlicher Rothäuser Stollen*), wo dieses Mineral schmutzig grüne Kristallrasen bildet. Aufgewachsen darauf fand sich der sehr seltene Zink-dominante Mischkristall **Descloizit** in winzigen, braunen, stark glänzenden Kristallaggregaten.

Braune Mottramit-Kristalle auf Mimetesit – Grube Alter Theuerdank, St. Andresberg (BB 3 mm)

Rasen aus braunen Mottramit-Kristallen – Grube Alter Theuerdank, St. Andresberg (BB 3 mm)

Duftit $PbCu(AsO_4)(OH)$ orthorhombisch
Konichalcit $CaCu(AsO_4)(OH)$ orthorhombisch
Arsendescloizit $PbZn(AsO_4)(OH)$ orthorhombisch

Mischkristalle von Duftit und Mottramit konnten im St. Andreasberger Revier für den Neuen Glückaufer Gang, den Reiche Troster Gang sowie die Grube *Neue Weintraube* im Odertal nachgewiesen werden. In Form winziger, braungelber bis giftgrüner, linsenförmiger Körner sind sie dort auf Pyromorphit-Mimetesit-Mischkristallen aufgewachsen.

In Proben von der Glücksrader Halde bei Oberschulenberg fand sich Duftit sehr selten als unscheinbare, olivgrüne Krusten oder erdige Beläge, meist an den Korngrenzen von verwittertem Galenit. Außerdem ließen sich winzige, dunkelolivgrüne Kristalle und kleine kugelige Aggregate als Duftit bestimmen. Einzelne Mikroanalysen weisen so hohe Zinkgehalte aus, dass dieses Mineral als **Arsendescloizit** anzusprechen wäre.

Mischkristalle von **Duftit** mit **Konichalcit** fanden sich als hellgrüne Aggregate in Material vom Reiche Troster Gang am Beerberg bei St. Andreasberg.

Duftit als Rasen aus winzigen, dunkelgrünen Kristallen – Grube Glücksrad, Oberschulenberg (BB 1,8 cm)

Segnitit / Beudantit	$PbFe_3^{3+}(AsO_4)_2(OH, H_2O)_6$	trigonal
Corkit / Kintoreit	$PbFe_3^{3+}(PO_4)(SO_4)(OH)_6$	trigonal
Plumbojarosit	$Pb_{0.5}Fe_3^{3+}(SO_4)_2(OH)_6$	trigonal
Plumbogummit	$PbAl_3(PO_4)(PO_3OH)(OH)_6$	trigonal
Philipsbornit	$PbAl_3(AsO_4)_2(OH)_5 \cdot H_2O$	trigonal
Beaverit-(Cu)	$Pb(Fe_2^{3+}Cu)(SO_4)_2(OH)_6$	trigonal
Jarosit	$KFe_3^{3+}(SO_4)_2(OH)_6$	trigonal
Natrojarosit	$NaFe_3^{3+}(SO_4)_2(OH)_6$	trigonal
Hydroniumjarosit	$H_3OFe_3^{3+}(SO_4)_2(OH)_6$	trigonal

Mischkristalle der Beudantit- und Jarosit-Reihen sind im Harz recht selten und unscheinbar. Sie bilden auf verwittertem Galenit Rasen aus kleinen Rhomboedern von unterschiedlicher Färbung. Eine Unterscheidung der einzelnen Minerale ist nur durch eine chemische Analyse möglich. Auf der Glücksrader Halde bei Oberschulenberg konnten alle oben genannten Minerale nachgewiesen werden. Die Eisen-haltigen Minerale **Beudantit, Segnitit, Corkit, Kintoreit** und **Plumbojarosit** zeigen eine gelbliche bis bräunliche Färbung. Sie bilden unscheinbare Rasen aus meist winzigen Kriställchen, die unter dem Mikroskop durch ihren hohen Glanz auffallen. Funde liegen außerdem von den Gruben am Beerberg bei St. Andreasberg, dem Zellerfelder Gangzug im Oberharz und verschiedenen Galenit- und Arsenopyrit-führenden Erzgängen im zentralen Unterharz (Raum Mägdesprung-Alexisbad-Harzgerode-Straßberg) vor.

Die Aluminium-haltigen **Plumbogummit-Philipsbornit-Mischkristalle** neigen zu einer eher gelbgrünlichen bis bräunlich grauen Färbung. In Oberschulenberg bildet Plumbogummit gerne unscheinbare gelbe Überzüge auf Pyromorphit. Außerdem fanden sich meistens aus Plumbogummit bestehende Perimorphosen nach nadeligen Pyromorphiten. Von einer Perimorphose spricht man, wenn der ursprüngliche Kern (hier Pyromorphit) ganz oder teilweise weggelöst ist und die Umhüllung (Plumbogummit) innen hohl vorliegt. Mischkristalle der Reihe Philipsbornit-Plumbogummit fanden sich in gelblich grauen Kristallaggregaten. Funde von hellblauen Plumbogummit-Mischkristallen in Begleitung von Pyromorphit sind von den Gruben am Schachtelkopf im Odertaler Revier bei St. Andreasberg bekannt.

Der Cu-haltige **Beaverit-(Cu)** konnte in Oberschulenberg in Form von grünlich gelben Krusten aus winzigen, glänzenden Kristallen nachgewiesen werden.

Die bleifreien **Jarosite** entstehen reichlich bei der bakteriellen Oxidation der pyritischen Erze im Rammelsberg bei Goslar. Sie werden am „Alten Mann“

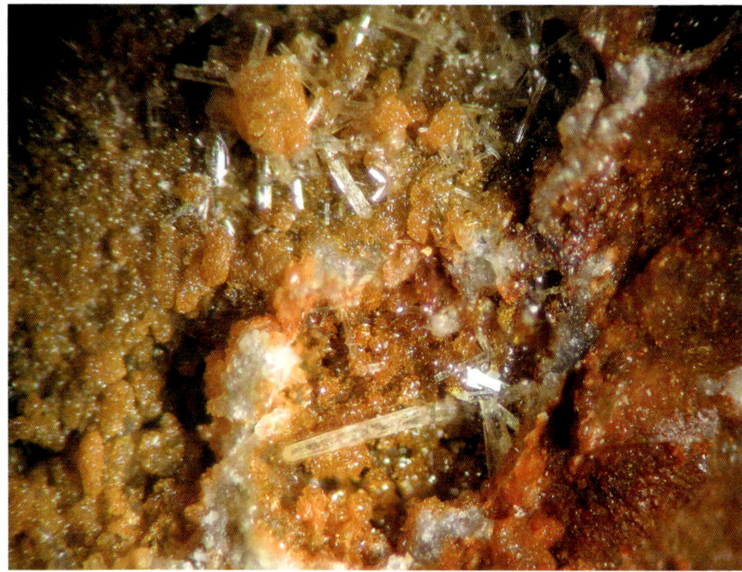

Brauner Segnitit als Kristallrasen mit farblosen Cerussit-Nadeln – Grube Glücksrad bei Oberschulenberg (BB 3 mm)

als schmierige Masse oder feinkörnige Krusten von roter bis gelblich weißer Farbe auf Tonschiefer ausgeschieden. Sammelwürdige Jarosite als glänzende braune Kristallrasen finden sich in Pyritvorkommen des Unterharzes, wie z. B. auf den Halden bei Alexisbad und nördlich von Mägdesprung. Auch von Oberschulenberg ist Jarosit nachgewiesen in Form gelber, erdiger Umwandlung von Chalkopyrit. Der Kalium-freie **Hydroniumjarosit** fand sich als gelbes, erdiges Oxidationsprodukt von Sphalerit zusammen mit Gips an der Spatfirste der Grube *Lautenthalsglück* oder auch auf Haldenmaterial, das zum Straßenbau in Ortsbereich von Clausthal verarbeitet wurde. Der natriumhaltige **Natrojarosit** bildet sich auf den Kupferschiefer unter der Einwirkung von hochsalinaren Sickerwässern im „Alten Mann" des Besucherbergwerks Röhrigschacht in Wettelrode. Die hellgelben Pulver sind hier von Gipskristallen und Kupferchloriden begleitet. Aber auch vom Communion-Steinbruch am Rammelsberg bei Goslar ist Natrojarosit bestimmt worden. Er bildet hier stark glänzende, kristalline Rasen aus winzigen (0,1 mm) gelben Würfeln.

Gelbgrünlicher Beaverit auf Quarz – Grube Glücksrad bei Oberschulenberg (BB 3 mm)

Gelblicher Plumbogummit verdrängt teilweise nadelige Pyromorphit-Kristalle – Grube Glücksrad bei Oberschulenberg (BB 1 cm)

Bläulicher Plumbogummit-Mischkristall auf Quarz – Grube Segen Gottes im Odertal, St. Andresberg (BB 5 mm)

Karminit $PbFe_2^{3+}(AsO_4)_2(OH)_2$ orthorhombisch

Der rote Karminit ist im Harz bislang nur von wenigen Fundorten in sehr kleinen Kristallen beobachtet worden. Typische Begleiter sind Mischkristalle der Beudantit-Reihe, die eine ähnliche rötliche Färbung aufweisen können. In solchen Fällen kann eine Unterscheidung nur über die Identifizierung der Kristallform oder eine röntgenografische Analyse gelingen. Funde von winzigen, etwa 0,1 mm großen, blutroten Karminitkristallen liegen vom Schalkenburger und vom Reichen Davidsgang bei Harzgerode sowie von den Halden der Rinderschächte bei Straßberg im Unterharz vor. Begleiter sind hier Mimetesit, Skorodit und Beudantit. In dieser Paragenese konnte Karminit auch im Material von der Grube *Glücksrad* bei Oberschulenberg beobachtet werden.

Bayldonit $Cu_3PbO(AsO_3OH)_2(OH)_2$ monoklin

Dieses sehr selten vorkommende, hellgrüne Blei-Kupfer-Arsenat bildet sich gerne auf Mimetesit und verdrängt diesen dabei mehr oder weniger vollständig. Nachgewiesen werden konnte Bayldonit im Material von der Grube *Glücksrad* bei Oberschulenberg und von der Grube *Alter Theuerdank (Reiche Troster Gang)* im St. Andreasberger Revier. Hier handelt es sich Krusten aus winzigen Kristallen, die von gelbbraunem Segnitit oder Olivenit begleitet werden.

Hellgrüner Bayldonit ersetzt nadeligen Mimetesit – Grube Glücksrad bei Oberschulenberg (BB 5 mm)

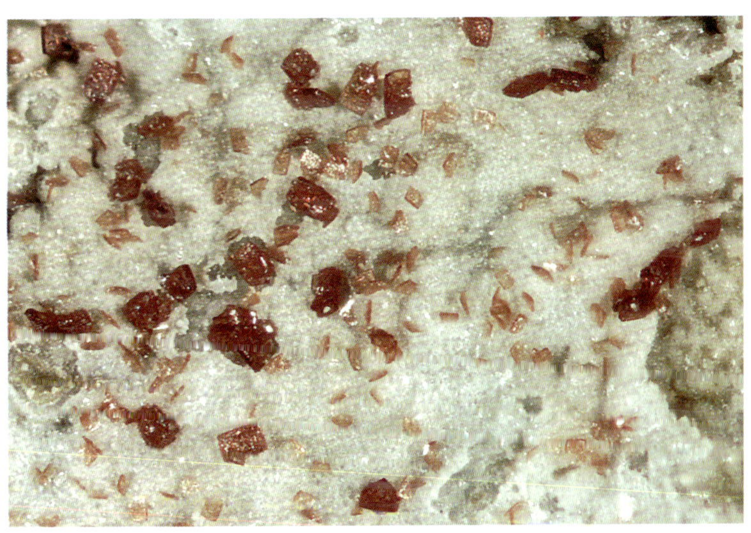

Karminit in roten Tafeln auf gelben Mimetesit-Krusten – Halde des 2. Lichtlochs auf dem Reichen Davidsgang zwischen Alexisbad und Harzgerode (BB 3 mm)

2.10 Sekundärminerale der Zinkparagenese

Greenockit CdS hexagonal

Nahezu alle Harzer Zinkblenden enthalten geringe bis moderate Gehalte von Cadmium (im Oberharz 0,4–0,8 %), das bei der Verwitterung freigesetzt wird und sich in sehr seltenen Fällen als intensivgelbes Cadmiumsulfid in Form erdiger Beläge oder dünner Krusten auf Sphalerit oder Hydrozinkit niederschlägt. Bester Fundort für Greenockit ist die Glücksrader Halde bei Oberschulenberg, wo dieses Mineral manchmal als Einschluss in Hemimorphit vorliegt und diesen dann intensiv gelb färbt. Funde von Greenockit liegen auch aus dem Gabbrosteinbruch bei Bad Harzburg und von der Grube *Silberner Nagel* bei Stolberg im Unterharz vor.

Gelber Greenockit pulvrig und als Pigment zwischen Hemimorphit-Kristallen – Oberschulenberg (BB 2 mm)

Smithsonit $ZnCO_3$ trigonal

Das recht verbreitete Zinkkarbonat ist aufgrund seiner weißen bis schwach gelblich grünen Färbung meist recht unauffällig. Auf den Halden von Oberschulenberg bildet Smithsonit gerne radialstrahlige, kugelige Aggregate, die verwitterten Sphalerit überkrusten. Partner in dieser Paragenese sind Hemimorphit und Mischkristalle von Rosasit mit Paradsasvarit. Viel seltener lassen sich bräunliche, rhomboedrische oder reiskornförmige Kristalle finden, die in der Regel Größen von 1 mm nicht übersteigen. Weitere Fundstellen für gut kristallisierten Smithsonit im Mikromountmaßstab sind der Klingentaler Gang im Lauterberger Revier, die Grube *Nasser Wolf* bei Trautenstein im Mittelharz und der Osterberg bei Gernrode im Unterharz.

Markante Stufen von eisenhaltigem, grünem bis bräunlich grünem Smithonit in Form von Verdrängungspseudomorphosen nach flach rhomboedrischem Calcit (bis 2 cm große Kristalle) lieferte der „Alte Mann“ des Erzbergwerks Rammelsberg.

Smithsonit als Verdrängungspseudomorphose von rhomboedrischen Calciten Erzbergwerk Rammelsberg bei Goslar (BB 6 cm)

Weiße, rundliche Smithsonit-Kristalle mit wenig Aurichalcit – Klingentaler Gang im Lauterberger Revier (BB 5 mm)

Gelbe Smithsonit-Rhomboeder mit grünem, sphärolithischem Paradsasvarit – Grube Glücksrad bei Oberschulenberg (BB 6 mm)

Aurichalcit $(Zn, Cu)_5(CO_3)_2(OH)_6$ monoklin

Aurichalcit als Auskleidung einer Druse – Klingentaler Gang im Lauterberger Revier (BB 5 mm)

Radialstrahlige Aggregate von Aurichalcit – Grube Glücksrad bei Oberschulenberg (BB 3 mm)

Das hell bis türkisgrüne, meist nadelige oder radialstrahlige Aggregate bildende Mineral zeigt sich im Harz nur sehr untergeordnet als Bestandteil von supergenen Zinkparagenesen. Die schönsten Aurichalcitstufen fanden sich im Tagesausbiss des Klingentaler Ganges im Lauterberger Revier. Begleitet von Azurit kleiden hier bis wenige Millimeter große, leuchtend türkise Kristalle Drusen im limonitisierten Chalkopyrit aus.

Relativ verbreitet, wenn auch nicht in größeren Mengen, hat sich Aurichalcit auf den Oberschulenberger Halden gebildet. Hier handelt es sich um hellblaue, türkisfarbige oder selten auch grünliche Pusteln aus blättrigen Kristallen. Aurichalcit kann leicht mit ebenso gefärbten und ähnlich ausgebildeten Sulfatmineralen wie Devillin und Serpierit verwechselt werden, die dort allerdings in der „Sulfatparagenese" auftreten. Hilfreich zur Unterscheidung ist der Karbonattest mit verdünnter Salzsäure.

Hydrozinkit $Zn_5(CO_3)_2(OH)_6$ monoklin

Dieses verbreitetste rezente Verwitterungsprodukt von Sphalerit bildet weiße, manchmal bläulich grau schimmernde, dichte Krusten oder aus feinsten Nädelchen aufgebaute, radialstrahlige Kügelchen. Kennzeichnend ist eine bläulich weiße Fluoreszenz im UV-Licht. Frei gewachsene, blättrige Kristalle sind recht selten. Fundmöglichkeiten bieten alle Zinkblende-führenden Halden, z. B. am Kranichsberg bei Lautenthal und im Revier von Oberschulenberg. Von hier stammen attraktive Hydrozinkite, die durch geringe Kupfergehalte leicht gelbgrün und häufiger hellblau gefärbt vorliegen können. Dieser Hydrozinkit fluoresziert im UV-Licht nicht, da das Kupfer die Lichtanregung blockiert. Solche bläulichen Krusten sind leicht mit Rosasit zu verwechseln und ohne nähere Untersuchung nicht eindeutig unterscheidbar.

Brianyoungit $Zn_3[(OH)_4|(CO_3, SO_4)]$ orthorhombisch

Brianyoungit bildet in Oberschulenberg winzige, weiße Schuppen oder Täfelchen in rosettenförmiger Anordnung, die im Gegensatz zum sehr ähnlichen Hydrozinkit im UV-Licht keine Fluoreszenz zeigen. In krustiger Form wurde Brianyoungit auch auf den Halden im Odertaler Revier bei St. Andreasberg beobachtet.

Ianbruceit $[Zn_2(OH)(H_2O)(AsO_4)](H_2O)_2$ monoklin

Dieses sehr seltene Mineral wurde erst kürzlich in Sphalerit-Drusen von der Glücksrader Halde bei Oberschulenberg entdeckt (Stark et al. 2017). Die winzigen, bis zu etwa 0,5 mm großen, weißen Täfelchen können leicht mit dem ebenfalls in dieser Paragenese auftretenden Hemimorphit verwechselt wer-

Hydrozinkit in weißen Pusteln – Grube Glücksrad bei Oberschulenberg (BB 1 cm)

Ianbruceit-Tafeln auf Quarz-Kristallen – Grube Glücksrad bei Oberschulenberg (BB 1 mm)

den. Die tafeligen Ianbruceit-Kriställchen weisen dachförmige Endflächen auf und zeigen auf den Kristall- und Bruchflächen einen seiden- bis perlmutterartigen Glanz auf. Nicht selten sind sie zu fächerförmigen oder zu fast kugeligen Aggregaten gruppiert. Im Unterschied zum äußerlich recht ähnlichen Hemimorphit sind die Ianbruceit-Kriställchen weich und biegsam wie Talk.

Scholzit $CaZn_2(PO_4)_2 \cdot 2H_2O$ orthorhombisch

Das seltene Phosphat ließ sich für den Harz bisher nur als supergene Neubildung am Rammelsberg bei Goslar nachweisen, und zwar in verschiedenen Ausbildungsformen: Einmal als weiße, feinkristalline Überzüge auf Pseudomorphosen von Smithsonit nach Calcit und zum andern auf Gips in Form weißer, kugeliger Aggregate zusammen mit Allophan.

Scholzit in kugeligen Überzügen – Rammelsberg bei Goslar (BB 65 mm)

Hopeit $Zn_3(PO_4)_2 \cdot 4H_2O$ orthorhombisch

Das Zinkphosphat Hopeit wird in Oberschulenberg in Form pseudohexagonaler, farbloser Kristalle mit deutlichen Spaltrissen gefunden. Der nur in Einzelstücken bekannte Hopeit ist ohne Analysen nicht von Cerussitdrillingen zu unterscheiden.

Parahopeit $Zn_3(PO_4)_2 \cdot 4H_2O$ triklin

Der chemisch identisch zusammengesetzte Parahopeit tritt verwachsen mit Hopeit in farblosen, bis 5 mm großen, leicht bläulichen Kristallen mit Vertikalstreifung in Proben von den Oberschulenberger Halden auf. Die in ihrer Form stark an Anglesit erinnernden Kristalle dürften sicher in den meisten Fällen übersehen werden.

Adamin $Zn_2AsO_4(OH)$ monoklin

Dieses gelbliche bis grünlich gelbe Zinkarsenat bildet durchgehende Mischkristallreihen mit Zinkolivenit und Olivenit. Auf der Glücksrader Halde bei Oberschulenberg wird Adamin nur selten gefunden. Geringe Kupfergehalte verleihen der von hier beschriebenen und früher als sogenannter *Cuproadamin* bezeichneten Varietät eine grünliche Färbung. Diese bläulich grünen Pusteln mit lebhaftem Glasglanz dürften heute dem Mineral **Zinkolivenit** zuzurechnen sein. Erst vor rund 12 Jahren erkannte man, dass sich innerhalb der Mischkristallreihe durch den zunehmenden Ersatz von Zink durch Kupfer im Kristallgitter eine gewisse Ordnung einstellt. So werden heute „Kupfer-haltige Adamine", in denen mehr als ein Viertel des Zinks durch Kupfer ersetzt ist, dem Mineral Zinkolivenit zugerechnet. Darunter fallen wohl die meisten der früheren *Cuproadamine*.

In Material vom „Nickelgang" der Grube *Großfürstin Alexandra* im Großen Schleifsteintal bei Goslar ließ sich zusammen mit verwittertem Gersdorffit grüner, Nickel-haltiger Adamin bestimmen. Weitere Funde liegen von einigen Gruben im Odertaler Revier bei St. Andreasberg vor.

Zinkolivenit $CuZnAsO_4(OH)$ orthorhombisch

Häufiger als die beiden Endglieder Adamin und Olivenit ist in Oberschulenberg die kristallografisch „geordnete" Zwischenphase Zinkolivenit ausgebildet. Allein anhand der Farbe ist eine sichere Bestimmung dieser drei hauptsächlich als Mischkristalle vorliegenden Minerale nicht möglich. Hierzu bedarf es einer chemischen Analyse, im Idealfall kombiniert mit einer röntgenografischen Bestimmung der Kristallstruktur.

Sicher konnte Zinkolivenit von einigen Gruben im Odertal bei St. Andreasberg, im Steinfeld bei Braunlage und vom Flußgruber Gang im Großen Andreasbachtal bei Barbis bestimmt werden. Die Farben reichen hier von hell- bis olivgrün, wobei es innerhalb der zonar gebauten Kristalle auch schwach rosafarbige Bereiche gibt.

Bläulicher Adamin mit grünen Olivenit-Kugeln – Grube Glücksrad bei Oberschulenberg (BB 3 mm)

Adamin in durch geringe Nickelgehalte grünlich gefärbten prismatischen Kristallen – Grube Großfürstin Alexandra bei Goslar (BB 5 mm)

Zinkolivenit – Grube Morgenstern im Odertal, St. Andreasberg (BB 3 mm)

Zonar gefärbte Zinkolivenit-Kristalle – Grube Neue Fröhlichkeit im Odertal, St. Andreasberg (BB 3 mm)

Köttigit $Zn_3(AsO_4)_2 \cdot 8H_2O$ monoklin

Köttigit in durch geringe Kobaltgehalte violett gefärbten Kristallen – Grube Ludwig Rudolf bei Braunlage (BB 3 mm)

Köttigit-Kristalle schwach graugrün gefärbt – Grube Glücksrad bei Oberschulenberg (BB 3 mm)

Das zur Vivianitgruppe gehörende Zinkarsenat bildet Mischkristalle mit dem Kobaltarsenat Erythrin und dem Nickelarsenat Annabergit. Im Harz zählt Köttigit zu den überaus seltenen Mineralen. Zusammen mit anderen Arsenaten findet es sich auf der Glücksrader Halde bei Oberschulenberg in typisch monoklinen Kristallen (Gips-ähnlicher Habitus) von schwach graugrünlicher Farbe, die eine maximale Größe von 1 mm erreichen. Köttigite, die durch geringe Kobalt- und Nickelgehalte rosa-violett oder schwach grünlich gefärbt sind, finden sich im Odertaler Revier bei St. Andreasberg und im Steinfeld bei Braunlage.

Hemimorphit $Zn_4Si_2O_7(OH)_2 \cdot H_2O$ orthorhombisch

Recht verbreitet, wenn auch niemals in größeren Mengen, tritt dieses meist farblose Zinksilikat auf den Halden des Harzer Blei-Zink-Erzbergbaus in Erscheinung. Hemimorphit bildet häufig idiomorphe tafelige und manchmal deutlich „hemimorph“ (Name!) ausgebildete, flächenreiche Kristalle. Oft bilden diese, parallel zur b-Achse gruppiert, fächerförmige oder kugelige Aggregate mit starkem Glasglanz. Solche meist glasklaren Kristalle können als Rasen Flächen von etlichen Quadratzentimetern überkrusten. Ein bekanntes Fundgebiet für gut kristallisierten Hemimorphit ist das Oberschulenberger Revier, wo das Mineral selten auch, möglicherweise durch Einlagerung von Greenockit, gelblich gefärbt vorliegt.

Hemimorphit – Osterberg bei Gernrode im Unterharz (BB 3 mm)

Im Allgemeinen stimmen die Fundorte überein mit denen für Smithsonit. Gute Kristalle bis einige Millimeter Größe lieferten der Klingentaler Gang im Lauterberger Revier, die Grube *Nasser Wolf* bei Trautenstein und der Osterberg bei Gernrode im Unterharz.

Hemimorphit-Aggregate – Grube Nasser Wolf bei Trautenstein im Mittelharz (BB 3 mm)

Rasen aus bläulichen Hemimorphit-Kristallen – Grube Glücksrad bei Oberschulenberg (BB 2 cm)

2.11 Sekundärminerale der Kupferparagenese

Malachit $Cu_2[(OH)_2|CO_3]$ monoklin

Malachit ist das bei weitem häufigste supergene Kupfermineral, das überall dort entsteht, wo sulfidische Kupfererze, vorwiegend Chalkopyrit, verwittern. Das typisch sattgrüne Mineral bildet vorwiegend derbe Krusten, die handgroße Flächen überziehen können, oder kleine kugelige Sphärolithe. Frei kristallisierte Nadeln sind seltener und treten meist zu büscheligen oder strahligen Aggregaten gruppiert auf.

Zahlreiche Fundmöglichkeiten bieten die Halden des früheren Kupfererzbergbaus im Raum Bad Lauterberg, z. B. der Kupferroser Gang im Luttertal oder der Aufrichtigkeiter Gang im Wiesenbek. Malachit tritt hier zusammen mit zelligem, manchmal durch Eisenoxid gerötetem „Sandquarz“ auf.

Attraktive Stufen von büscheligen Malachitaggregaten fanden sich verbreitet auf der Glücksrader Halde bei Oberschulenberg.

In calcitischer Gangart kann es auch zu haarförmigen Lockenbildungen kommen. Diese seidenglänzenden und meist recht brüchigen Gebilde entstehen oft bei der Verwitterung von Tetraedrit. Funde liegen aus dem St. Andreasberger Revier vor.

Eine einfache Unterscheidung von anderen grün gefärbten Kupfermineralen ist die Gasentwicklung beim Kontakt mit verdünnter Salzsäure. Derber

Radialstrahliger Malachit auf Quarz Grube Glücksrad bei Oberschulenberg (BB 8 cm)

Nadeliger Malachit mit Cerussit – Grube Glücksrad bei Oberschulenberg (BB 1 cm)

Malachit-Igel auf weißem Hemimorphit – Grube Glücksrad bei Oberschulenberg (BB 5 mm)

Malachit hat einen muscheligen, unebenen Bruch und ist recht spröde. Feinnadelige Aggregate zeigen einen seidenartigen Glanz mit je nach Lichteinfall wechselnden Färbungen von hell- bis tiefgrün.

Im Sanderz der Kupferschieferreviere findet sich Malachit als grüner Belag aus winzigen Nadeln, die bisweilen kugelige Aggregate formen.

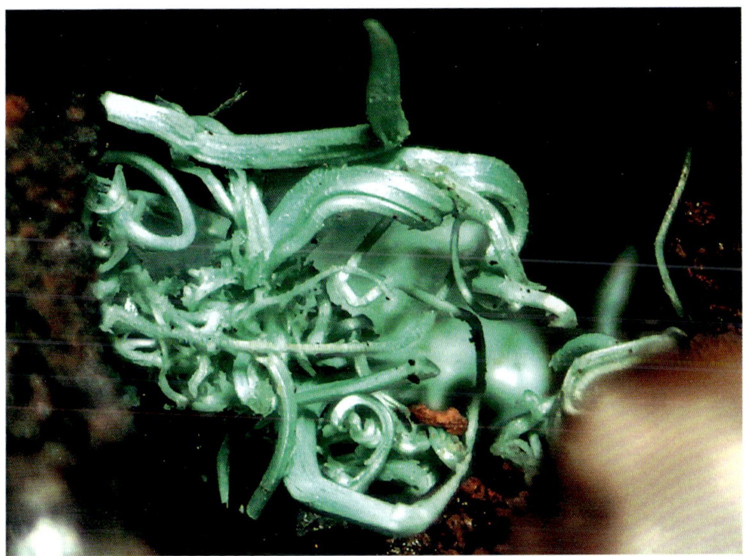

Malachit-Locken in einer Quarzdruse – Grube Wennsglückt, St. Andreasberger Revier (BB 3 mm)

Azurit $Cu_3[(OH)|CO_3]_2$ monoklin

Das tief „azurblaue", in größeren Kristallen auch fast schwarz erscheinende Kupferkarbonat findet sich als Verwitterungsneubildung auf vielen Harzer Kupfererzvorkommen, ist gegenüber Malachit aber wesentlich seltener anzutreffen. Überall dort, wo Tetraedrit gegenüber Chalkopyrit als primärer Kupferträger überwiegt, findet sich neben Malachit meist auch Azurit in Form blauer Krusten und Kristall Rasen. Bekannte Fundstellen im Gebiet von Bad Lauterberg sind der Frische Lutter Gang in der Graden Lutter und der Flußgruber Gang im Großen Andreasbachtal sowie im St. Andreasberger Revier die Grube *Alter Prinz Maximilian*.

Die besten Azuritstufen mit glänzenden dicktafeligen Kristallen auf Flächen von mehreren Quadratdezimetern stammen von der Glücksrader Halde bei Oberschulenberg. Dort ist, infolge eines historischen Grubenbrandes, die

Rasen aus Azurit-Kristallen auf Malachit und Pyromorphit – Grube Glücksrad bei Oberschulenberg (BB 5 cm)

Azurit-Kristalle auf Cerussit – Grube Glücksrad bei Oberschulenberg (BB 3 mm)

Azurit in kugeligen Aggregaten – Grube Glücksrad bei Oberschulenberg (BB 3 mm)

Azurit in tafeligen Kristallen – Steinbruch „Schiefermühle", Erzbergwerk Rammelsberg bei Goslar (BB 1 cm)

selten Umwandlung von Azurit in das schwarze Kupferoxid Tenorit zu beobachten. Häufiger Begleiter ist hier oft Cerussit.

Erwähnenswerte weitere Azurit-Fundorte sind die sogenannte Schiefermühle (Versatz-Steinbruch) des Erzbergwerks Rammelsberg bei Goslar, die stellenweise Kupfer-führenden Barytgänge im Iberg-Winterberg-Massiv, wo sich Azurit aus Tetraedrit gebildet hat, und das Steigertal am Innerstestausee.

In Begleitung von Malachit findet sich Azurit verbreitet im „Sanderz" der Kupferschieferreviere am südlichen- und südöstlichen Harzrand, z. B. auf den Halden bei Buchholz unweit von Neustadt.

Die sicherste Unterscheidung von dem ganz ähnlich blauen Kupfersulfat Linarit ist die Probe mit verdünnter Salzsäure. Auch zeigt sich Linarit in der Farbe etwas heller (königsblau), tritt stets zusammen mit anderen Sulfaten und vergesellschaftet mit Bleimineralen auf.

Rosasit $(Cu, Zn)_2(CO_3)(OH)_2$ monoklin
Parádsasvárit $(Zn, Cu)_2(CO_3)(OH)_2$ monoklin

Die bläulich grünen Karbonate Rosasit und Parádsasvárit bilden eine lückenlose Mischkristallreihe. Während das kupferreiche Endglied Rosasit schon seit langem ein bekanntes Mineral darstellt, wurde der zinkreiche Parádsasvárit erst im Jahre 2015 als neues Mineral anerkannt. Im Harz finden sich beide Minerale im Haldenmaterial der Grube *Glücksrad* bei Oberschulenberg. Rosasit ist dort in geringen Mengen recht verbreitet, wird aber wegen seiner Ähn-

Rosasit in grünen Kugeln auf Hemimorphit-Rasen – Grube Glücksrad bei Oberschulenberg (BB 3 mm)

Parádsasvárit in bläulich grüner Farbe – Grube Glücksrad bei Oberschulenberg (BB 3 mm)

lichkeit zu Malachit und Aurichalchit leicht übersehen. Im Unterschied zum grünen Malachit sind die häufig radialstrahligen Rosasite blaugrün und durch ihre feinnadelige Ausbildung empfindlicher gegenüber mechanischer Beanspruchung. Aurichalcit bildet im Gegensatz zum nadeligen Rosasit vornehmlich blättrige Kristalle.

Funde liegen auch aus dem St. Andreasberger Revier und von der Grube *Christine* im Sandtal bei Darlingerode vor, wo Rosasit winzige hellgrüne Pusteln bildet.

Parádsasvárit unterscheidet sich durch eine deutlich hellere Färbung und die oft zu beobachtende Verwachsung mit Hemimorphit oder Smithsonit von Rosasit. Eine exakte Feststellung des jeweils vorliegenden Mischkristallgliedes ist ohne chemische Analyse nicht möglich. Die meisten der auf der Glücksrader Halde gefundenen Parádsasvárite zeigen deutliche Kupfergehalte, auch ließen sich von dort Kristalle mit etwa gleich hohen Anteilen von Kupfer und Zink analysieren. Ohne eine solche Untersuchung lassen sich die hellblauen Pusteln von Parádsasvárit auch nicht von blau gefärbtem Hydrozinkit unterscheiden.

Clarait $(Cu, Zn)_{15}(CO_3)_4(AsO_4)_2(SO_4)(OH)_{14}\cdot 7H_2O$ triklin

Dieses komplex zusammengesetzte, hellgrüne Mineral, das nadelige Krusten auf Chrysokoll oder Cupro-Allophan bildet, wurde für den Harz zuerst von SCHNORRER & TETZER (2006) vom Flußgruber Gang im Großen Andreasbachtal bei Barbis beschrieben. Ein weiterer Fund von Clarait, in Form erdiger blaugrüner Massen, liegt von der Grube *Charlotte Magdalena* im Schadenbeek bei Bad Lauterberg vor. Ohne röntgenografische Untersuchung ist dieses Mineral nicht eindeutig bestimmbar.

Clarait auf Quarz – Grube Charlotte Magdalena, Bad Lauterberg (BB 3 mm)

Chalkonatronit $Na_2Cu(CO_3)_2\cdot 3H_2O$ monoklin

Dieses blaue, wasserhaltige Natrium-Kupfer-Carbonat fand sich auf der Glücksrader Halde bei Oberschulenberg in Form dünner, fiederartige Drillinge, die der Ausbildungsform Speerkies des Markasits recht ähnlich sind. Die perlmutterartig glänzenden Kristalle sitzen in Quarzhohlräumen, begleitet von Langit, Cerussit, Azurit und Chalkopyrit.

Cuprit Cu_2O kubisch

Das rote Kupferoxid Cuprit entsteht meist nur in geringen Mengen als Zementationsprodukt bei der Verwitterung von Kupfererzen. In feinkörniger Form, innig vermengt mit anderen Oxiden, zählt Cuprit zu den Bestandteilen des früher beim Lauterberger Kupferbergbau angetroffenen sogenannten *Ziegelerzes*. Typische Begleiter sind gediegen Kupfer, Delafossit und Brauneisen. Häufiger findet sich roter, körniger Cuprit eingewachsen im Brauneisen oder kleine Gängchen bildend zusammen mit Malachit. Wesentlich seltener sind frei gewachsene, dunkelrote Kristalle von vorherrschend oktaedrischem, manchmal aber auch rhombendodekaedrischem Habitus, meist kleiner als 1 mm. Die Kristalle können oberflächlich teilweise in Malachit umgewandelt vorliegen. Fundorte im Oberharz sind die Grube *Glücksrad* bei Oberschulenberg, die Grube *Anna* im Ochsental bei Lautenthal, die Halden des Hütschentaler Reviers bei Wildemann sowie das Grunder Revier, von dem es Einzelfunde gibt. Im Unterharz liegen Cupritfunde von der Grube *Neuhaus-Stolberg* bei Straßberg und von der Grube *Louise* bei Rottleberode vor. Die wohl schönsten Cuprit-Kristalle des Harzes stammen aus dem Steinbruch „Schiefermühle“ des Erzbergwerks Rammelsberg bei Goslar. Hier kommen die bis 1 mm großen Cuprit-Kristalle zusammen mit gediegen Kupfer eingewachsen in schma-

Cuprit als idiomorpher Kuboktaeder – Steinbruch „Schiefermühle“, Erzbergwerk Rammelsberg bei Goslar (Kantenlänge ca. 0,5 mm)

len Gängchen von Gips vor. Die blutrot durchscheinenden Kristalle zeigen verbreitet Kombinationen von Oktaeder- und Würfelflächen in unterschiedlicher Vorherrschaft.

Körniger Cuprit in einem Aggregat mit Malachit und Azurit – Grube Glücksrad bei Oberschulenberg (BB 1 cm)

Delafossit $CuFeO_2$ trigonal

Dieses schwarze, nur selten als winzige schwarze, stark glänzende Kristalle auf verwitterten Kupfererzen vorkommende Mineral ist sehr unauffällig und kann leicht mit Manganoxiden (z. B. Wad) verwechselt werden. Funde sind von der Grube *Anna* im Ochsental, den Halden des Hütschentaler Reviers bei Wildemann, dem Gegentaler Gangzug am Wittenberg (Koch, 2015) sowie von der Grube *Neuhaus-Stolberg* bei Straßberg im Unterharz bekannt. Aufgrund seiner Kleinheit und der schwarzen Farbe ist Delafossit nur bei gutem Licht und hoher Vergrößerung zu erkennen. Charakteristisch ist seine enge Vergesellschaftung mit Cuprit und gediegen Kupfer.

Tenorit CuO monoklin

Der im Harz sehr seltene Tenorit bildet gewöhnlich als schwarzes Pulver die sogenannte *Kupferschwärze* oder tritt gemeinsam mit Cuprit und Brauneisen als Bestandteil des auf den Lauterberger Kupfergängen früher stellenweise

Schwarze Delafossite mit roten Cuprit-Oktaedern – Grube Anna im Ochsental (BB 2 mm)

In Tenorit umgewandelte Azurit-Nadeln – „Brandparagenese" der Grube Glücksrad bei Oberschulenberg (BB 1 cm)

abgebauten „Kupferpecherzes" auf. In solcher erdigen oder krustigen Ausbildung lässt sich Tenorit leicht mit den viel häufiger vorkommenden kupferhaltigen Manganomelanen verwechseln.

Eine Besonderheit birgt die Halde der Oberschulenberger Grube *Glücksrad*, wo sich infolge eines Grubenbrandes Azurit-Kristalle in schwarze Pseudomorphosen von Tenorit nach Azurit umgewandelt haben. Sonst findet sich dieses Mineral hier als schwarzes, stumpf glänzendes Pulver.

Im Steinbruch „Schiefermühle" des Erzbergwerks Rammelsberg bildet Tenorit zusammen mit Cuprit und Malachit schwarze Flecken auf Brauneisen.

Cupororoméit (Partzit) $Cu_2Sb_2(O,OH)_7$ kubisch

Der gelb- bis olivgrüne Cuproroméit ist ein verbreitetes Oxidationsprodukt von Tetraedrit und ist daher überall dort zu erwarten, wo antimonreiche Fahlerze verwittern. Die besten Funde lieferte in den 1980er-Jahren ein im Steinbruch Winterberg bei Bad Grund aufgeschlossenes Baryttrum des Prinz Regenter Ganges, wo in der Oxidationszone bis einige Dezimeter mächtige Fahlerzlinsen mehr oder weniger vollständig in Gemenge von Cuproroméit, Malachit, Azurit und Goethit umgewandelt vorkamen. Auch im St. Andreasberger Revier finden sich, allerdings nur im Mikromountmaßstab, teils oberflächlich, teils auch vollständig in gelb- bis olivgrünen massigen Cuproroméit umgewandelte Tetraedrite. Diese spröden, glasartig brechenden Massen zei-

Gelbgrüner Cuproroméit mit Azurit und Tirolit – Flußgruber Gang im Großen Andreasbachtal bei Barbis (BB 5 cm)

gen sich nicht immer chemisch homogen oder kristallisiert. Früher bezeichnete man diese amorphen Gemische aus Kupfer- und Antimonoxiden als *„Partzit-ähnliche Minerale"*. Der eigentliche Cuproroméit ist nur durch aufwendige Analysen zweifelsfrei zu bestimmen.

Kupfersulfate

Brochantit $Cu_4(SO_4)(OH)_6$ monoklin

Das als Haldenneubildung auf vielen Kupfererzvorkommen zu findende, smaragdgrüne, meist krustenbildende Kupfersulfat Brochantit entsteht bei der Verwitterung von Chalkopyrit. Typische Fundorte im Westharz sind die Halden von Oberschulenberg, Lautenthal, Clausthal, Zellerfeld, Bad Lauterberg und St. Andreasberg. Aus dem östlichen Harz sind Funde von den Gruben *Louise* bei Rottleberode und *Neuhaus-Stolberg* bei Straßberg sowie von der Goslarschen Gleie bei Hasserode bekannt geworden. Die meist nur kleinen Kristalle von Brochantit zeigen quaderförmige bis spitz prismatische Ausbildungen und erreichen nur Größen von maximal einigen Millimetern. Vom sehr ähnlich gefärbten Malachit lässt sich Brochantit durch die Probe mit verdünnter Salzsäure unterscheiden.

Tafeliger Brochantit mit helleren Malachitkugeln – Grube Glücksrad bei Oberschulenberg (BB 2 mm)

Brochantit mit helleren Malachitkugeln – Grube Glücksrad bei Oberschulenberg (BB 1 cm)

Langit $Cu_4(SO_4)(OH)_6 \cdot 2H_2O$ monoklin

Das blaue Kupfersulfat Langit tritt in Abhängigkeit von der Paragenese in zwei unterschiedlichen Kristalltrachten in Erscheinung. Langite mit einfachen Prismen und Basisflächen zeigen quadratische oder rechteckige Querschnitte und finden sich vergesellschaftet mit Devillin oder Cerussit, gelegentlich auch aufgewachsen auf Rasen aus Hemimorphit. Wesentlich häufiger wird Langit von Brochantit begleitet, wobei die Kristalle pseudorhombische Bipyramiden bilden. Typisch sind auch tafelig ausgebildete, pseudohexagonale Drillinge. Vereinzelt lassen sich Umwandlungen von Langit in Brochantit beobachten. Die Fundorte sind daher in der Regel dieselben wie von Brochantit. Weitere Begleiter sind Schulenbergit und Devillin.

Langit in bipyramidaler Tracht auf Hemimorphit-Rasen – Grube Glücksrad bei Oberschulenberg (BB 2 mm)

Würfelförmiger Langit mit Devillin – Grube Glücksrad bei Oberschulenberg (BB 2 mm)

Würfeliger Langit mit Brochantit – Grube Glücksrad bei Oberschulenberg (BB 3 mm)

Pseudohexagonaler Langit-Drilling auf grünem Brochantit und Cerussit – Grube Anna im Ochsental (BB 1 mm)

Posnjakit $Cu_4(SO_4)(OH)_6 \cdot H_2O$ monoklin
Wroewolfeit $Cu_4(SO_4)(OH)_6 \cdot 2H_2O$ monoklin

Tafeliger Posnjakit mit Devillin-Rosette – Grube Glücksrad bei Oberschulenberg (BB 2 mm)

Radialstrahlige Aggregate aus gesteckten Wroewolfeit-Kristallen – Grube Neuhaus-Stolberg bei Straßberg, Unterharz (BB 3 mm)

Diese beiden blauen Kupfersulfate, die sich nur durch den Gehalt an Kristallwasser unterscheiden, treten neben Langit in derselben Paragenese auf. Auch anhand der Kristalltracht erweist sich eine Unterscheidung als schwierig und unsicher. **Posnjakit** neigt dazu, eher tafelig bis dünntafelig zu kristallisieren. Die Flächen zeigen häufig dreieckige Formen und laufen spitz zu. **Wroewolfeit** lässt sich von Posnjakit und Langit nur röntgenografisch sicher unterscheiden. Die Fundorte sind im Wesentlichen dieselben wie bei Langit. Gute Kristalle von Wroewolfeit sind von der Glücksrader Halde bei Oberschulenberg und der Grube *Neuhaus-Stolberg* bekannt geworden.

Devillin $CaCu_4(SO_4)_2(OH)_6 \cdot 3H_2O$ monoklin
Serpierit $Ca(Cu, Zn)_4(SO_4)_2(OH)_6 \cdot 3H_2O$ monoklin
Orthoserpierit $Ca(Cu, Zn)_4(SO_4)_2(OH)_6 \cdot 3H_2O$ orthorhombisch

Auch diese drei hellblauen Kupfersulfate sehen sich recht ähnlich und lassen sich nur röntgenografisch oder kristalloptisch in Kombination mit chemischer Analyse unterscheiden. **Devillin** tritt in derselben Paragenese wie Langit auf und bildet hellblaue, filzige Pusteln aus winzigen, gesteckt-tafeligen Kristallen, die auch sehr dünn sein können. Der Zink-reichere **Serpierit** neigt im Gegensatz zu Devillin dazu, nadelig zu kristallisieren und findet sich eher auf verwitterter Zinkblende in der Paragenese mit Hydrozinkit und Schulenber-

Verwachsung tafeliger Devillin-Kristalle – Grube Glücksrad bei Oberschulenberg (BB 2 mm)

git. Schöne Kristalle von Devillin liegen von der Glücksrader Halde bei Oberschulenberg, aus den Revieren von St. Andreasberg und Bad Lauterberg sowie von der Grube *Christine* im Sandtal bei Hasserode vor. Serpierit findet sich in Oberschulenberg, aber auch selten im Andreasberger Revier. Der zu Serpierit polymorphe **Orthoserpierit** tritt sehr selten in Oberschulenberg auf und ist ohne weitere Untersuchung nicht zu erkennen.

Radialstrahliger Serpierit – Grube Glücksrad bei Oberschulenberg (BB 2 mm)

Schulenbergit $(Cu, Zn)_7(SO_4, CO_3)_2(OH)_{10} \cdot 3H_2O$ trigonal

Typlokalität für dieses relativ seltene Mineral ist die Grube *Glücksrad* bei Oberschulenberg (HODENBERG, KRAUSE & TÄUBER 1984). Schulenbergit findet sich dort in hellblauen bis blaugrünen, sechsseitigen Tafeln mit Seidenglanz. Häufig sind diese sechsseitigen Tafeln rosettenartig verwachsen und sattelförmig gekrümmt. Die Kristalle von Schulenbergit werden bis zu 1 mm groß und finden sich im Haldenmaterial von der Grube *Glücksrad* zusammen mit Serpierit, Langit, Brochantit sowie dem noch selteneren Ramsbeckit auf verwitterndem Sphalerit. Ein Einzelfund von dicktafeligem Schulenbergit liegt von der Grube *Anna* im Ochsental bei Lautenthal vor. Eine Seltenheit bildet Schulenbergit im St. Andreasberger Revier (z. B. Grube *Samson*) sowie im oberen Odertal und im Steinfelder Revier bei Braunlage. Im östlichen Harz konnte er von der Grube *Silberner Nagel* bei Stolberg, an der Goslarschen Gleie bei Hasserode sowie von der Grube *Christine* im Sandtal nachgewiesen werden.

Rosetten aus hauchdünnen Schulenbergit-Tafeln – Grube Glücksrad bei Oberschulenberg (BB 3 mm)

Namuwit in sechsseitigen Tafeln auf Schiefer – Grube Glücksrad bei Oberschulenberg (BB 2,2 mm)

Zusammen mit Hydrozinkit kann sich auch das noch unbenannte Zink-reiche *Analogon von Schulenbergit* bilden. Mischkristalle mit wechselnden Kupfer- und Zinkgehalten wurden von Oberschulenberg und aus dem Sandtal untersucht.

Namuwit $(Zn, Cu)_4(SO_4)(OH)_6 \cdot 4H_2O$ trigonal

Das dem Schulenbergit sehr ähnliche Mineral bildet in Material von der Glücksrader Halde bei Oberschulenberg sehr dünne, sechsseitige Blättchen von seeblaugrüner Farbe. Kristalle von Namuwit sind im Unterschied zu Schulenbergit eher dünn und weniger stark gebogen.

Ramsbeckit $(Cu, Zn)_{15}(SO_4)_4(OH)_{22} \cdot 6H_2O$ monoklin

Der sehr seltene Ramsbeckit findet sich auf der Glücksrader Halde bei Oberschulenberg vergesellschaftet mit supergenen Zinkmineralen wie Schulenbergit, Devillin und Hydrozinkit. Die maximal 1 mm großen Kristalle sind typisch „seegrün" und zeigen eine rhomboedrische Ausbildung mit Grundfläche (früher als „Pastillenform" bezeichnet). Diese Form sowie die unverwechselbare

Ramsbeckit in typischer Kristallform auf Serpierit-Belag – Grube Glücksrad bei Oberschulenberg (BB 3 mm)

Ramsbeckit auf einem Untergrund aus Schulenbergit-Rosetten – Grube Glücksrad bei Oberschulenberg (BB 3 mm)

Farbe unterscheiden ihn vom ähnlich aussehenden Brochantit. Ein weiteres Vorkommen bildet die Grube *Christine* im Sandtal bei Hasserode.
Ein Einzelfund von Ramsbeckit liegt von der Grube *Charlotte Magdalena* im Lauterberger Revier vor.

Cyanotrichit $Cu_4Al_2(SO_4)(OH)_{12}\cdot 2H_2O$ monoklin

Dieses in der Regel feine blaue Nadeln bildende Mineral zählt im Harz zu den Seltenheiten. Einzelfunde gibt es von der Grube *Glücksrad* bei Oberschulenberg. Nachgewiesen wurde Cyanotrichit auch in Material von der Grube *Frische Lutter* bei Bad Lauterberg sowie vom Kupferbergbau am Mittelkopf bei Treseburg im Bodetal.

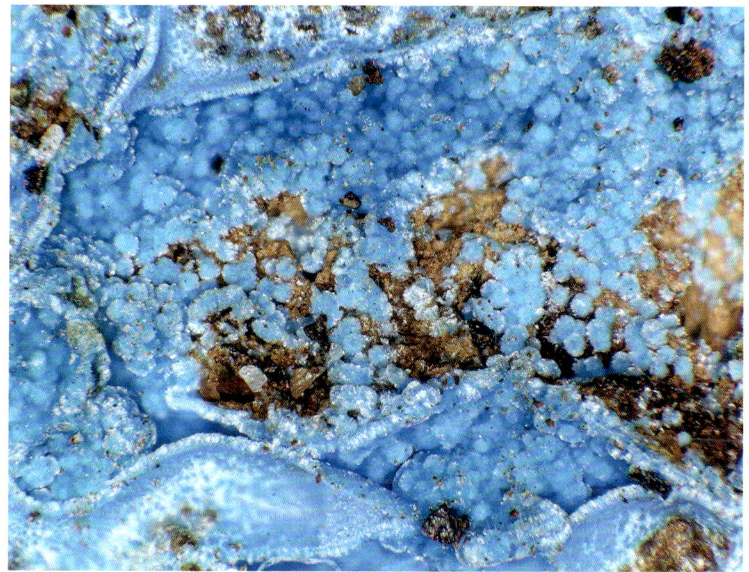

Radialstrahliger Cyanotrichit überkrustet Quarz – Grube Louise, Rottleberode (BB 1,6 mm)

Chalkoalumit $CuAl_4(SO_4)(OH)_{12}\cdot 3H_2O$ monoklin

Taubenblaue, wachsglänzende Massen aus locker gepackten, winzigen Plättchen oder Leisten werden von SCHELLHORN (1989) als Chalkoalumit beschrieben. Diese Ausbildung ist recht ungewöhnlich, da dieses Cu-Al-Sulfat normalerweise weiße, selten grünliche, seidenglänzende Kugeln aus dünnen Tafeln mit perfekter Spaltbarkeit bildet.

Woodwardit $(Cu_{0.75}Al_{0.25})(SO_4)_{0.125}(OH)_2\cdot 0.3H_2O$ hexagonal

Woodwardit bildet hellblaue Krusten und radialstrahlige Kugeln. Nachgewiesen wurde er in dieser Ausbildung in Material von der Grube *Louise* bei Rottleberode, begleitet von grünem Brochantit, Cuprit und Malachit. In einer anderen Paragenese bildet Woodwardit die Unterlage für weiße Pusteln des seltenen Fluorids **Gearksutit** ($CaAl(OH)F_4\cdot H_2O$). Diese hellblauen Krusten werden bei der Entwässerung rissig und bröckeln bisweilen von ihrer Brauneisenunterlage ab.

Weiße Pusteln von Gearksutit auf rissiger Woodwardit-Kruste – Grube Louise bei Rottleberode (BB 5 mm)

Auf der 2. Sohle der Grube *Glasebach* ist rezent gebildeter Woodwardit an der Stollenwand aufgeschlossen.

Redgillit $Cu_6(OH)_{10}(SO_4) \cdot H_2O$ monoklin

Der sehr seltene Redgillit fand sich in Material der Oberschulenberger Grube *Glücksrad* in Form hellapfelgrüner, kugeliger Aggregate aus max. 0,5 mm langen, wirrstrahlig entwickelten Kristallen. Das erst 2005 als neues Mineral anerkannte Kupfersulfat ist leicht mit Brochantit zu verwechseln.

Antlerit $Cu_3(SO_4)(OH)_4$ orthorhombisch

Dieses sulfatische Kupfermineral konnte in Haldenmaterial vom Erzbergwerk Rammelsberg bei Goslar als sehr kleine, grüne, radialstrahlige Kristall-Rasen in der Paragenese mit Brochantit, Malachit und Azurit festgestellt werden. Unter Tage fanden sich im „Alten Mann“ bis zu 2 mm große Kristalle.

Cu-Arsenate/Vanadate

Olivenit $Cu_2AsO_4(OH)$ monoklin

Für dieses bräunlich grüne Kupferarsenat gibt es im Harz nur ganz wenige Fundstellen. Die besten Funde bietet die Grube *Frische Lutter* bei Bad Lauterberg. In Quarzdrusen zeigten sich dort langprismatische Kristalle von mehr als 1 cm Länge. Dort trat Olivenit außerdem in filzigen, olivgrünen Massen, begleitet von anderen Arsenaten wie Strashimirit, Skorodit oder Bariopharmakosiderit auf.

Eine Seltenheit stellt Olivenit auf den Oberschulenberger Halden dar. Vorherrschend handelt es sich um wenige Millimeter große, flächenarme, monoklin-prismatische Kristalle, die spitz zulaufen und durch ihre intensive grüne Farbe auffallen. Olivenit zählt hier zur Arsenat-Paragenese, die außerdem Adamin, Mimetesit und Bayldonit umfasst.

Als Rarität konnte Olivenit auch von Fundstellen wie dem Henrietter Gang im Siebertal, dem Flussgruber Gang im Gr. Andreasbachtal bei Barbis sowie einigen Gruben im Odertaler Revier nachgewiesen werden. Auch gelang der Nachweis von Olivenit im Sanderz des Kupferschieferbergbaus am südlichen Harzrand.

Gestreckte Olivenit-Kristalle in einer Quarzdruse – Grube Frische Lutter bei Bad Lauterberg (BB 1 cm)

Grüne kugelige Olivenit-Aggregate – Grube Glücksrad bei Oberschulenberg (BB 0,7 mm)

Olivenit in Form eines Nadelfilzes – Grube Frische Lutter bei Bad Lauterberg (BB 1 cm)

Nach heutiger Nomenklatur müssen viele der früher als Olivenit angesprochenen Kristalle als **Zinkolivenit** bezeichnet werden, eine Unterscheidung ist aber ohne exakte chemische Analysen nicht möglich. Dieser Nachweis gelang in Proben von der Grube *Glücksrad*, der Flussspatgrube *Barbis* sowie aus dem Odertaler Revier.

Richelsdorfit $Ca_2Cu_5Sb(AsO_4)_4Cl(OH)_6 \cdot 6H_2O$ monoklin
Lavendulan $NaCaCu_5(AsO_4)_4Cl \cdot 5H_2O$ monoklin

Das komplexe Kupferarsenat Richelsdorfit wurde von SUESSE & SCHNORRER (1983) als neue Mineralart von der Typlokalität in Nordhessen beschrieben. Dabei diente auch in St. Andreasberg gefundenes Material zur Bestimmung der Eigenschaften. Hier ließ sich Richelsdorfit erstmals in Material vom Bergmannstroster Gang der Grube *Samson* nachweisen. Es handelt sich um türkisgrüne, monokline Kristalle von flachtafliger Ausbildung, die zu Pusteln gruppiert, auf zerhacktem Quarz oder Calcit aufgewachsen sind. Stetige Begleiter sind Tetraedrit, Cubanit und Devillin. Von Oberschulenberg, wo sich die Funde auf wenige Einzelstücke beschränken, liegt Richelsdorfit in winzigen, blauen, flächenreichen Tafeln nach (001) vor.

Richelsdorfit Pusteln auf Quarz – Bergmannstroster Gang, Sieberstollenort, Grube Samson, St. Andreasberg (BB 3 mm)

Lavendulan-Pusteln – Südlicher Rothäuser Stollen, Frische Lutter Gang bei Bad Lauterberg (BB 3 mm)

Der ziemlich ähnlich aussehende **Lavendulan** fand sich im Lauterberger Revier auf dem Klingentaler und dem Frischen Lutter Gang (Südlicher Rothäuser Stollen) sowie als Einzelfund im St. Andreasberger Revier. Nachgewiesen wurde dieses Mineral inzwischen auch in dem vererzten Granitgreisen vom Kupferberg bei Gernrode im Unterharz. Auf den „Rücken" des Kupferschiefers bildet Lavendulan in Begleitung von Erythrin türkisfarbene Pusteln, Funde liegen aus dem Mansfelder Revier sowie von der Grube *Lange Wand* bei Ilfeld vor.

Theisit $Cu_5Zn_5(As^{5+}, Sb^{5+})_2O_8(OH)_{14}$ orthorhombisch

Hellseegrüne Kristalle von max. 0,2 mm aus Oberschulenberg wurden von SCHNORRER-KÖHLER (1986) als Theisit bestimmt. Während der Theisit von anderen Fundorten normalerweise in radialstrahligen, grünen, kugeligen Aggregaten bekannt ist, ist er auf der Grube *Glücksrad* als längs gestreifte, gestreckte Kristalle mit dreieckiger Basisfläche ausgebildet.

Tirolit $Ca_2Cu_9(AsO_4)_4(OH)_8(CO_3)(H_2O)_{11} \cdot 1\text{-}2H_2O$ monoklin
Tangdanit $Ca_2Cu_9(AsO_4)_4(SO_4)_{0.5}(OH)_9 \cdot 9H_2O$ monoklin

Das hell- bis sattblaugrüne Kupferarsenat Tirolit, das im österreichischen Schwaz als verbreitetes Verwitterungsprodukt von Fahlerzen vorkommt, ist im Harz nur von wenigen Fundorten bekannt. Lange galt die Grube *Henriette* im Siebertal als einzige Fundstelle. Bläulich grüne, blättrige Tafeln mit Perlmutterglanz, die nicht selten auch zu Rosetten angeordnet sein können, überziehen dort Spaltflächen in grobspätigem Baryt. Vor wenigen Jahren konnte Tirolit auch in Material vom unter Tage aufgeschlossenen Neuen Glückaufer Gang im Beerberg bei St. Andreasberg bestimmt werden. Hier bildet bläulich grüner Tirolit tafelige Kristalle, die sowohl radialstrahlig angeordnete als auch in blättrigen, rundlichen Aggregaten vorliegen können (GRÖBNER 2007). Diese entstanden gemeinsam mit sphärolithischem Chrysokoll bei der Verwitterung von Tetraedrit.

Weitere Nachweise von Tirolit liegen vom Iberg bei Stempeda am Südharzrand vor, wo in einem alten Steinbruch eine „rückenartige" barytische Erzmineralisation aufgeschlossen ist, und aus der „Arsenatparagenese" im Sanderz des in der Umgebung betriebenen Kupferschieferbergbaus.

Tirolit – Grube Floßberg im Gr. Andreasbachtal bei Bad Lauterberg (BB 1 cm)

Nach SCHNORRER & TETZER (2006) fand sich in Proben vom Flußgruber Gang im Gr. Andreasbachtal das sehr ähnliche Mineral ***Klinotirolit***. Nach der aktuellen Nomenklatur ist dieses Mineral jedoch identisch mit dem erst kürzlich definierten **Tangdanit**.

Tirolit in blättriger Ausbildung mit typischem Perlmutterglanz – Neuer Glückaufer Gang, Beerberg, St. Andreasberg (BB 5 mm)

Strashimirit $Cu_4(AsO_4)_2(OH)_2 \cdot 2.5H_2O$ monoklin

Für den hellgrünen, meist feinnadligen Strashimirit stellt der seidige Glanz ein wichtiges Erkennungsmerkmal dar. Einziger im Harz bislang bekannter Fundort ist die Halde der Grube *Frische Lutter* bei Bad Lauterberg, wo dieses Mineral begleitet von Olivenit und Cornwallit relativ verbreitet vorkommt.

Weitere Funde liegen nur von den Halden des ehemaligen Kupferschieferbergbaus am Südharzrand zwischen Buchholz und Rodishain vor, wo sich in Sanderzbrocken eine reichhaltige, supergene Mineralparagenese entwickelt hat, die ganz wesentlich auf der Verwitterung von Arsen-führendem Fahlerz beruht. Strashimirit findet sich hier meist in inniger Verwachsung mit Olivenit, Tirolit und Erythrin; weitere Begleiter sind Malachit, Azurit und Brochantit.

Feinnadeliger Strashimirit – Grube Frische Lutter bei Bad Lauterberg (BB 1 cm)

Strashimirit als feinkristalliner Rasen – Grube Frische Lutter bei Bad Lauterberg (BB 15 mm)

Cornwallit $Cu_5(AsO_4)_2(OH)_4$ monoklin
Cornubit $Cu_5(AsO_4)_2(OH)_4$ triklin

Grüne Sphärolithe aus Cornwallit in einer Quarzdruse – Grube Frische Lutter bei Bad Lauterberg (BB 1 cm)

Cornubit in hellgrünen Kugeln – Grube Ludwig Rudolf, Steinfelder Revier bei Braunlage (BB 3 mm)

Diese beiden grünen Kupferarsenate sind ohne größeren analytischen Aufwand kaum unterscheidbar. Als Erkennungsmerkmal kann der muschelige Bruch dienen, denn ähnliche Krusten aus Malachit oder Brochantit zerbrechen stets nadelig. Grüne Sphärolithe von **Cornwallit** finden sich im Haldenmaterial der Grube *Frische Lutter* bei Bad Lauterberg verwachsen mit Quarz. Röntgenografische Untersuchungen (RDA) deuten eine schlechte Kristallinität an, sodass eine Unterscheidung von dem sehr ähnlichen Cornubit auch mittels dieser Methode nicht ohne Weiteres gelingt, zumal hier außerdem auch vollständig amorphe Kupferarsenate auftreten.

Cornubit ließ sich in Form winziger hellgrüner Sphärolithe als Seltenheit im Haldenmaterial der Grube *Ludwig Rudolf* im Steinfelder Revier bei Braunlage nachweisen.

Chalkophyllit $Cu_{18}Al_2(SO_4)_3(AsO_4)_3(OH)_{27}\cdot 33H_2O$ trigonal

Dieses sehr komplex zusammengesetzte Kupfermineral bildet winzige, dünne, grüne Täfelchen, die einen sechsseitigen Habitus zeigen und transparent sind. Die schönsten Chalkophyllit-Kristalle fanden sich im Haldenmaterial der Grube *Frische Lutter* bei Bad Lauterberg. Von der Grube *Glücksrad* bei Oberschulenberg liegt Chalkophyllit in hauchdünnen, grünen Täfelchen auf Quarz als Einzelfund vor. Eine Unterscheidung von dem sehr ähnlich aussehenden Namuwit oder Schulenbergit ist nur durch eine chemische Analyse möglich.

Pseudomalachit $Cu_5(PO_4)_2(OH)_4$ monoklin

Das früher „*Phosphorkupfer*" genannte Kupferphosphat, das, wie der Name andeutet, Malachit stark ähnelt, wurde bereits im 19. Jahrhundert mehrfach beschrieben, später dann aber als Fehlbestimmung eingestuft, da die chemischen Analysen etlicher so bezeichneter Stücke keinen Phosphor aufwiesen. Einzig eine Stufe mit blaugrünen, sphärolithischen Aggregaten von der Kupfergrube *Louise Christiane* auf dem Hohe Troster Gangsystem bei Bad Lauterberg erwies sich tatsächlich als Pseudomalachit.

Chalkophyllit in hauchdünnen sechsseitigen Tafeln – Grube Frische Lutter bei Bad Lauterberg (BB 2 mm)

Pseudomalachit-Sphärolithe – Grube Louise Christiane, Hohe Troster Gang, Bad Lauterberg (BB 15 mm)

Vanadate

Volborthit $Cu_3^{2+}V_2^{5+}O_7(OH)_2 \cdot 2H_2O$ monoklin
Vésigniéit $Cu_3Ba(VO_4)_2(OH)_2$ monoklin
Tangeit (Calciovolborthit) $CaCuVO_4(OH)$ orthorhombisch

Diese eng miteinander verwandten, kräftig grün gefärbten Kupfervanadate wurden erstmals von KORITNIG (1968) aus dem Haldenmaterial der Flussspatgrube *Barbis* im Großen Andreasbachtal beschrieben. Inzwischen liegen auch Funde von den Gruben *Frische Lutter* und *Bergschachtzeche* im Lauterberger Revier vor. Eine exakte Unterscheidung ist nur mit Hilfe chemischer Analysen möglich. Der häufigste Vertreter dieser Paragenese ist der hellgelbgrüne **Volborthit**, der oft dünne Krusten, radialstrahlige bis kugelige Aggregate, aber auch tafelige Kristalle bis einige Millimeter Größe bildet.

Der grünlich gelbe bis lindgrüne **Tangeit** (früher auch *Calciovolborthit* genannt) zeigt sich vornehmlich krustig oder als Belag von Spaltrissen im Fluorit des Flussgruber Gangs.

Der Barium-haltige **Vésigniéit** findet sich ebenfalls auf Fluorit aufgewachsen in Form dunkel-olivgrüner, kugeliger Kristallaggregate bis 5 mm Durchmesser. Im Material von der Grube *Frische Lutter* im Lauterberger Revier ließen sich

Radialstrahliger Volborthit – Grube Frische Lutter bei Bad Lauterberg (BB 5 mm)

Volborthit in Gruppen grüner Tafeln – Grube Frische Lutter bei Bad Lauterberg (BB 3 mm)

Vésigniéit-Tafeln auf graugrünem Roscoelith – Grube Frische Lutter bei Bad Lauterberg (BB 3 mm)

Vésigniéit – Flussgruber Gang im Gr. Andreasbachtal bei Bad Lauterberg (Aggregatdurchmesser 2 mm)

tafelige Vésigniéit-Kristalle bis max. 1 mm Größe feststellen. Im Haldenmaterial der *Bergschachtzeche*, unweit vom ehemaligen Bad Lauterberger Bahnhof, fand sich dieses Mineral in kugeligen Kristallaggregaten bis 3 mm Durchmesser. Ein weiterer Fundpunkt ist das Manganerzrevier von Ilfeld, wo winzige olivgrüne Pusteln in Hausmannitdrusen als Vésigniéit bestimmt wurden.

Chrysokoll $(Cu_{2-x}Al_x) H_{2-x}Si_2O_5(OH)_4 \cdot nH_2O$ orthorhombisch

Allophan $Al_2O_3 \cdot (SiO_2)_{1,3-2} \cdot (H_2O)_{2,5-3}$ amorph

Das in der Regel amorph ausgebildete, bläulich grüne Kupfersilikat findet sich auf vielen Harzer Kupfererzvorkommen in Form unscheinbarer, muschelig brechender Krusten. Sowohl im Lauterberger- als auch im St. Andreasberger Revier bildet Chrysokoll manchmal ansehnliche, bläulich grünliche Sphärolithe. Die schönsten Stufen mit auf verquarztem Baryt oder Limonit aufgewachsenen Rasen von türkisfarbenen, kugelige Chrysokoll-Aggregaten lieferte der auf dem Lilienberg-Runnermark-Gang angesetzte Berlastollen im oberen Sie-

Chrysokoll auf Quarz – Grube Samson, St. Andreasberg (BB 4 cm)

Chrysokoll-Aggregat auf Quarz – Bertastollen im Siebertal (BB 3 cm)

bertal. Typisch für Chrysokoll sind Schrumpfrisse, die sich in Sammlungen bei trockener Lagerung nach einiger Zeit in Folge von Entwässerung bilden.

Dem Chrysokoll recht ähnlich ist das amorphe Aluminiumsilikat **Allophan**. Es findet sich in Form gelber, hellgrüner bis bläulicher, glaskopfartiger oder nierig-traubiger Krusten am Rammelsberg bei Goslar oder im Haldenmaterial von Oberschulenberg. Auch von der Grube *Neuer Freudenberg* im Tal der Graden Lutter (Lauterberger Revier) konnten weißliche, leicht bläuliche Pusteln mit Malachit als Allophan bestimmt werden. Eine klare Abgrenzung zum Chrysokoll, mit dem eine uneingeschränkte Mischbarkeit besteht, ist ohne chemische Analyse nicht möglich. Einen Anhaltspunkt bietet nur die Farbe: Je kupferreicher das Mineral, desto bläulicher erscheint es, womit es sich umso wahrscheinlicher um Chrysokoll handelt.

Kupferchloride

Im Harz selbst sind chloridische Kupferminerale nur als supergene Neubildungen in Schlacken der Buntmetallverhüttung bekannt. Im Altbergbau der Kupferschieferreviere von Mansfeld und Sangerhausen bilden sich die Kupfersalze auf natürliche Weise rezent bei der Oxidation von Kupfererzen unter der Einwirkung von hochsalinaren Sickerwässern. Feine Ausblühungen und Krusten finden sich an verschiedenen Stellen im „Alten Mann“ des Besucherbergwerks Röhrigschacht in Wettelrode bei Sangerhausen.

Connellit $Cu_{36}(SO_4)(OH)_{62}Cl_8 \cdot 6H_2O$ hexagonal

Der blaue Connellit bildet radialstrahlige Pusteln auf Kupferschiefer zusammen mit Malachit, Brochantit und Gips. Die einzigen Pusteln erreichen selten einen Durchmesser von 0,5 mm, können aber quadratzentimetergroße Flächen überzuckern.

Botallackit $Cu_2(OH)_3Cl$ monoklin

Der smaragdgrüne Botallackit bildet lang gestreckte, prismatische Kristalle mit quadratischem Querschnitt von einer Länge bis zu 1 mm. Auf Klüften im Kupferschiefer ist er oft mit Atakamit und Gips verwachsen.

Atakamit $Cu_2(OH)_3Cl$ orthorhombisch

Der nach der Wüste Atacama in Chile benannte Atakamit findet sich in der Paragenese mit Connellit oder Botallackit in Form oliv- bis hellgrüner Kristall-Rasen auf Schichtflächen oder Klüften des Kupferschiefers.

Blaue Connellit-Pusteln mit Malachitkugeln – Seidelschacht im Mansfelder Revier (BB 5 mm)

Botallackit-Kristalle – Röhrigschacht bei Wettelrode (BB 3 mm)

Grüner Atakamit-Rasen mit blauen Connellit – Thomas-Münzer-Schacht bei Sangerhausen (BB 1 cm)

Allophan als bläulicher Untergrund von gelben Mimetesiten – Reiche Troster Gang, St. Andreasberg (BB 3 mm)

2.12 Sekundärminerale mit Kobalt, Nickel, Arsen und Antimon

Arsenolith (Arsenikbüte) As_2O_3 kubisch

Die kubische Modifikation von Arsenoxid bildet winzige oktaedrische Kristalle auf verwittertem Löllingit oder gediegen Arsen, die nur bei guter Beleuchtung durch ihren starken Glasglanz ins Auge fallen. Bekanntester Fundort ist das St. Andreasberger Revier, wo die Gruben *Samson* und *Catharina Neufang* historische Stücke lieferten (GEBHARD 1988). Besonders in den oberen Firsten war die gesamte Gangmasse in eine löcherige, schlackenartige Masse aus Quarz und Erzresten zersetzt. In deren Höhlungen befand sich Arsenolith meist als milchweißer, glas- bis diamantglänzender Überzug, seltener in klar durchsichtigen Oktaedern von weniger als 1 mm Größe.

Weiterer Fundort ist das Wolfsberger Revier, wo Arsenolith in ganz ähnlicher Ausbildung nachgewiesen wurde. Vom Gabbrobruch bei Bad Harzburg ist Arsenolith in Form weißer bis gelber, erdiger Massen bekannt.

Arsenolith in gelblichen Oktaedern – Grube Samson, St. Andreasberg (BB 1 mm)

Senarmontit Sb_2O_3 kubisch

Das dem Arsenolith isotype Antimonoxid Senarmontit bildet ebenfalls winzige, klar durchsichtige, weiß bis gelbliche Oktaeder, die sich auf verwitterten Antimonerzen wie Stibnit oder Boulangerit bildeten. Funde im Harz beschränken sich auf die Halden des Antimonbergbaus im Raum Wolfsberg-Dietersdorf. Schöne Kristalle zusammen mit Cervantit wurden besonders bei den Versuchsschächten von Dietersdorf gefunden.

Valentinit Sb_2O_3 orthorhombisch

Das Antimonoxid Valentinit unterscheidet sich durch seine tafeligen Kristalle vom kubischen Senarmontit, der dieselbe chemische Zusammensetzung aufweist. Fundorte für weiße Tafeln bis etwa Millimetergröße sind das St. Andreasberger und das Wolfsberger Revier.

Tafelige Valentinit-Kristalle – Grube Samson, St. Andreasberg (BB 1 mm)

Weißer Oktaeder von Senarmontit – Dietersdorf, Unterharz (BB 1 mm)

Claudetit As_2O_3 monoklin

Die monokline Modifikation von Arsenoxid bildet winzige, weiße Schuppen oder pulvrige Überzüge auf gediegen Arsen. Erkennungsmerkmal ist außer der markanten Ausbildungsform der starke Glasglanz. Das hochgiftige Mineral ist ein wesentlicher Bestandteil des im St. Andreasberger Revier durch Verwitterung von gediegen Arsen auf den Halden rezent entstandenen „zersetzten Scherbenkobalts", der früher vor allem auf den Gruben *Samson* und *Catharina Neufang* reichlich auftrat. Nachgewiesen wurde dieses seltene Mineral auch bei Dietersdorf im Unterharz.

Cervantit $Sb^{3+}Sb^{5+}O_4$ orthorhombisch

Dieses gelbe Antimonoxid fand sich in Form kleiner Pusteln zusammen mit Senarmontit auf Boulangerit bei den Versuchsschächten bei Dietersdorf im Unterharz. Neben Stibiconit ist Cervantit auch ein Bestandteil des gelben „Antimonockers" auf Material von Wolfsberg und St. Andreasberg.

Weiße Claudetit-Rasen auf Löllingit – Grube Samson, St. Andreasberg (BB 3 mm)

Cervantit in gelben Pusteln mit farblosem Senarmontit auf Boulangerit-Nadeln – Dietersdorf (BB 1 mm)

Bismutit $Bi_2(CO_3)O_2$ orthorhombisch

Dieses sich ausschließlich bei der Oxidation von Wismuterzen bildende Wismutkarbonat ist im Harz sehr selten. In Form gelbgrüner Sphärolithe findet es sich zusammen mit gediegen Wismut im Haldenmaterial der Grube *Aufgeklärtes Glück* bei Hasserode. Im Lauterberger Revier bildet Bismutit erdige Krusten auf Emplektit oder Bismuthinit.

Bismutit in gelbgrünen Sphärolithen – Grube Aufgeklärtes Glück bei Hasserode (BB 1 mm)

Erythrin (Kobaltblüte) $Co_3(AsO_4)_2 \cdot 8H_2O$ monoklin
Annabergit (Nickelblüte) $Ni_3(AsO_4)_2 \cdot 8H_2O$ monoklin
Parasymplesit $Fe^{2+}{}_3(AsO_4)_2 \cdot 8H_2O$ monoklin

Diese drei Arsenate gehören wie der bereits beschriebene Köttigit zur Vivianitgruppe. Sie bilden untereinander lückenlose Mischkristallreihen, wobei sich Kobalt, Nickel, Eisen und Zink gegenseitig ersetzen können. Erythrin ist in reiner Form rosarot, Annabergit apfelgrün und Parasymplesit graublau. Die nicht selten zonar gebauten Mischkristalle können farblich alle Übergänge bis hin zu mausgrau zeigen. Typisch ist ein (Gips-ähnlicher) monoklin-prismatischer Habitus.

Erythrin ist als sehr charakteristisches Verwitterungsprodukt von arsenidischen Kobalterzen wie Skutterudit und Cobaltit schon als dünner pulvriger Anflug oder in krustiger Ausbildung durch die früher als „pfirsichblütenrosa" bezeichnete Farbe unverwechselbar. Diese dient als Indikator für die oft nicht leicht erkennbaren primären Kobalterze. Bei der Verwitterung Nickel-betonter arsenidischer Erze entsteht in ganz ähnlicher Ausbildung der „lichtapfelgrüne" **Annabergit**. Fundorte beider Minerale sind verschiedene Vorkommen von arsenidischen Kobalt-Nickel-Erzen im Harz wie St. Andreasberg, das Odertaler Revier, das östlich anschließende Steinfelder Revier bei Braunlage sowie außerdem der Frische Lutter Gang im Lauterberger Revier und die Grube *Aufgeklärtes Glück* bei Hasserode. Ausblühungen von Annabergit begleiten die Gerdorffit-Vererzung der Grube *Großfürstin Alexandra* bei Goslar und die Nickel-betonten Erze im Steinbruch am Heimberg bei Wolfshagen. Als Seltenheit fand sich erdiger Erythrin auf Gangmineralisationen im Gabbrosteinbruch bei Bad Harzburg sowie auf der Halde der Grube *Henriette* im Siebertal. Verbreitet treten die Nickel- und Kobaltarsenate als Verwitterungsneubildungen auf den vererzten „Rücken" der Kupferschieferreviere am Harzrand auf. Anstehend lässt sich Erythrin in rosafarbigen Rasen zusammen mit Lavendulan in der Grube *Lange Wand* bei Ilfeld beobachten.

Erythrin in rosaroten Pusteln auf Baryt – Südlicher Rothäuser Stollen, Frischer Lutter Gang, Lauterberger Revier (BB 5 mm)

Rasen aus Erythrin – Grube Frische Lutter im Lauterberger Revier (BB 5 cm)

Erdiger Annabergit auf Gersdorffit und Calcit – Grube Felicitas, St. Andreasberg (BB 3 cm)

Annabergit in radialstrahligen, zonar gebauten Aggregaten mit einem Kern aus rosa Erythrin – Grube Fünf Bücher Moses, St. Andreasberg (BB 6 mm)

Parasymplesit-Nadeln in radialstrahligen Aggregaten – Grube Felicitas, St. Andreasberg (BB 5 mm)

Tafelige Parasymplesit-Kristalle – Grube Aufgeklärtes Glück bei Hasserode (BB 2,7 mm)

Kobaltkoritnigit (Co, Zn) $(As^{5+}O_3)$ (OH)·H_2O triklin

Kobaltkoritnigit ist an seiner intensiv rosa-violetten Färbung von Erythrin zu unterscheiden und wurde im Harz bisher nur als Haldenfund im Steinfelder Revier bei Braunlage nachgewiesen.

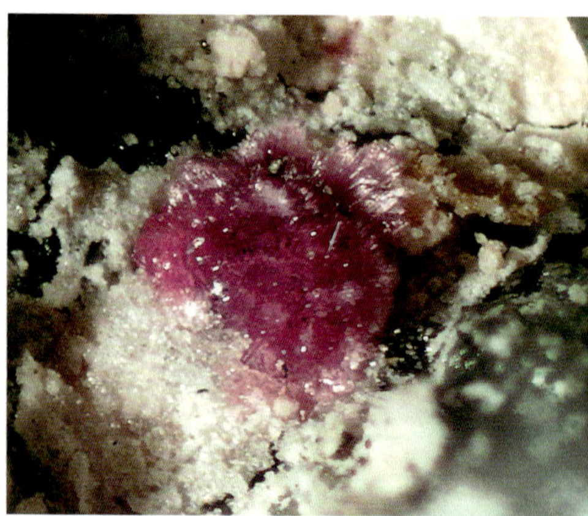

Radialstrahliger Kobaltkoritnigit in typisch rosa-violetter Farbe – Grube Ludwig Rudolf bei Braunlage (BB 3 mm)

Skorodit $Fe[AsO_4]\cdot 2H_2O$ orthorhombisch

Dieses aus Löllingit und Arsenopyrit sich bildende Eisenarsenat tritt vor allem im St. Andreasberger Revier in Form schwach hellgrüner, traubiger Krusten auf. Funde liegen von den Halden der Gruben *Felicitas* und *Catharina Neufang* vor. Weitere Fundorte sind die Gruben *Aufgeklärtes Glück* bei Hasserode und *Frische Lutter* bei Bad Lauterberg. Es handelt sich um gelb- bis rötlich braune, gestreckte Kristalle, die allerdings nur Größen von weniger als 1 mm erreichen und von Pharmakosiderit oder Olivenit begleitet werden.

Im Gabbrosteinbruch bei Bad Harzburg bildet Skorodit braune, pseudokubische oder tafelige, farblose bis hellrotbraune Kristalle. Im Unterharz konnte das Mineral in den Gruben *Schwarzer Stamm* bei Mägdesprung und *Rautenkranz* bei Siptenfelde in weißen, radialstrahligen Kristallen bestimmt werden Diese sitzen auf gelben Krusten von Jarosit, die sich beide aus verwittertem Arsenopyrit gebildet haben. Auch im Haldenmaterial von Lichtloch 2 des Schwefelstollens bei Harzgerode fand sich weiß-gelblicher Skorodit, begleitet von Karminit und Mimetesit. Winzige Skorodite kommen auch in den Revieren von Wolfsberg und Schwenda vor.

Gestreckte Skorodit-Kristalle – Grube Aufgeklärtes Glück bei Hasserode (BB 3,8 mm)

Skorodit als kugeliges Aggregat – Lichtlochhalde des Reichen Davidsgang zwischen Alexisbad und Harzgerode (BB 0,9 mm)

Pharmakosiderit $KFe_4^{3+}[(OH)_4/(AsO_4)_3] \cdot 7H_2O$ tetragonal
Bariopharmakosiderit $(Ba, Ca)_{0.5-1}Fe_4^{3+}[(OH)_{4-5}|(AsO_4)_3] \cdot 5\text{-}7H_2O$ tetragonal

Die Glieder der Pharmakosiderit-Gruppe sind untereinander durchgehend mischbar. Sie entstehen bei der Oxidation arsenidischer Erze zusammen mit Skorodit oder Arseniosiderit und erscheinen als winzige, pseudowürflige Kristalle. Haldenfunde beider Endglieder liegen von der Grube *Frische Lutter* bei Bad Lauterberg vor, wobei es sich um gelbe bis gelbbraune Kristall-Rasen handelt. Eine sichere Unterscheidung ist nur auf analytischem Wege möglich.

Im Bad Harzburger Gabbro-Steinbruch überzuckert Pharmakosiderit in bis 0,1 mm großen Würfeln als jüngste Bildung die anderen Eisenarsenate. Die farblosen bis leicht cremefarbenen Kristalle zeigen einen starken Glasglanz und sind häufig zu Bällchen gruppiert. Unscheinbare, gelb glänzende Überzüge von Pharmakosiderit fanden sich im Haldenmaterial der Grube *Aufgeklärtes Glück* bei Hasserode und am sogenannten *Hahnekrott* nahe Alexisbad im Selketal sowie im Granitgreisen des Kupferbergs bei Gernrode. Primäre Arsenträger sind hier Löllingit oder Arsenopyrit.

Bariopharmakosiderit in winzigen gelben Würfeln – Grube Frische Lutter bei Bad Lauterberg (BB 1 mm)

Rasen aus goldbraunem Arseniosiderit – Gabbrosteinbruch bei Bad Harzburg (BB 3 mm)

Arseniosiderit – Grube Alter Theuerdank, Beerberg, St. Andreasberg (BB 3 mm)

Arseniosiderit $Ca_3Fe_4[(OH)_6/(AsO_4)_4] \cdot 3H_2O$ monoklin

Goldbrauner, feinfaseriger Arseniosiderit in Form krustenbildender Kristall-Rasen oder radialstrahliger Aggregate ist vor allem im St. Andreasberger Revier als verbreitetes Oxidationsprodukt von Löllingit anzutreffen. Funde liegen von den Gruben *Catharina Neufang* und *Alter Theuerdank* sowie aus dem Odertaler Revier vor. Typische Begleitminerale sind Skorodit und Parasymplesit. Weitere Fundorte sind die Grube *Aufgeklärtes Glück* bei Hasserode und der Bad Harzburger Gabbrosteinbruch.

Pikropharmakolith $Ca_4Mg(AsO_4)_2(HAsO_4)_2 \cdot 11H_2O$ triklin

Dieses sehr auffällige Calciumarsenat bildet sich auf arsenidischen Erzen verbreitet rezent in alten Grubenbauen. Zahlreiche Funde liegen aus dem St. Andreasberger Revier vor, hier handelt es sich vornehmlich um radialstrahlige Aggregate aus weißen, glänzenden Nadeln, die manchmal auch völlig geschlossene Kugeln bilden können. Bei flüchtiger Betrachtung ähneln sie weißen Schimmelpilzen. Zu dieser rezenten Paragenese zählen stets auch Gips und häufig Pharmakolith. Weitere Fundstellen sind die Gruben *Aufgeklärtes Glück* bei Hasserode und *Lange Wand* bei Ilfeld.

Pharmakolith $Ca(HAsO_4) \cdot 2H_2O$ monoklin

Dieses ebenfalls als rezente Bildung in den Gruben von St. Andreasberg bestimmte Calciumarsenat formt weiße bis hellgraue, matte oder durchscheinende Kristalle von linsenförmiger Gestalt, die stellenweise wie angelöst aussehen. Zu den wichtigsten Begleitern gehört Pikropharmakolith.

Guerinit $Ca_5(AsO_4)_2(HAsO_4)_2 \cdot 9H_2O$ monoklin

Dieses seltene Calciumarsenat wurde ebenfalls in der Pikropharmakolith-Paragenese von St. Andreasberg bestimmt. Es fand sich in weißen, seidenglänzenden, blättrigen Kristallen bis 2 cm Länge.

Pikropharmakolith in weißen glänzenden Nadeln mit Erythrin – Grube Catharina Neufang, St. Andreasberg (BB 5 cm)

Leicht rosa gefärbte Pikropharmakolith-Igel – Grube Lange Wand bei Ilfeld (BB 7,5 mm)

Klar durchscheinende Pharmakolithe – Grube Samson, St. Andreasberg (BB 5 mm)

Tafeliger Guerinit-Kristall – Grube Samson, St. Andreasberg (BB 3,1 mm)

Phaunouxit $Ca_3(AsO_4)_2 \cdot 11H_2O$ triklin
Rauenthalit $Ca_3(AsO_4)_2 \cdot 10H_2O$ triklin

Die zwei sehr seltenen Calciumarsenate, die sich nur durch unterschiedliche Kristallwassergehalte unterscheiden, zählen ebenfalls zur Pikropharmakolith-Paragenese von St. Andreasberg. **Phaunouxit** fand sich in der Grube *Samson* in max. 1 mm langen, fasrigen oder gestreckten, radialstrahlig gruppierten Kristallen. Der sich nur durch einen geringeren Kristallwassergehalt unterscheidende **Rauenthalit** bildet weiße bis hellbraune Kugeln bis 2 mm Größe, bestehend aus winzigen, nadelförmigen Kristallen.

Phaunouxit in farblosen gestreckten Kristallen – Grube Samson, St. Andreasberg (BB 1 mm)

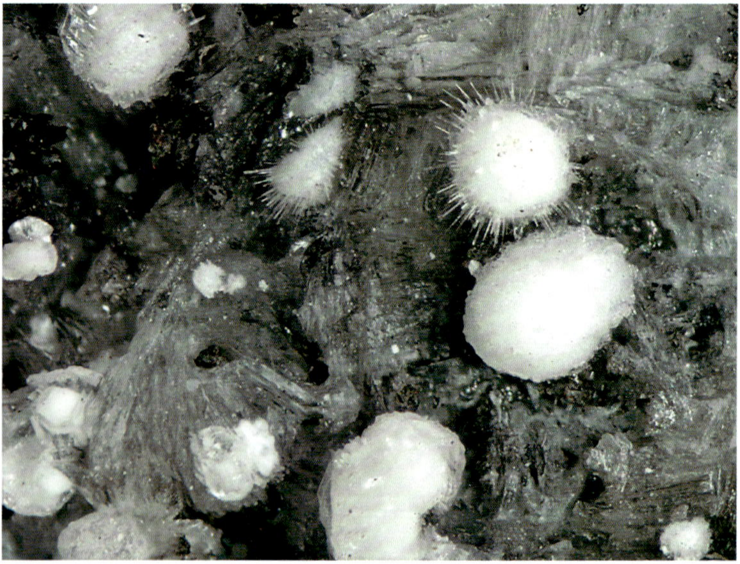

Rauenthalit in weißen „Kristalligeln“ auf grau durchscheinendem Pharmakolith – Grube Samson, St. Andreasberg (BB 5 mm)

Adelit $CaMg[OH/AsO_4]$ orthorhombisch

Der sehr seltene Adelit bildet sich bei der supergenen Zersetzung von gediegen Arsen. Auf Material von der Grube *Samson* fand er sich in weißen, blättrigen Kristallen, die verwachsen zu rosettenförmigen Aggregaten durch einen starken Perlmutterglanz und eine ausgeprägte Spaltbarkeit auffallen.

Chervetit $Pb_2[V_2O_7]$ monoklin

Aufgewachsen auf Adelit konnte das farblose, gräulich durchscheinende Bleivanadat Chervetit in winzigen tafeligen Kristallen nachgewiesen werden. Diese sind gewöhnlich gestreckt und parallel nach (100) fächerartig verwachsen. Dieses Mineral ist in Europa bisher nur von Vrančice in Tschechien bekannt gewesen.

Adelit in weißen, glänzenden Schuppen – Grube Samson, St. Andreasberg (BB 3 mm)

Chervetit in grau durchscheinenden Kristalle auf weißem Adelit – Grube Samson, St. Andreasberg (BB 3 mm)

Tafelige Guerinite mit Nadeln aus Pikrophamakolith – Grube Samson, St. Andreasberg (BB 3,1 mm)

2.13 Vitriole und andere sulfatische Minerale

Vitriole sind Kristallwasser-haltige Sulfate. Sie bilden sich bei der Oxidation sulfidischer Minerale zum Teil unter Einwirkung von Bakterien. Wegen ihrer Wasserlöslichkeit sind sie hauptsächlich unter Tage anzutreffen, wo sie infolge Verdunstung von Tropfwasser auskristallisieren. Weit verbreitet sind sie in den feuergesetzten Bauen des „Alten Mannes" im Erzbergwerk Rammelsberg bei Goslar, wo die dort gewonnenen Vitriole schon im Mittelalter ein wertvolles Handelsprodukt darstellten. Von dort wurden schon vor Jahrhunderten viele bunte Mineralarten beschrieben (Riech, Steinkamm & Walcher 1987). Die im feuchten Zustand unter Tage lebhaft glänzenden Vitriolminerale verlieren leider an trockener Luft langsam ihr Kristallwasser, werden zuerst trüb, bilden dann Risse und zerfallen schließlich zu einem Pulver.

Chalkanthit (Kupfervitriol) $CuSO_4 \cdot 5H_2O$ triklin

Das himmelblaue, wasserlösliche Kupfervitriol Chalkanthit bildet sich hauptsächlich bei der Verwitterung von Kupfererzen unter sehr sauren Bedingungen. Bedeutendster Fundort ist der Rammelsberg, wo das in stark schwefelsaurer Lösung mitgeführte Kupfer in Form von Chalkanthit als „blauer Vitriol" an Stößen und in Hohlräumen im alten Versatz kristallisiert. Ständige Begleiter sind grüner Melanterit und weißer Goslarit sowie Devillin und andere meist feinkristallin ausgebildete Sulfatminerale. Schönster bis heute zugänglicher Aufschluss ist der Ratstiefste Stollen, dessen Stöße stellenweise farbenpräch-

Chalkanthit in Kristallen – Altes Lager des Rammelsbergs bei Goslar (BB 9 cm)

tige Auskleidungen mit sinterartigen Vitriolen zeigen. Chalkanthit findet sich selten in größeren prismatischen Kristallen, meist als hellblaue Krusten oder feine Ausblühungen, die bei der Aufbewahrung in trockenen Räumen infolge langsamer Entwässerung milchig weiß ausbleichen. Größere Kristalle sind stabiler, aber leider auch seltener. Im Haldenmaterial von Oberschulenberg fand sich Chalkanthit in Form hellblauer, wasserklarer Locken.

Durchsichtige Locke aus Chalkanthit – Oberschulenberg (BB 3 mm)

Goslarit $ZnSO_4 \cdot 7H_2O$ orthorhombisch

Typlokalität für das wasserhaltige Zinksulfat ist der Rammelsberg bei Goslar, wo das weiße, salzartige Mineral in den feuergesetzten Abbauen des Alten Lagers zusammen mit anderen Vitriolen aus sauren Grubenwässern kristallisiert. Der früher als „weißer Vitriol" gehandelte Goslarit ist in reiner Form schneeweiß und bildet reichlich lockere stalaktitische Massen und Krusten. Größere Aggregate zeigen eine fasrige oder radialstrahlige Struktur. Bei trockener Lagerung entwässert Goslarit und zerfällt zu einem weißen Pulver.

Goslarit in pulvrig-porösen Massen – 1. Sohle, Altes Lager Erzbergwerk Rammelsberg bei Goslar (BB 7 cm)

Folgende Minerale finden sich vor allem in den feuergesetzten Bauen des „Alten Mannes" im Erzbergwerk Rammelsberg bei Goslar:

Roemerit $Fe^{2+}Fe^{3+}_2(SO_4)_4 \cdot 14H_2O$ triklin

Roemerit bildet bis zu 12 mm große, tafelige Kristalle von rosenroter bis braunroter Farbe, die im frischen Zustand stark glänzen.

Epsomit (Bittersalz, Haarsalz) $MgSO_4 \cdot 7H_2O$ orthorhombisch

Epsomit findet sich im Rammelsberg als gelbrote Krusten und blockige Kristalle bis zu 2 cm Kantenlänge.

Melanterit $FeSO_4 \cdot 7H_2O$ monoklin

Das früher als „grüner Vitriol" gehandelte Eisensulfat bildet im Altbergbau des Rammelsbergs sehr häufig glasige Sinterkrusten von hell bläulicher bis flaschengrüner Farbe. Nur selten finden sich tafelige, hellgrün durchscheinende Kristalle.

Von der Grube *Einheit* bei Elbingerode sind aus den alten Abbaukammern rezent gewachsene Melanterit-Stalaktiten bis zu 1,5 m Länge bekannt geworden.

Halotrichit $Fe^{2+}Al_2(SO_4)_4 \cdot 22H_2O$ monoklin

Der von den Bergleuten auch als *Haarsalz* bezeichnete Halotrichit erscheint als igelförmige Aggregate aus weißen Nadeln, die einige Millimeter groß werden können. Sie entstehen bei der Oxidation von Pyrit und fanden sich unter Tage z. B. in Elbingerode in der Grube Einheit.

Halotrichit in weißen Nadeln – Grube Einheit, Elbingerode (BB 12 cm)

Rozenit $Fe^{2+}SO_4 \cdot 4H_2O$ monoklin

Dieses Eisensulfat bildet an den Kanten angelöste, undeutliche Kristalle von weißer Farbe. Neben dem Rammelsberg fand sich Rozenit auch im Altbergbau der Grube *Brachmannsberg* bei Siptenfelde.

Szomolnokit $Fe^{2+}SO_4 \cdot H_2O$ monoklin

Szomolnokit erscheint als farblose bis weiße Krusten.

Voltait $K_2 Fe_5^{2+}Fe^{3+}_4(SO_4)_{12} \cdot 18H_2O$ kubisch

Das olivgrüne Eisensulfat fand sich in bis zu 3 cm großer Kuboktaeder im Haarsalz. Leider sind die im Alten Mann des Rammelsbergs angetroffenen Kristalle meist verwittert.

Bianchit (Zn, Fe) $SO_4 \cdot 6H_2O$ monoklin

Wollig-verfilzte, weiße, seidenglänzende Nadeln von mehreren Millimetern Länge wurden als Bianchit bestimmt.

Botrygen $MgFe^{3+}(SO_4)_2(OH) \cdot 7H_2O$ monoklin

Gelb bis orangerote Kristalle, die deutlich monoklin erscheinen, finden sich am Rammelsberg relativ häufig auf Römerit.

Morenosit $NiSO_4 \cdot 7H_2O$ orthorhombisch

Das Nickelvitriol bildet am Rammelsberg hell- bis apfelgrüne Krusten.

Retgersit $NiSO_4 \cdot 6H_2O$ tetragonal

Vom Rammelsberg ist Retgersit als pistaziengrüne Krusten mit Schrumpfungsrissen beschrieben. Auf den Nickelerzen vom Heimberg bei Wolfshagen formt er nadlige bis faserige Kristalle von blaugrüner Farbe. Durch ihre Wasserlöslichkeit sind diese Krusten leicht vom ähnlich gefärbten Annabergit zu unterscheiden.

Nickel-Boussingaultit $(NH_4)_2(Ni, Mg)(SO_4)_2 \cdot 4H_2O$ (Kristallsymmetrie unbekannt)

Das sehr seltene Nickelsulfat bildet auf den im Steinbruch Heimberg bei Wolfshagen gefundenen Nickelerzen nur unauffällige, smaragdgrüne Krusten, die ebenfalls leicht wasserlöslich sind.

Nickelhexahydrit (Ni, Mg, Fe) $SO_4 \cdot 6H_2O$ monoklin

Auf den Nickelerzen vom Heimberg bei Wolfshagen bildet dieses Nickelsulfat blumenkohlartige, sehr locker aufgebaute Aggregate oder erdige Krusten von schwach grünlicher bis weißer Färbung.

Rostit $Al(SO_4)(OH) \cdot 5H_2O$ orthorhombisch

Das Aluminiumsulfat fand sich in Form winziger, weißer, seidenglänzender Schuppen zusammen mit Malachit im Communion-Steinbruch am Rammelsberg bei Goslar.

Khademit $Al(SO_4)F \cdot 5H_2O$ orthorhombisch

Warzenartige, zuckerkörnige Rasen von weißer bis gelblicher Farbe vom liegenden Schiefer des „Alten Lagers" am Rammelsberg wurden von RIECH et al. (1987) als Khademit identifiziert.

Bianchit in weißen, seidenglänzenden Nadeln mit grünlichem Voltait – Altes Lager Erzbergwerk Rammelsberg bei Goslar (BB 13,5 mm)

2.14 Phosphate und silikatische Sekundärminerale

Wavellit $Al_3[(OH)_3/PO_4)_2] \cdot 5H_2O$ orthorhombisch

Das Aluminium-Phosphat Wavellit fand sich im Harz ausschließlich im Alkalirhyolith („Quarzporphyr") des Großen Auerbergs bei Stolberg. Funde von stäbchenförmigen Wavellit-Kristallen von weißer bis gelblicher Farbe, die in kleinen Drusen bis 1 cm große radialstrahlige oder rosettenförmige Aggregate bilden, lieferte ein kleiner, schon lange aufgelassener Steinbruch „an der Holzchaussee". Begleiter sind Mischkristalle der Variscit-Strengit-Reihe sowie Gorceixit und Baryt. Zu dieser ganz besonderen, durch hydrothermale Überprägung entstandenen Paragenese zählen neben den bekannten vulkanisch gebildeten doppelendigen Hochquarzen („Stolberger Diamanten") auch Schörl, **Pumpellyit-(Fe)** sowie die Sulfosalze Boulangerit und Bournonit.

Wavellit in radialstrahliger Ausbildung mit typischen Endflächen – Steinbruch am Großen Auerberg (BB 7 mm)

Wavellit in radialstrahligen Aggregaten – Steinbruch am Großen Auerberg (BB 1 cm)

Strengit $FePO_4 \cdot 2H_2O$ orthorhombisch
Variscit $AlPO_4 \cdot 2H_2O$ orthorhombisch

Vertreter der Variscit-Strengit-Mischkristallreihe treten am Großen Auerberg bei Stolberg zusammen mit dem recht ähnlich aussehenden und wesentlich häufigeren Wavellit auf. Doch weisen diese Kristalle im Unterschied zu dem oben beschriebenen Phosphat einen charakteristischen, quadratischen Querschnitt auf. Eine Unterscheidung beider ist ohne eine chemische Analyse allerdings nicht möglich. Strengit in weißen Kristallen fand sich auch auf den Halden des alten Eisensteinbergbaus am Carlshaus bei Trautenstein.

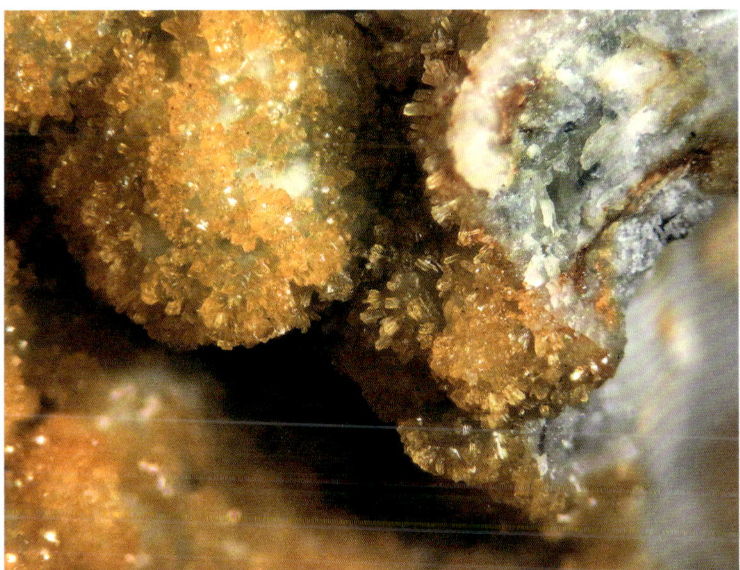

Strengit in bräunlichen Kristallen mit charakteristischem quadratischem Querschnitt – Steinbruch am Großen Auerberg (BB 3 mm)

Variscit in farblosen Kristallen – Steinbruch am Großen Auerberg (BB 3 mm)

Gorceixit $BaAl_3(PO_4)(PO_3OH)(OH)_6$ monoklin

Das Barium-Aluminium-Phosphat fand sich im Steinbruch am Großen Auerberg bei Stolberg in Form farbloser bis cremefarbiger Kristall-Rasen. Die pseudotrigonalen Kristalle bestehen aus sechsseitigen Tafeln von ca. 0,2 mm Größe. Der im Harz nur ein einziges Mal entdeckte Gorceixit ist auf braunen, fast vollständig weggelösten Nadeln aufgewachsen und enthält nach EDS-Analyse geringe Ca- und Fe-Gehalte (2 bzw. 5 %).

Kakoxen $(Fe^{3+}, Al)_{25}[O_6|(OH)_{12}|(PO_4)_{17}] \cdot 75\ H_2O$ hexagonal

Dieses seltene Eisenphosphat findet sich im Harz auf den Halden des alten Eisensteinbergbaus an der Bärenhöhe unweit des Carlshauses bei Trautenstein im Mittelharz. Der gelbe bis gelbbraune, selten auch grünlich braun gefärbte Kakoxen findet sich in zelligem Brauneisenstein in Form bis maximal 1 mm großer, radialstrahliger Aggregate von samtiger oder glasiger Oberfläche. Einziger Begleiter außer Goethit ist Strengit in winzigen, rein weißen Kristallen. Als Seltenheit ist Kakoxen auch vom Kieselschiefersteinbruch bei Neustadt an der „Nordhäuser Talsperre“ nachgewiesen.

Ferristrunzit $FeFe_2(PO_4)_2(OH)_3 \cdot 5H_2O$ triklin

Kugelige Kakoxenaggregate – Bärenhöhe am Carlshaus, Trautenstein (BB 1 cm)

Ferristrunzit in strohgelben, stäbchenförmigen Kristallen – Steinbruch an der Nordhäuser Talsperre bei Neustadt/Südharz (BB 5 mm)

Eleonorit in braunroten Kristallen neben Ferristrunzit – Steinbruch an der Nordhäuser Talsperre bei Neustadt/Südharz (BB 3 mm)

Dieses ausgesprochen seltene Eisenphospat konnte in einem aufgelassenen Kieselschiefersteinbruch an der Talsperre des Tiefentalswassers („Nordhäuser Talsperre“) bei Neustadt am Südharz nachgewiesen werden. Es handelt sich um strohgelbe, stengelige oder leistenförmige Kristalle, die radialstrahlige Aggregate von max. 1 mm Länge bilden und winzige Klüfte füllen. Als sehr seltener Begleiter von Ferristrunzit ließ sich **Eleonorit** in braunroten, durchscheinenden, langgestreckten Kristallen beobachten.

Fluorapatit $Ca_5(PO_4)_3(F, Cl, OH)$ hexagonal

Als feinverteilter Übergemengteil findet sich dieses häufige Phosphatmineral in vielen magmatischen und metamorphen Gesteinen des Harzes. Außergewöhnliche Anreicherungen von Fluorapatit gibt es an einigen Stellen im Gabbrosteinbruch von Bad Harzburg, vor allem in den intensiv kontaktmetamorph veränderten Kalksteinschollen. Hierzu zählen bis mehrere Zentimeter lange, gelbliche, säulig-gestreckte Kristalle, eingewachsen in blauem Calcit an der Grenze zu einem aus Vesuvian, Diopsid und Andradit bestehenden Kalksilikatfels. Aus Syenitgängen oberhalb des ehemaligen Steinbruchs Köhlerloch im Radautal sind früher zentimeterlange, eingewachsene Apatit-Nadeln beschrieben worden.

Stengeliger Flourapatit in bläulichem Calcit – Gabbrosteinbruch bei Bad Harzburg (BB 3 cm)

Apatit in dichter, derber Ausbildung ist Hauptbestandteil von sedimentär entstandenen, knollenförmigen „Phosphoriten", die in Form horizontartiger Einlagerungen lokal reichlich in den gebänderten Kalkstein-Tonstein-Wechsellagerungen des Oberharzer Devonsattels, z. B. am Bielstein bei Lautenthal, zu finden sind.

Metavariscit $AlPO_4 \cdot 2H_2O$ monoklin

Dieses seltene Aluminiumphosphat in kleinen, hell olivgrünen Kugeln von max. 0,5 mm Durchmesser fand sich vereinzelt im Haldenmaterial von Oberschulenberg. Begleiter von Metavariscit sind Hemimorphit, Pyromorphit, Malachit und Chalkopyrit.

Cronstedtit $Fe_2Fe(Si, Fe)_2O_5(OH)_4$ trigonal/monoklin

Das weltweit recht seltene Eisenmineral fand sich außergewöhnlich häufig beim Betrieb der Ende der 1980er-Jahre eingestellten Flussspatgrube *Hohe Warte* bei Gernrode im Unterharz, die als Fundort von hervorragenden Cronstedtitstufen gilt. Das tiefschwarze, stark glasig glänzende Mineral bildet spitzkegelförmige Kristalle mit dreieckiger Basisfläche, die meistens nach

Schwarz glänzender Cronstedtit in radialstrahligen Aggregaten – Grube Hohe Warte bei Gernrode (BB 3,5 cm)

Cronstedtit mit typisch dreieckigen Kopfflächen auf limonitisiertem Pyrit – Grube Hohe Warte bei Gernrode (BB 3 mm)

oben zeigt. In seltenen Fällen füllen bis zu 3 cm große, konzentrisch-schalig ausgebildete Cronstedtit-Aggregate Drusen vollständig aus. Halbkugelige Kristallgruppen können Größen bis zu 2 cm erreichen. Als jüngste hydrothermale Bildung zeigt sich Cronstedtit stets aufgewachsen auf anderen Mineralen wie Pyrit und brauner, kugeliger Siderit (Sphärosiderit) in rundlichen Kristallen mit matter Oberfläche.

Einzelne Funde von Cronstedtit liegen auch aus dem Kupferschieferbergbau im Mansfelder Revier vor.

Cronstedtit in radialsrahligen Lagen – Grube Hohe Warte bei Gernrode (BB 5 cm)

2.15 Borat- und Salzminerale

Boratminerale finden sich nur an wenigen Stellen des Südharzer Zechsteingürtels, vornehmlich im Raum Woffleben – Niedersachswerfen. Wesentliche Fundstätte ist der große Anhydritsteinbruch am Kohnstein, der vor wenigen Jahren ungewöhnlich reichhaltiges Material lieferte (siehe JUNKER & LÜDERS 2013, SIEMROTH 2008).

Hydroboracit $CaMgB_6O_8(OH)_6 \cdot 3H_2O$ monoklin

Im Steinbruch am Kohnstein bei Niedersachswerfen ist Hydroboracit das häufigste Boratmineral. In schmalen Klüften bildet es weiße, radialstrahlige Sonnen, die mehrere Quadratmeter bedecken können. Sind die Klüfte breiter, können sich büschelige Aggregate bilden, aus denen idiomorphe Kristalle mit Endflächen herausragen. Solche idiomorphen Kristalle von mehreren Zentimetern Länge können auch aus Halit-gefüllten Klüften herausgelöst werden. Den Rang als Fundstelle der weltbesten Hydroboraciten erwarb sich der Steinbruch Kohnstein allerdings mit Stufen aus bis zu 20 cm langen, gestreiften Kristallen, verwachsen mit wasserklaren, scharfkantigen Kristallen bis zu 7 cm Länge. Begleiter des Hydroboracits sind Gips und Anhydrit, beide in wasserklaren Kristallen. Eine weitere Fundstelle für Hydroboracit stellt der Steinbruch Himmelberg bei Woffleben dar.

Hydroboracit auf Gips – Steinbruch Kohnstein, 3. Strosse (BB 11 cm)

Hydroboracit-Einkristalle bis 3,2 cm Länge mit Kopfflächen – Steinbruch Kohnstein, 2. Strosse

Probertit

$NaCa[B_5O_7(OH)_4] \cdot 3H_2O$
monoklin

Das zweihäufigste Borat im Steinbruch Kohnstein ist Probertit. Es findet sich vor allem als treppenartige Kristallflächen auf grauem Anhydrit. Im Haufwerk fanden sich auch isolierte, prismatische Kristalle bis 7 cm Länge mit gut ausgebildeten Endflächen.

Probertit-Kristalle bis 5 cm mit Endflächen – Steinbruch Kohnstein

Strontioginorit – Steinbruch Kohnstein, 2. Strosse (BB 7 mm)

Strontioginorit $(Sr, Ca)_2B_{14}O_{23}·8H_2O$ monoklin

Für dieses extrem seltene, Strontium-haltige Borat gilt der Steinbruch Kohnstein als die dritte Fundstelle weltweit (nach den Kaligruben *Hindenburg-Königshall* in Reyershausen bei Göttingen und *Penobsquis* in Kanada). Am Kohnstein bildet Strontioginorit feinkristalline, mit Anhydrit verwachsene Aggregate. Freistehende, bis 4 cm lange Kristalle sind flachtafelig oder längs gestreckt. Diese finden sich zusammen mit Anhydrit und Coelestin in bräunlichem oder klarem Gips.

Heidornit $Na_2Ca_3B_5O_8(SO_4)_2Cl(OH)_2$ monoklin

Für dieses ebenfalls sehr seltene Salzmineral stellt der Steinbruch Kohnstein nach der Typlokalität Frenswegen bei Nordhorn im Emsland die weltweit zweite Fundstelle dar. Er bildet hochglänzende, teils wasserklare oder teils trübe, bis zu 4 cm große spindelförmige Doppelender, die auf Anhydrit sitzen und häufig eine Querstreifung zeigen. Diese lassen sich aus Halit-gefüllten Klüften herauslösen.

Priceit $Ca_2[B_5O_7(OH)_5] \cdot H_2O$ monoklin

Priceit bildet gipsähnliche Kristalle in Halit-ausgefüllten Anhydritklüften. Im Unterschied zum Gips besitzt Priceit allerdings eine höhere Härte (3–3,5) und

Heidornit als trüb weißes, doppelendiges Kristallaggregat – Steinbruch Kohnstein (BB 5 cm)

Priceit – Steinbruch Kohnstein, 3. Strosse (BB 4,8 mm)

ist spröder. Die größten Kristalle wurden in parallelverwachsenen Knollen gefunden. In einer Kluft solcher Kristallpakete fanden sich mit bis 1 cm auch die größten Priceit-Kristalle weltweit.

Tuzlait $NaCa[B_5O_8(OH)_2] \cdot 3H_2O$ **monoklin**

Tuzlait – Steinbruch Kohnstein, 2. Strosse (BB 4 cm)

Tuzlait – Steinbruch Kohnstein, 3. Strosse (BB 16,5 mm)

Dieses erstmals aus dem Salzbergwerk Tuzla in Bosnien beschriebene Borat findet sich am Kohnstein in Form fasergipsartiger Aggregate. Die nadeligen Tuzlait-Kristalle zeigen sich infolge der Sprengungen meistens zerbrochen und von der Matrix abgelöst. Aus Salzeinschlüssen konnten frei kristallisierte Nadeln bis zu 1 cm Länge herausgelöst werden. Für dieses seltene Mineral handelt es sich um die „weltbesten" Kristalle, da an der Typlokalität nur Individuen bis 0,5 mm Länge gefunden wurden.

Jarandolit $CaB_3O_4(OH)_3$ monoklin

Dieses seltene weiße Borat war bereits vor seiner Erstbeschreibung von den Salzvorkommen Podrdjski Potok in Serbien 2004 am Kohnstein als unbekanntes Mineral entdeckt worden. Es findet sich dort als mikrokristalliner Belag in Anhydritklüften.

Veatchit-p $Sr_2[B_5O_8(OH)]_2B(OH)_3 \cdot H_2O$ monoklin

Der erstmals von der Kalisalzgrube *Hindenburg-Königshall* in Reyershausen bei Göttingen beschriebene Veatchit-p unterscheidet sich durch sein einfach primitives Raumgitter strukturell von den anderen Mineralien der Veatchit-Reihe. Er bildet am Kohnstein sowohl dünne, weiße Schichten als auch zentimetergroße Kristalle auf Anhydrit.

Jarandolit – Steinbruch Kohnstein, 3. Strosse (BB 9 cm)

Veatchit-p – Steinbruch Kohnstein (BB 7 cm)

Ulexit $NaCaB_5O_6(OH)_6 \cdot 5H_2O$ triklin

Hauptfundort für Ulexit ist der Steinbruch Rüsselsee bei Appenrode. Dort finden sich im Gipshut schneeweiße, filzige Konkretionen von Ulexit-Flatschen auf Anhydrit. Wegen der schmalen Klüfte sind sie allerdings plattgedrückt. Sie werden begleitet von dünnen, farblosen Kristallkrusten aus **Mirabilit**. Vom Kohnstein ist Ulexit in Form sogenannter „Cottonballs" bekannt. Diese stammen wahrscheinlich von den höheren Strossen aus dem hier bereits abgebauten Gipshut.

Howlith $Ca_2B_5SiO_9(OH)_5$ monoklin

Howlith fand sich am Kohnstein in Form feinkörniger Verwachsung mit Anhydrit.

Ulexit – Steinbruch Rüsselsee bei Appenrode (BB 13,5 cm)

Howlith – Steinbruch Kohnstein, 3. Strosse (BB 12 cm)

Salzminerale

Halit (Steinsalz) NaCl kubisch

In den Salzlagerstätten der Zechsteinformation rund um den Harz ist Halit als gesteinsbildendes Mineral weit verbreitet. Dort sind in den Auslaugungsbereichen würfelige Halit-Kristalle in großer Zahl zu finden. Im Rahmen dieses Buches werden diese aber nicht behandelt. Auch im Mansfelder Revier sind Steinsalzlager im Untergrund zu finden. Aufgrund der guten Wasserlöslichkeit steht Halit aber niemals (höchstens kurzzeitig) über Tage an. Hier tragen sie aber zur Bildung der supergenen Chloride bei.

Halit findet sich als Klüfte im Anhydrit des Kohnsteins, aus denen Kristalle der seltenen Borate herausgelöst werden können.

Gute Gelegenheit zum Studieren der Salinarmineralisationen bietet das Erlebnisbergwerk Sondershausen.

Halit in kuboktaedrischen Kristallen auf nadeligen Gipskristallen – Kalibergwerk Bleicherode (BB 2 cm)

Halit in würfeligen Kristallen mit bräunlichen Gipskristallen – Kalibergwerk Bleicherode-Sollstedt (BB 5 cm)

Polyhalit $K_2Ca_2Mg(SO_4)_4 \cdot 2H_2O$ triklin

Dieses Sulfat findet sich als weiß trübe, kugelige Einschlüsse im Anhydrit im Steinbruch Kohnstein.

Polyhalit-Kugel auf Anhydrit – Steinbruch Kohnstein (BB 15,5 mm)

2.16 Gesteinsbildende Silikate

Granate kubisch

H: 6,5-7, D: 3,4-4,6

Haupt-komponenten		Neben-komponenten	
Grossular	$Ca_3Al_2 [SiO_4]_3$	Hibbsit Var. *Hydrogrossular*	$Ca_3Al_2 [SiO_4]_{3-x}(OH)_{4x}$
Andradit	$Ca_3Fe_2 [SiO_4]_3$	Schorlomit Var. *Melanit*	$Ca_3(Fe, Ti)_2 [SiO_4]_3$
Spessartin	$Mn_3Al_2 [SiO_4]_3$	Kimzeyit	$Ca_3(Fe,Ti,Zr)_2 [SiO_4]_3$
Almandin	$Fe_3Al_2 [SiO_4]_3$	Pyrop	$Mg_3Al_2 [SiO_4]_3$

Die aufgrund vielfältiger Mischkristallbeziehungen überaus artenreiche Granatgruppe ist im Harz hauptsächlich durch die kontaktmetamorph gebildeten Kalkgranate **Grossular** und **Andradit** vertreten, die als Hauptbestandteile neben Calcium in wechselnden Mengen Aluminium und Eisen enthalten, wobei gelegentlich auch Mangan und Titan als Nebenbestandteile eine Rolle spielen können. Die im Harz untersuchten Granatmischkristalle bestehen zu rund 90% aus den oben tabellarisch aufgelisteten Hauptkomponenten, während der Anteil der Nebenkomponenten unter 10% liegt. Die reinen Endglieder kommen in der Natur praktisch niemals vor.

Kennzeichnend für diese Mineralgruppe ist eine hohe Kristallisationskraft, die dafür sorgt, dass Granate fast immer in eigengestaltigen (idiomorphen), kubischen Kristallen auftreten. Vorherrschende Formen sind Rhombendodekaeder (bestehend aus 12 rautenförmigen Flächen) und Ikositetraeder (bestehend aus 24 drachenförmigen Flächen), die in vielfältigen Kombinationen verknüpft miteinander vorkommen und sehr flächenreiche Kristalle formen.

Ein breites Spektrum von braunroten bis gelblichen Grossular-Andradit-Mischkristallen, zum Teil in sehr schönen Stufen, bietet der Bad Harzburger Gabbrosteinbruch. Diese finden sich eingewachsen oder seltener auch frei kristallisiert in Schollen von Kalksilikatfelsen oder pegmatitischen Gängen. In Ausnahmefällen erreichen einzelne Kristalle Kantenlängen von bis zu 1 cm. Gelegentlich enthalten die oft zonar gebauten Mischkristalle auch Gehalte von beachtlich viel Titan und ein wenig Zirkon, was den Komponenten Schorlomit und Kimzeyit entspricht. Diese auch als ***Melanit*** bezeichnete, Ti-haltige Varietät von Andradit findet sich nur eingewachsen als schwarze oder gelb- bis dunkelrote, glasige Körner zusammen mit violettrotem Vesuvian. In eini gen Kalksilikatfelsen zeigen sich gelblich grüne Körner von **Hydrogrossular**, einem wasserhaltigen Mischkristall von Grossular und Hibschit, der von braunem Vesuvian und fasrigem, gelbem Tremolit begleitet wird.

Kleine, maximal 1 cm große, grossularreiche Granate bilden massenhaft grünlich gelb gefärbte, körnige Blasten in kontaktmetamorph überprägten devonischen Bänderkalken im Umfeld der Harzer Granite. Bekannter Fundpunkt ist die Raboklippe im Okertal, wo in den „Kramenzelkalken" die in Lagen stark angereicherten Granate optisch gut auszumachen sind. Im Holtemmetal und am Thumkuhlenberg bei Hasserode lassen sich idiomorphe Granate zusammen mit Epidot und Axinit aus Calcitgängchen herauslösen.

Bis 1 cm große Grossular-Andradit-Mischkristalle lieferte der Diabas-Steinbruch am Huneberg. Hier und am unweit entfernten Spitzenberg, wo früher kontaktmetamorph überprägter Eisenstein abgebaut wurde, findet sich rotbrauner Andradit zusammen mit Magnetit. Funde von aus Hornfels herausgewitterten, flächenreichen, rosaroten Almandin-Spessartin-Mischkristallen liegen aus dem Bodetal vor, das sich bei Thale schluchtartig in den Ramberggranit und seine Kontaktzone eingeschnitten hat.

Eine außergewöhnliche Erscheinung stellen Grossular-Andradit-Mischkristalle dar, die sich lokal massenhaft in einem hydrothermal veränderten Kalksilikathornfels im Ostfeld der Grube *Roter Bär* bei St. Andreasberg finden. Es

Rot durchscheinende Grossular-Andradit-Mischkristalle von gut 1 cm Größe aus einem pseudopegmatitischen Gang – Gabbrosteinbruch Bad Harzburg

Flächenreiche Grossular-Andradit-Mischkristalle (etwa 5 mm groß), eingewachsen in einem Skarn – Gabbrosteinbruch Bad Harzburg

Braun-rote, rhombendodekaederische Andradite (3 mm groß) – Halden des Eisensteinbergbaus am Spitzenberg bei Bad Harzburg

Andradit in Form eines Ikositetraeders (etwa 0,5 mm groß), herausgelöst aus einem Calcitgang – Goslarsche Gleie bei Hasserode

Andradit-Grossular-Mischkristalle im hydrothermal veränderten Nontronitskarn – Grube Roter Bär bei St. Andreasberg (BB 3 cm)

Transparenter Andradit – Grube Roter Bär bei St. Andreasberg (BB 2,1 mm)

Grossular – Wormke-Kehre bei Schierke (BB 4,5 mm)

Rosarote Almandin-Spessartin-Mischkristalle (etwa 0,1 mm groß), herausgewittert aus einem Hornfels – Bodetal bei Thale

handelt sich um bis zu 5 mm große, perfekt entwickelte, flaschengrüne, oft durchscheinende, seltener auch völlig durchsichtige Rhombendodekaeder, begleitet von Nontronit und anderen Schichtsilikaten.

Magmatische Silikate

Kalifeldspat (Orthoklas) $KAlSi_3O_8$ monoklin

H: 6, D: 2,53-2,56

Als Hauptkomponente von sauren Magmatiten ist Orthoklas in den granitischen Gesteinen des Harzes mit Anteilen von 32–50 Vol.-% reichlich vertreten. Größtenteils hat dieser sich im Zuge der sehr langsamen Erstarrung mehr oder weniger vollständig in die trikline Tieftemperaturvarietät **Mikroklin** umgewandelt. Eingewachsen in den Graniten zeigen die bis 2 cm großen, prismatischen Kalifeldspat-Kristalle gewöhnlich eine schwach rötliche Färbung und lassen nicht selten die markanten *Karlsbader Zwillinge* erkennen.

Die von Mineralienfreunden wegen der „riesenkörnigen“ Kristallausbildung und Anreicherungen seltener Mineralarten geschätzten Pegmatitkörper fehlen im Harz weitgehend. Bemerkenswerte Funde von gangförmigen Pegmatiten erfolgten im Gabbrosteinbruch bei Bad Harzburg sowie beim Vortrieb des Anfang der 1980er-Jahre zur Wasserüberleitung angelegten Radau-Oker-Stollens. Die oft von Schriftgranit begleiteten, drusigen Gangfüllungen führten bis zu 20 cm große, milchig grauweiße Orthoklas-Kristalle verwachsen mit Rauchquarz, Schörl, Albit, Pyrit und Chlorit.

Hübsche Stufen von bis mehrere Zentimeter großen, idiomorphen Feldspäten, begleitet von Quarz, Rauchquarz, Epidot, Schörl, Fluorit und Zeolithen als Auskleidungen von Miarolen, verdanken wir den früher im Harz betriebenen Granitsteinbrüchen. Auf drusige Klüfte stieß man bisweilen bei der bis in die 1970er-Jahre aktiven Gesteinsgewinnung bei Braunlage (Königskopf und Wurmberg) und bis in die 1990er-Jahre bei Schierke (Knaupsholz) und Wernigerode-Hasserode (Birkenkopf). In Drusen fanden sich bis 2 cm große, manchmal nach dem Manebacher Gesetz verzwillingte Kristalle mit aufgewachsenen Albiten oder Überstäubungen von Chlorit.

Die vor allem aus alpinen Klüften bekannte Varietät **Adular** kommt auf hydrothermalen Gängen bei St. Andreasberg begleitet von Zeolithen vor. Ebenfalls von hydrothermaler Entstehung ist eine als **Paradoxit** bezeichnete, rosa gefärbte Varietät, die zusammen mit Quarz in Gangbrekzien, z. B. im Bereich der Goslarschen Gleie am Sienberg bei Wernigerode, gefunden wird und in Drusen kleine pseudorhomboedrische Kristalle bildet.

In den Rhyolithen des Südharzes, insbesondere wenn diese grobporphyrischen Gänge (ehemalige Förderspalten) bilden, tritt Kalifeldspat (ursprünglich Sanidin) in Form idiomorpher Einsprenglinge auf. Am Großen Knollen bei Bad Lauterberg finden sich bis zu 2 cm große, z. T. als Karlsbader Zwillinge entwickelte, eingewachsene Kristalle, die infolge späterer Überprägung milchig getrübt sind.

Albit $NaAlSi_3O_8$ triklin

H: 6, D: 2,61-2,77

Als gesteinsbildendes Mineral ist feinkörniger Albit reichlich in den spilitisierten Gesteinen (Diabase, Keratophyre) vertreten. Größere frei gewachsene Kristalle sind dagegen selten und beschränken sich auf Kluftfüllungen in magmatischen Gesteinen.

Bis zu 1 cm große, farblose Albit-Kristalle, die häufig epitaktisch auf Mikroklin aufgewachsen sind, finden sich in den Drusen granitischer Gänge, wie sie häufig im Harzburger Gabbrosteinbruch aufgeschlossen werden. Diese lieferten in einigen Fällen auch bis zu 5 cm große Aggregate von weißen, komplex verzwillingten Albit-Kristallen.

In den Harzer Graniten zählt weißer Albit zu den jüngsten in Drusen entwickelten Kristallisaten. Hübsche Stufen mit mehrere Zentimeter großen, prismatischen Kristallen fanden sich vor allem in den Steinbrüchen Knaupsholz bei Schierke und Wurmberg bei Braunlage. Die bei genauer Betrachtung

Idiomorpher Mikroklin mit kleinen Albit-Kristallen epitaktisch überwachsen – Gabbrosteinbruch Bad Harzburg (BB 8 cm)

Adular-Kristalle in typischer Tracht – Communion-Steinbruch am Rammelsberg bei Goslar (BB 1 cm)

der Kristalle erkennbare, ebenmäßige, feine Riefung beruht auf einer „polysynthetischen Verzwilligung“ (Albit-Gesetz) und erleichtert die Unterscheidung von Orthoklas.

Rosa Paradoxit (Varietät von Kalifeldspat) in einer Druse im Hornfels – Goslarsche Gleie bei Hasserode, Mittelharz (BB 2 cm)

Farbloser Albit in parallel verwachsenen, tafeligen Kristallen – Gabbrosteinbruch Bad Harzburg (BB 4 cm)

Als ein recht seltenes Produkt der hydrothermalen Alteration tritt die Albitvarietät ***Zygadit*** auf den Silbererzgängen von St. Andreasberg in Erscheinung.

Pyroxene (Familie)

H: 6, D: 3,3-3,5

Als wesentliche Träger von Magnesium und Eisen (z. T. auch Calcium und Aluminium) finden sich diese „dunklen", gesteinsbildenden Silikate im Harz ganz überwiegend in den Magmatiten des Harzburger Basitkomplexes. Magnesium-reiche orthorhombische Pyroxene, kurz **Orthopyroxen** genannt, bilden die Hauptkomponente sowohl der Gabbronorite als auch der damit assoziierten ultramafischen Gesteine wie Harzburgit und Bronzitit. Hier fallen die bis 20 cm großen, tafeligen Kristalle von Enstatit oder Bronzit durch ihre vollkommene Spaltbarkeit und den bronzefarbenen, z. T. metallisierenden Glanz leicht ins Auge. Infolge mehr oder weniger fortgeschrittener Serpentinisierung handelt es sich oft um Pseudomorphosen von Serpentin nach Orthopyroxen, die benannt nach dem Forsthaus Baste bei Torfhaus als **Bastit** bezeichnet werden. Dieser Erscheinung verdankt das Gestein Harzburgit seinen volkstümlichen Namen *Schillerfels*. Große eingewachsene Pyroxen-Kristalle (Bronzit) führen auch die grobkörnigen Noritpegmatite, die selten anstehend, gelegentlich aber als Lesesteine im Bachbett der oberen Radau zu finden sind.

Der monokline **Augit** als häufigster Vertreter der **Klinopyroxene** ist als Gesteinsbildner in den Gabbronoriten reichlich vorhanden, doch unscheinbar als Mineral. Die Klinopyroxen-Varietät **Diallag** fand sich in mehrere Zentimeter großen, bläulich grünen, eingewachsenen Kristallen in pegmatitischen Schlieren im Gabbronorit des Gabbrosteinbruchs bei Bad Harzburg.

Amphibolgruppe

Aus dieser recht komplexen Familie von wasserhaltigen Eisen-Magnesium-Silikaten finden sich vorwiegend Aluminium-freie, Calcium-reiche Vertreter in den kontaktmetamorphen Kalksilikatparagenesen.

Tremolit-Aktinolith $Ca_2(Mg, Fe)_5Si_8O_{22}(OH)_2$ monoklin

H: 5,5-6, D: 2,9-3,1

Der Magnesium-reiche Tremolit bildet eine Mischkristallreihe mit dem Eisenreichen Aktinolith. Die im Harzburger Gabbrosteinbruch aufgeschlossenen Kalksilikathornfelsschollen führen faserigen Tremolit in unscheinbaren, hellgrün bis beigen, strahligen Kristallaggregaten oder aufgewachsen in Quarz-Mikroklin-Drusen der pseudopegmatitischen Gänge zusammen mit Pyrit und Prehnit.

Aktinolith findet sich selten in dunkelgrünen, eingewachsenen Leisten im Gabbronorit. Er ist auch Bestandteil der Kontaktzone des Brockengranits im St. Andreasberger Revier.

Eine eigentümlich dichte, zur Aktinolith-Grammatit-Reihe zählende Amphibolvarietät wird als **Nephrit** bezeichnet. Dieses weißlich grüne bis grünlich graue Material bildet in den ultramafischen Gesteinen des Harzburger Komplexes gelegentlich bis einige Dezimeter mächtige, gangartige Kluftfüllungen. Ein extrem feinfilziges Gefüge verleiht dem frischen Material eine enorme Zähigkeit, die es in der Steinzeit zu einem begehrten Rohstoff für die Herstellung von Steinwerkzeugen und -waffen machte. Bei der Verwitterung entstehen knollige Aggregate, die sich seifig anfühlen und von einem weißen, weichen, faserigen Material umhüllt sind. Die Nephritbildung erfolgte gebunden an Scherzonen postmagmatisch durch die Einwirkung von heißen Wässern, wobei es zu Stoffumlagerungen unter Zufuhr von Kalzium kam.

Gemeine Hornblende findet sich in eingewachsener Form in einigen Varietäten des Harzburger Gabbronorits in schwarzen, langprismatischen Körnern. Außerdem ist dieses Mineral Hauptbestandteil der linsenförmigen Einschaltungen der im Eckergneis vorkommenden Amphibolite.

Dunkelgrüner, leistenförmiger Aktinolith – Radau-Oker-Stollen bei Bad Harzburg (BB 7 cm)

Dichtes, fasrig verwitterndes Nephrit-Aggregat – Kolebornskehre bei Bad Harzburg (BB 15 cm)

Bronzit-Spaltstück aus einem Noritpegmatit – Radautal bei Bad Harzburg (BB 17 cm)

Schörl (Eisen-Turmalin) $Na(Fe^{2+}, Mg)_3Al_6(BO_3)_3Si_6O_{18}(OH)_4$

trigonal

H: 7, D: 3-3,25

Der einzige aus dem Harz bekannte Vertreter der Turmalin-Gruppe findet sich in den Harzer Graniten als spätmagmatische Bildung. Das normalerweise nur akzessorisch vorkommende, schwarze, glasartig glänzende Borosilikat zeigt im Dachbereich der Granitkörper lokal recht starke Anreicherungen, da sich dort, am Ende der Hauptkristallisation, Borsäure und andere flüchtige Phasen besonders hoch konzentrieren. Hiervon zeugt stengelig-garbenförmig ausgebildeter Schörl in grobkörnigen Turmalin-Quarz-Gängen, die zum Beispiel im Bereich der Rosstrappe bei Thale im Ramberggranit oder in der Kontaktzone des Okergranits am Kahberg aufsetzen. Idiomorph ausgebildete, schwarze Turmalin-Kristalle zählen zu den Hauptkomponenten der Kluftparagenesen, die früher beim Betrieb der Steinbrüche im Brockengranit (Knaupsholz, Königskopf, Wurmberg) angetroffen wurden. Der Schörl im Harz enthält bis zu 6 % MgO, was auf eine begrenzte Mischkristallbildung mit Dravit hindeutet.

Eine früher sehr beliebte, heute aber wegen der Lage im Nationalpark nicht mehr zugängliche Fundstelle ist die „Zinngrube" am Sonnenberg, nördlich von St. Andreasberg, wo bis zu 2 cm große Schörl-Kristalle verwachsen mit Quarz im vergrusten Granit aufgesammelt werden konnten. Markant für die trigonalen Kristalle ist ein kurzprismatischer Habitus mit gut entwickelten Endflä-

Kurzprismatischer schwarzer Turmalin (Schörl) in einer Quarzdruse im Granit – Sonnenberg bei St. Andreasberg (BB 2 cm)

Turmalin (Schörl) in strahligen Aggregaten aus der Kontaktzone des Ramberggranits – Gernrode, Unterharz (BB 6 cm)

chen, die stark den bekannten „Zinnstein-Graupen" des Erzgebirges ähneln, was hier als Anlass für eine (natürlich erfolglose) bergbauliche Schürftätigkeit diente. Markante, zweidimensional ausgebildete „Turmalinsonnen" finden sich verbreitet auf Klüften im Hornfels innerhalb der die Granitintrusionen umgebenden Kontaktzonen.

Metamorphe Silikate

Karpholith (Mn, Fe, Mg) $Al_2 Si_2O_6(OH)_4$ orthorhombisch

H: 5-5,5, D: 3,0

Dieses weltweit relativ seltene, silikatische Manganmineral bildet sich unter den Bedingungen einer niedriggradigen Regionalmetamorphose aus tonigen Ausgangsgesteinen (Metapeliten) mit gewissen Mangan- und Eisengehalten. Ein sehr bekanntes Vorkommen befindet sich bei Biesenrode ganz im Osten des Harzes innerhalb der sogenannten metamorphen Zone von Wippra. Mit rund 480 Mio. Jahren (Unter-Ordovizium) zählen diese phyllitischen Tonschiefer und Quarzite zu den ältesten Harzgesteinen. Das grünlich gelbe bis gräulich grüne, manchmal auch strohgelbe Mineral ist unverwechselbar durch seinen seidigen Glanz und die vorherrschend faserige, manchmal auch gewellte oder geknickte Gestalt der parallel verwachsenen Kristalle. Dieses Erscheinungsbild spiegelt der volkstümliche Name *Strohstein* wieder. Ebenso markant ist die Bindung an bis einige Dezimeter große, milchige Quarzknauer oder gangförmige Mobilisate. Die Kristallisation erfolgte während der variszischen Gebirgsbildung unter einem Auflastdruck von rund 2 kbar und bei Temperaturen von etwa 400 °C in der unteren Grünschieferfazies.

Die bekanntesten Fundpunkte liegen im Sengelbachtal südwestlich des an der Wipper liegenden Dörfchens Biesenrode, unweit der Ortslage. Karpholith bildet bis 10 cm große Aggregate, die verwachsen mit Quarz herauswittern und verbreitet als Lesesteine auftreten. Untersuchungen von Löffler & Schwab (1981) haben gezeigt, dass es sich um Mischkristalle aus den drei Komponenten Karpholith (35%), Magnesiokarpholith (36%) und Ferrokarpholith (29%) handelt. Infolge beginnender Oxidation weist das Material häufig Krusten von schwarzbraunen Manganoxiden auf. Vermutlich durch hydrothermale Überprägung findet sich gelegentlich auch körniger, schwarzer Braunit.

Andere Mangan-haltige Silikate in dieser Paragenese sind der meist nur mikroskopisch erkennbare, zur Chloritoid-Gruppe zählende **Ottrélith** (0,2 mm Täfelchen) sowie Spessartin, Rhodonit und Sudonit (SIEMROTH, 1990, VOLLSTÄDT et al. 1991, STEDINGK 2017).

Karpholith in typisch fasrigen Aggregaten im frischen Bruch – Sengelbachtal bei Biesenrode, Unterharz (BB 13 cm)

Karpholith in goldbraunen Fasern, innig verwachsen mit Rhodonit und Rhodochrosit – Sengelbachtal bei Biesenrode (BB 13 cm)

Datolith $CaBSiO_4(OH)$ monoklin

H: 5-5,5, D: 2,9-3,0

Dieses weißgraue bis hellgrüngraue, Bor-haltige Calciumsilikat tritt vorwiegend gemeinsam mit Calcit als Kluftmineral in kontaktmetamorph oder hydrothermal überprägten Spiliten auf. Bekannte Fundstellen für Kristalle bis 10 cm Größe sind die aufgelassenen Steinbrüche im Wäschegrund bei St. Andreasberg und Straßenaufschlüsse im Trutenbeek, unweit von Braunlage (OT Oderhaus), wo beim Ausbau der B27 zu Beginn der 1980er-Jahre innerhalb einer mächtigen Abfolge von Diabas-Kissenlaven zahlreiche, mehrere Dezimeter mächtige Calcit-Datolith-Gänge angeschnitten wurden, die hübsche Funde lieferten. Kristalle von mehreren Zentimetern Größe lieferte auch der ehemalige Diabassteinbruch im Huttal bei Clausthal.

Während Datolith in den grobkristallinen Massen meistens milchig trüb vorliegt, treten in Drusen, als jüngste Generation, auch fast wasserklare, dicktafelige bis isometrische Kristalle auf. Weitere Begleiter auf den St. Andreasberger Gängen sind bisweilen weißer Stilbit, rosa gefärbter Adular und Pyrit.

Datolith in farblos klaren Kristallen auf einem Rasen aus weißem Adular – Straßenaufschluss B27 im Trutenbeek bei Braunlage (BB 5 mm)

Datolith als Gang im Diabas – Straßenaufschluss B27 im Trutenbeek bei Braunlage (BB 10 cm)

Prehnit $Ca_2Al_2Si_3O_{10}(OH)_2$ orthorhombisch

H: 6-6,5, D: 2,8-3

Als hydrothermale Kluftfüllung findet sich Prehnit verbreitet in basischen Eruptivgesteinen. Reichlich Material lieferte der Gabbrosteinbruch im Radautal, wo er in Form bis zu 5 cm mächtiger Gänge auftritt. Hohlräume enthalten oft rasenförmige Auskleidungen von weißen oder leicht grünlich gelben Prehnit-Kristallen in tafeliger bis prismatischer Ausbildung. Seltener finden sich fächerförmige Aggregate, die einige Zentimeter erreichen können. Auch im Steinbruch am Huneberg wurde Prehnit verbreitet gefunden.

Prehnit-Tafeln auf Quarz-Kristallen – Gabbrosteinbruch Bad Harzburg (BB 6 cm)

Axinit $(Ca, Mn)_4(Mn, Fe, Mg)_2(Al, Fe)_4B_2Si_8O_{30}(OH)_2$ triklin

H: 6,5-7, D: 3,3

Dieses eher unauffällige, jedoch gar nicht so seltene, Bor-haltige Silikat tritt als kontaktmetamorphe Bildung in der Periferie der Harzer Granitplutone auf, hier meistens als gesteinsbildende Komponente in Kalksilikatgesteinen oder Diabasen, doch gelegentlich auch als idiomorph kristallisiertes Kluftmineral. Die im Harz vorkommenden Axinite sind stets Mischkristalle mit etwa gleichen Anteilen von Eisen und Mangan.

Fliederfarbener Axinit in typisch „axtförmigen" Kristallen – Steinbruch am Huneberg (BB 15,5 mm)

Axinit-Kristall mit schiefwinkligem (triklinen) Habitus – Wormke-Kehre bei Schierke (BB 4,5 mm)

Begleitet wird das häufig zimtfarbene Mineral, das in charakteristischen, axtförmigen Kristallen bis zu 1 cm Größe vorkommt, oft von Calcit, Grossular und Klinozoisit.

Bekannte Fundpunkte sind die Goslarsche Gleie bei Hasserode, die Wormke-Kehre unweit von Schierke, das Bodetal bei Treseburg, die Heinrichsburg bei Mägdesprung und die Grube *Roter Bär* bei St. Andreasberg. In Calcit eingewachsene Kristalle lassen sich durch Aussäuern problemlos freilegen. Auch im Diabas des Steinbruchs Huneberg wurde Axinit gefunden.

Nontronit $Na_{0.3}Fe_2((Si, Al)_4O_{10})(OH)_2 \cdot nH_2O$ monoklin

Dieses gelbgrüne bis pistaziengrüne eisenreiche Schichtsilikat der Montmorillonitgruppe tritt in derben, knolligen Massen und als Kluftbelag in der Eisenerzgrube *Roter Bär* bei St. Andreasberg auf, die zu den international bekanntesten Nontronitfundstätten zählt. Das sehr weiche Material zeigt in dichter Ausbildung einen wachsartigen Glanz und fühlt sich seifig an. In seltenen Fällen bildet innig mit einer kieseligen Substanz vermengter Nontronit zeisiggrünen, hornsteinartigen Chloropal. Es handelt sich um ein hydrothermales Umwandlungsprodukt eines eisenreichen Skarns, der hier zusammen mit Kalksilikathornfelsen vorkommt. Begleitminerale sind idiomorphe Grossular-Andradit-Mischkristalle, Goethit, Serizit und andere weiße Tonminerale.

Nontronit als pistaziengrüne, zerbrechliche Masse – Grube Roter Bär, St. Andreasberg (BB 8 cm)

Zirkon $ZrSiO_4$ tetragonal

H: 7,5, D: 4,55-4,67

Makroskopisch sichtbarer Zirkon findet sich in pegmatitischen Gängen granitischer Zusammensetzung des Gabbrosteinbruchs. Die in den Feldspäten eingewachsene, bis zu 1 mm großen, grünlichen bis bräunlichen Kristalle zeigen sehr verschiedene Formen, sind aber häufig bipyramidal ausgebildet. Durch ihre geringe Radioaktivität entwickelten sich mitunter braune Strahlungshöfe mit Sprengrissen im umgebenden Feldspat.

Als akzessorischer Gesteingemengteil ist Zirkon im Granit und in Schwermineralseifen in Korngrößen unter 1 mm verbreitet.

Kyanit (Disthen) Al_2SiO_5 triklin

H: 4-4,5, D: 3,6-3,7

Sillimanit Al_2SiO_5 orthorhombisch

H: 6-7, D: 3,2

Andalusit Al_2SiO_5 orthorhombisch

H: 7,5, D: 3,1-3,2

Die Bildung dieser drei im Rahmen der Gesteinsmetamorphose kristallisierenden Aluminiumsilikate ist abhängig von den jeweiligen Druck- und Temperaturbedingungen. Sie finden sich als gesteinsbildende Minerale in einigen Gesteinen des „Eckergneises“ sowie in einigen Hornfelsen. Ursprünglich

Disthen (Cyanit) als blauer Einschluss in einem Xenolith – Kersantitgang bei Kloster Michaelstein, Blankenburg (BB 17,5 mm)

handelt es sich bei den Ausgangssubstanzen (Edukten) um Aluminium-reiche, tonige Sedimente.

Nester von **Andalusit** finden sich zusammen mit dem unscheinbaren Cordierit in Nestern im Gestein am Ufer des Eckerstausees. Eingewachsen in Fremdeinschlüssen (Xenolithen) des beim ehemaligen Kloster Michaelstein bei Blankenburg aufgeschlossenen Kersantitgangs finden sich **Disthen** und **Sillimanit**. Der wegen seiner hellblauen Farbe auch Kyanit genannte Disthen bildet meist deformierte Kristallfragmente bis 3 cm Größe und seltener wenige Millimeter große, idiomorphe Kristalle mit guten Endflächen. Charakteristisch für den begleitenden Sillimannit sind faserige Massen aus bis zu 4 mm langen Nadeln. Zu dieser hochmetamorphen Paragenese zählen außerdem Staurolith, Rutil, Korund und pyropreicher Granat.

Titanit (Sphen) $CaTiSiO_5$ monoklin

H: 5-5,5, D: 3,4-3,6

Als Übergemengteil ist dieses Titanmineral in vielen magmatischen und metamorphen Gesteinen des Harzes vertreten. Markante, linsenförmige Titanit-Kristalle („Briefkuvertform“) von honig- bis weingelber, seltener bräunlicher Farbe und Größen bis zu 1 mm finden sich eingewachsen in den Syenitgängen des Bad Harzburger Gabbrosteinbruchs. Kleine, bräunliche Titanite treten als Kluftminerale in den Diabasen des Oberharzes und des St. Andresberger Gebietes auf. Aus dem Unterharz wurden Funde von ähnlich ausgebildetem Titanit von Bärenrode bei Güntersberge und aus dem Bodetal bekannt.

Gelbbrauner Titanit als keilförmiger Kristall zusammen mit schwarzem Schörl – Gabbrosteinbruch Bad Harzburg (BB 2 mm)

Epidot $Ca_2Al_2Fe^{3+}(Si_2O_7)(SiO_4)O(OH)$ monoklin
Klinozoisit $Ca_2Al_3[O|OH|SiO_4|Si_2O_7]$ monoklin
H: 6-7, D: 3,3-3,5

Auffallend pistaziengrüner **Epidot** von strahliger Ausbildung findet sich verbreitet auf hydrothermalen Quarz-Calcit-Gängen sowohl im Bad Harzburger Gabbrosteinbruch als auch im Diabassteinbruch Huneberg. Diese Gangfüllungen können bis 5 cm mächtig werden und führen gelegentlich in geringen Mengen auch Galenit oder Chalkopyrit. In den Granitsteinbrüchen rund um den Brocken kam hin und wieder Epidot in zentimeterlangen Kristallgarben zum Vorschein. Dieser sitzt in der Regel frei gewachsen auf Mikroklin und wird von Stilbit, Chabasit oder Fluorit begleitet. Im vorderen Teil des Hagentals bei Gernrode setzt in der Kontaktzone des Ramberggranits ein Epidotgang auf, der schöne Stufen von strahligen Kristallen mit Endflächen lieferte.

Klinozoisit, der Eisen-arme und Calcium-reiche Mischkristall der Epidotreihe, wird im Bodetal und bei Friedrichsbrunn in der kontaktmetamorphen Zone des Ramberggranits gefunden. Er bildet, verwachsen mit Grossular und Axinit, hellgrüne, stängelige Kristalle.

Epidot in grünen Kristallgarben in einer Druse des Brockengranits ehemaliger Steinbruch am Wurmberg bei Braunlage (BB 3 cm)

Vesuvian $Ca_{10}Mg_2Al_4(SiO_4)_5(Si_2O_7)_2(OH)_4$ tetragonal

H: 6,5, D: 3,27-3,45

Braune Vesuvian-Kristalle mit gelbem Hydrogrossular, eingewachsen in einem Marmor-Kalksilikatfels-Handstück – Gabbrosteinbruch Bad Harzburg (BB 5 cm)

Grüne Vesuvian-Kristalle auf Quarz, herausgelöst aus einem Kontaktmarmor – ehemaliger Steinbruch am Wurmberg bei Braunlage (BB 1 cm)

Als häufiges kontaktmetamorphes Mineral kommt Vesuvian verbreitet in schollenförmigen Marmor- und Kalksilikateinschlüssen des Harzburger Gabbrosteinbruchs zum Vorschein. In derber Form bildet dieses Mineral sowohl eine hellgelbe Matrix als auch hellrote Einschlüsse begleitet von Diopsid und *Hydrogrossular.* In Kalksilikatlinsen im südlichen und mittleren Bruchbereich findet sich, zum Teil in Zwickeln zwischen strahligem Wollastonit, auch körniger Vesuvian von brauner bis rotbrauner Färbung.

Am Bocksberg bei Friedrichsbrunn bildete sich in der Kontaktzone des Ramberggranits Vesuvian in Form braungrüner, kurzprismatischer Kristalle.

Wollastonit $CaSiO_3$ triklin

H: 4,5-5, D: 2,8-2,9

Das unter den Bedingungen einer hochtemperierten Kontaktmetamorphose aus Gemengen von Calcit und Quarz entstehende, weiße Kalksilikatmineral findet sich als reichlicher Bestandteil der im Gabbrosteinbruch von Bad Harzburg aufgeschlossenen Kalksilikatschollen. Dieser bildet zum Teil monomineralische, bis zu 10 cm große, strahlige oder faserige Massen, gelegentlich mit geringen Anteilen von rotbraunem Vesuvian und etwas Calcit in den Zwickeln. Am Beerberg bei St. Andreasberg fanden sich in kontaktmetamorphen Kalksteinlinsen grauweiße Wollastonitmassen mit bis 5 mm großen Einzelkristal-

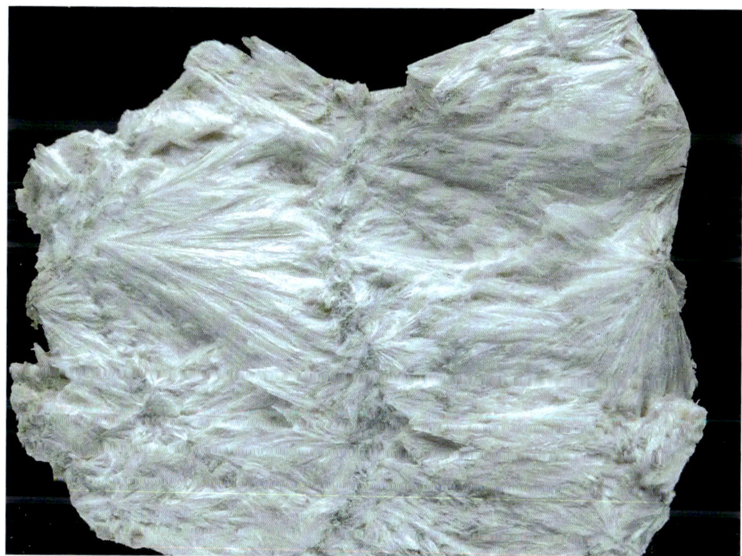

Fasriger weißer Wollastonit – Gabbrosteinbruch Bad Harzburg (BB 2,5 cm)

len. Unter Tage stehen ähnliche Mineralisationen zusammen mit Datolith in der Grube *Roter Bär* an.

Ilvait (Lievrit) $CaFe_2^{2+}Fe^{3+}Si_2O_7O(OH)$ monoklin

H: 5,5-6, D: 4,1

Dieses nach der Insel Elba benannte, eisenreiche Silikat wurde im Harz nur ausgesprochen selten gefunden. Als Kluftfüllung fanden sich schwarze, kurzprismatische Ilvait-Kristalle in einem bereits Ende der 1960er-Jahre aufgelassenen Diabassteinbruch im Huttal südöstlich von Clausthal-Zellerfeld. Diese erreichten Kantenlängen von einigen Zentimetern. Begleiter waren Calcit und Stilpnomelan (Kluge 1967, Koritnig 1972). Neuere Funde sind nicht bekannt. Auch beim Eisenerzbergbau am Spitzenberg bei Bad Harzburg soll Ilvait gefunden worden sein.

Schwarze Ilvait-Kristalle auf Calcit aus einer Kluft im Diabas – ehemaliger Steinbruch im Huttal bei Clausthal (BB 5 cm)

Muskovit („Hellglimmer") $KAl_2AlSi_3O_{10}(OH, F)_2$ monoklin

H: 2-2,5, D: 2,78-2,88

Der silberglänzende Hellglimmer findet sich in schriftgranitischen Gängen (wie z. B. im Gabbrobruch) oder auch in Greisen (z. B. Kupferberg bei Gernrode) als zentimetergroße, silbergraue Tafeln zwischen den Feldspäten. Typisch für alle Glimmerminerale ist ihre perfekte Spaltbarkeit nach der Basis, wobei die sehr dünnen Spaltstücke eine bemerkenswerte Biegsamkeit besitzen. Die metamorph oder hydrothermal gebildete Varietät ***Serizit*** ist in Drusen vieler Quarzgänge in Form winziger silbergrauer bis gelblicher Blättchen verbreitet.

Die chromhaltige Varietät ***Fuchsit*** wurde in Form grasgrüner Einschlüsse im stark verquarzten „*Roteisenstein*" der Gruben am Mittelberg (Hohe Troster Gangzug) im Tal der Graden Lutter (Lauterberger Revier) gefunden.

Biotit („Dunkelglimmer") $K(Mg, Fe^{2+})_2AlSi_3O_{10}(OH)_2$ monoklin

H: 2,5-3, D: 2,8-3,2

Die Dunkelglimmer sind nach heutiger Nomenklatur meist Mischkristalle der Reihe Annit-Phlogopit. Der eisenbetonte, schwarze Biotit ist in den Harzer Graniten das dominierende dunkle Gemengteil. Im Harzburger Gabbrosteinbruch führen helle, pegmatitische Gänge bis mehrere Quadratzentimeter große Plättchen von meist chloritisierten Biotiten. Biotitaggregate finden sich auch häufig in den sogenannten Ferrogabbros.

Stilpnomelan $K(Fe^{2+}, Mg, Fe^{3+}, Al)_8(Si, Al)_{12}(O, OH)_{27} \cdot 2H_2O$ triklin

Im ehemaligen Steinbruch am Diabasweg bei Clausthal ist Stilpnomelan in braunen Schuppen in der Gesellschaft von Ilvait oder in Quarzgängen beschrieben (KORITNIG 1972).

Roscoelith $K(V, Al, Mg)_2AlSi_3O_{10}(OH)_2$ monoklin

Dieser seltene Vanadium-haltige Hellglimmer fand sich relativ verbreitet im Haldenmaterial der Grube *Frische Lutter* bei Bad Lauterberg, wo er recht dunkle, unscheinbare Glimmermassen von silbergrauer Färbung bildet. Charakteristisch ist die Vergesellschaftung mit den giftgrünen, supergenen Kupfervanadaten Volborthit oder Vesigniéit. Anstehend fand sich strahlig ausgebildeter Roscoelith in bis 1 cm großen Täfelchen in der Uranmineralistion auf dem Ernstgang in der Grube *Roter Bär* bei St. Andreasberg (BINDER 2019).

Leisten von chloritisiertem Biotit aus einem pegmatoiden Gang – Gabbrosteinbruch Bad Harzburg (BB 6 cm)

Roscoelith als strahlige Tafeln in Baryt – Uranmineralistion auf dem Ernstgang in der Grube Roter Bär bei St. Andreasberg (BB 12 mm)

Muskovit in Form der hydrothermal gebildeten Varietät Serizit in Quarzdrusen – Grube Wennsglückt, St. Andreasberg (BB 3 mm)

Ferrochlorit in radialstrahligen Aggregaten, eingewachsen in Calcit – Gabbrosteinbruch Bad Harzburg (BB 3 cm)

Klinochlor $(Mg, Fe)_5Al(AlSi_3O_{10})(OH)_8$ monoklin

H: 2, D: 2,6-3,3

Dieser häufige Vertreter der Chlorit-Gruppe findet sich im Harzburger Gabbrosteinbruch sowohl in den leukokraten, magmatischen Gängen als auch in den hydrothermalen Gängen. Dieser Klinochlor ist immer mehr oder weniger Fe-haltig und bildet einen Mischkristall mit den sogenannten *Ferrochloriten*, z. B. Chamosit. Früher unterschied man etliche Varietäten der Chlorit-Gruppe: *Delessit, Brunsvigit, Pyknochlorit und Prochlorit*, die heute nicht mehr als eigenständige Mineralarten angesehen werden.

In den Quarz-Karbonat-Gängen können kugelige Aggregate von *Chlorit* ein- oder in Drusen frei aufgewachsen sein.

Der dunkelgrüne **Chamosit** ist ein verbreiteter, doch recht unscheinbarer Bestandteil von Sedex-Typ Eisenerzlager, wie sie auf dem Oberharzer Diabaszug oder im Elbingeröder Komplex abgebaut wurden.

Chamosit als braun-olive Schuppen auf Quarzkristallen – Gabbrosteinbruch Bad Harzburg (BB 4 cm)

2.17 Minerale der Zeolith-Paragenese

Apophyllit (Sammelbezeichnung für Mineralgruppe)
$KCa_4[F/(Si_4O_{10})_2] \cdot 8H_2O$ tetragonal
H: 4,5-5, D: ca. 2,3

Für dieses strukturell zu den Schichtsilikaten gehörende, aber den Zeolithen recht ähnliche Mineral (Mischkristalle mit im Harz vor allem Kalium- und Fluor-Dominanz) zählen die Silbererzgänge von St. Andreasberg zu den weltweit bekanntesten Fundstätten. „*Fischaugenstein*" ist eine alte, aus dem Schwedischen übernommene Bezeichnung für das meist farblose oder weiße, manchmal aber auch rosa, weingelb oder hellgrün gefärbte Mineral, das einen Glasglanz, auf der Basisfläche aber einen markanten Perlmutterglanz, aufweist. Die prächtigen, bis 3 cm großen Kristalle zeigen vornehmlich einen prismatischen bis tafeligen Habitus, wobei in vielen Fällen die tetragonale Pyramide hervortritt, die aber auch durch eine Basisfläche mehr oder weniger stark abgestumpft sein kann. Begehrte Raritäten stellen transparente, rosa oder grünlich gefärbte Apophyllitstufen von St. Andreasberg dar. Gute Stufen lieferten Samsoner-, Franz Auguster – und Andreaskreuzer Gang, vornehmlich in größerer Tiefe. Begleiter sind zerhackter Quarz, Calcit, Bleiglanz und Silbererze.

Aus Pegmatitgängen der Brüche Bärenstein und Kunstmannstal im Radautal bei Bad Harzburg erwähnt bereits Zincken 1844/45 klassische Funde von Apophyllit. Fromme (1927) beschreibt Apophyllit in den alten Steinbrüchen

Rosa Apophyllit mit gelbem Calcit und Galenit – Grube Andreaskreuz, St. Andreasberg (BB 5 cm)

Apophyllit in farblosen Kristallen – Grube Samson, St. Andreasberg (BB 8 cm)

Fluorapophyllit-(K) als Einzelkristall mit typischem tetragonal-bipyramidalem Habitus – Gabbrosteinbruch Bad Harzburg (BB 2,7 mm)

am Schmalenberg und von Noritbruch am Radauberg. Hier fanden sich bis zu 8 mm große, gelbliche bis farblose Kristalle auf Prehnit und Quarz. Im heutigen Gabbrobruch konnten sie immer wieder in hydrothermalen Klüften mit Zeolithen gefunden werden. Fluorapophyllit-(K) bildet dort typische tetragonale Kristalle mit „kuboktaedrischen" Kopfflächen. Die transparenten, farblosen Kristalle erreichen wenige Millimeter Größe und werden von Prehnit und Pyrit oder Stilbit begleitet.

Analcim $NaAlSi_2O_6 \cdot H_2O$ kubisch

H: 5-5,5, D: ca. 2,2

Dieses dem Leucit isotype, den Würfelzeolithen sehr ähnliche Mineral tritt gewöhnlich als hydrothermales Umwandlungsprodukt von Feldspatvertretern in Hohlräumen von basischen und intermediären Magmatiten auf, findet sich aber auch als Bestandteil hydrothermaler Gangmineralisationen. Prominentester Harzer Fundort ist St. Andreasberg, wo wasserklarer, glasartig glänzender Analcim in bis zu 5 mm großen, perfekten Ikositetraedern zusammen mit anderen Zeolithen die Silbererze begleitet. Auffällig sind die fast kugeligen, aus 24 Deltoiden bestehenden Kristalle, die wegen der niedrigen Lichtbrechung (n=1,48) Wassertropfen ähneln, insbesondere wenn sie auf dunk-

Idiomorpher Analcim-Kristall (Ikositetraeder) – Grube Samson, St. Andreasberg (BB 5.5 mm)

len Tonschieferflächen gewachsen sind. Die Bergleute prägten die treffende Bezeichnung *„Andreasberger Tautropfen"*.

Kleine Analcim-Kristalle sind meist grauweiß und durch ihre Form unverkennbar. Hin und wieder treten sie sowohl in den Kluftparagenesen des Harzburger Gabbros als auch im Diabas des Huneberg-Steinbruchs auf.

Zeolithe allgemein

Stilbit (Desmin) $Ca[Al_2Si_7O_{18}] \cdot 7H_2O$ monoklin

H: 3,5-4, D: ca. 2,2

Für diesen sowohl in Calcium- als auch Natrium-dominierter Form vorkommenden Blätterzeolith zählen die St. Andreasberger Silbererzgänge zu den klassischen Fundstätten. Die meist farblosen oder weißen, prismatisch bis tafelig entwickelten Kristalle zeigen einen Glas- oder Perlmutterglanz und treten bevorzugt gebündelt auf. Sehr charakteristisch ist die Ausbildung von garbenförmigen Aggregaten bis 3 cm Größe. Die Bergleute prägten hierfür die volkstümliche Bezeichnung *„Feldwebel-Schnurrbärte"*. Häufigste Begleiter sind Calcit und andere Vertreter der Zeolithgruppe.

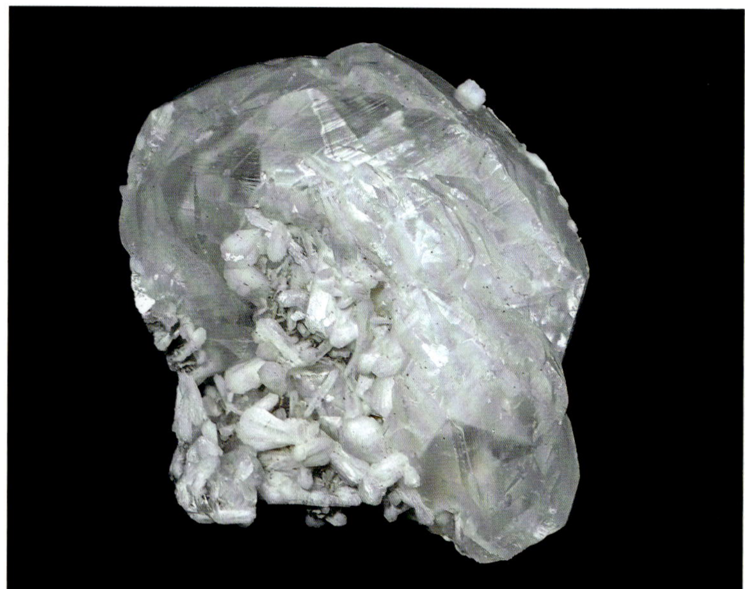

Weiße Stilbit-Kristalle auf einem großen Calcitaggregat – Grube Samson, St. Andreasberg (BB 6 cm)

Stilbit in typischen grabenförmigen Aggregaten auf Tonschiefer – Grube Samson, St. Andreasberg (BB 4 cm)

Druse mit gelblichen Stilbiten – Gabbrosteinbruch Bad Harzburg (BB 4 cm)

Harmotom in kreuzförmigen Zwillingen – Grube Samson, St. Andreasberg (BB 5 cm)

Meist in Form bräunlicher oder weißgrauer Kristall-Rasen findet sich Stilbit auch auf Klüften im Harzburger Gabbro und im Diabas des Hunebergs, ebenso als verbreitete Komponente der Kluftparagenese des Brockengranits. In der Grube *Neues Geschick* im Drängetal bei Hasserode fanden sich gelbliche, tafelförmige Stilbit-Kristalle.

Harmotom (Kreuzstein) $Ba[Al_2Si_6O_{16}] \cdot 6H_2O$ monoklin

H: 4,5 D: ca. 2,4

Für diesen relativ seltenen, Barium-haltigen Zeolith gilt St. Andreasberg, wo er auf einigen Silbererzgängen reichlich vorkommt, als Typlokalität. Schöne Stufen, die weltweit in vielen großen Sammlungen zu finden sind, lieferten die Gruben *Samson, Abendröthe* und *Bergmannstrost*. Auffällig durch den Glasglanz und die kreuzförmigen Zwillinge wurde dieses Mineral 1801 zuerst von dem berühmten französischen Mineralogen Rene-Just Hauy (1743–1822) beschrieben und anfangs *Andreasbergolith* genannt. Später wurde dieser Name durch die in England geprägte Bezeichnung Harmotom ersetzt. Typisch für das farblos-durchsichtige oder weiß getrübte Mineral sind prismatische Kristalle, die meist in charakteristischer Weise als Durchkreuzungszwillinge vorliegen und so leicht ins Auge fallen. Gelegentlich kommt es auch zur Ausbildung von Vierlingen. Ganz ähnliche Formen weist der isotype Phillipsit auf. Die St. Andreasberger Stufen zeigen oft grob kristallisierte Aufwachsungen auf zelligem („zerhacktem“) Quarz mit bis zu 4 cm großen Einzelkristallen.

In Sonderfällen kann Harmotom Überzüge von orangebraunem Metastibnit oder schwärzlich grau angelaufenem Chlorargyrit aufweisen.

Ein weiterer Nachweis von Harmotom in stengeligen Kristallen von etwa 1 mm Größe gelang von der Grube *Louise Charlotte* im Drängetal bei Hasserode.

Heulandit (Sammelbezeichnung für Mineralgruppe)

$(Ca, Na)_2[AlSi_3O_8]_2 \cdot 5H_2O$ monoklin

H: 3,5-4, D: ca. 2,2

Auch dieser, durch Mischkristallbildungen chemisch ziemlich variable Vertreter der Blätterzeolithe zählt zu den Klassikern der St. Andreasberger Gangparagenese, oft in Begleitung von Stilbit, Calcit oder Quarz. Die meist farblosen, aber auch grau getrübten und bisweilen gelblichen Kristalle zeigen einen prismatisch-tafeligen, manchmal auch blättrigen Habitus. Unverwechselbares Erkennungsmerkmal ist der Glanz, der auf den Kristallflächen glasartig ist, während die Spaltflächen perlmutterartig schimmern.

Stufen mit bemerkenswerten Einzelkristallen bis 1 cm Kantenlänge lieferte die Grube *Samson*.

Im Gabbrobruch wurden bis 5 mm große, farblose Kristalle gefunden. Auch von der Grube *Louise Charlotte* im Drängetal bei Hasserode ist Heulandit in

Heulandit-Kristalle mit typischem Glanz – Grube Samson, St. Andreasberg (BD 4 cm)

Heulandit-Kristall auf einem Rasen aus Laumontit – Gabbrosteinbruch Bad Harzburg (BB 2 cm)

farblosen Kristallen unter 1 mm Größe bekannt. Begleitet von Harmotom kleiden die Kristalle Drusen in mit Arsenopyrit verwachsenem Quarz aus.

Chabasit (Sammelbezeichnung für Mineralgruppe)

$(Ca, K_2, Na_2)_2[Al_2Si_4O_{12}]_2 \cdot 12H_2O$ trigonal

Dieser Würfelzeolith tritt im St. Andreasberger Revier als eher untergeordneter Begleiter von Stilbit und Harmotom in Erscheinung. Hauptkristallform ist der Rhomboeder, der aber vorherrschend pseudokubisch, quasi würfelig, ausgebildet erscheint. Die hier bis 1,5 cm großen Kristalle sind farblos oder weiß und kommen zusammen mit Calcit oder auch auf Tonschiefer aufgewachsen vor. Gelegentlich lassen sich auch Durchkreuzungszwillinge beobachten.

Rötlich brauner, lachsfarbener oder gelblich brauner Chabasit in bis 1 cm großen Kristallen findet sich in Begleitung von Stilbit und Epidot gelegentlich in den Miarolen des Brockengranits. Zu ihrer Betriebszeit lieferten die Steinbrüche Knaupsholz, Birkenkopf, Wurmberg und Königskopf bisweilen hübsche Kleinstufen. Funde liegen auch vom Steinbruch Huneberg (Vierlinge) und vom Gabbrosteinbruch im Radautal vor. Hier wurde die Calcium-Dominanz analytisch bestimmt, sodass Chabasit-(Ca) vorliegt.

Roter Chabasit in einer Quarzdruse im Brockengranit – Steinbruch Wurmberg bei Braunlage (BB 1 cm)

Gmelinit-(Ca) $Ca_2Al_4Si_8O_{24}\cdot 11H_2O$ hexagonal

Von der Grube *Samson* liegt Gmelinit in Form max. 1 mm großer, hexagonaler Tafeln vor, die neben klaren Analcimen leicht zu übersehen sind.

Ebenfalls bis max. 1 mm große, weißlich trübe, dünne, hexagonale Gmelinit-(Ca)-Täfelchen, begleitet von Analcim und Phillipsit, fanden sich im Gabbrosteinbruch von Bad Harzburg.

Gmelinit in pseudohexagonalen Tafeln zusammen mit klarem Analcim – Grube Samson, St. Andreasberg (BB 1,6 mm)

Laumontit $CaAl_2Si_4O_{12} \cdot 4H_2O$ monoklin

Weiße, stängelige Kristalle, aber auch erdige Überzüge auf Tonschiefer oder Gangart aus dem St. Andreasberger Revier, wurden als Laumontit bestimmt. Begleitet werden die 1 bis 5 mm großen Individuen von anderen Zeolithen.

Im Harzburger Gabbrosteinbruch findet sich Laumontit auf Klüften von Kalksilikatfelseinschlüssen in bis zu 2 mm großen, typisch lang gestreckten Kristallen mit einfachen, schrägen Dachflächen. Begleiter sind Stilbit, Fluorapophyllit und Pyrit. Ähnliche Funde liegen aus dem Diabassteinbruch Huneberg vor.

Leistenförmiger Laumontit mit kugeligen Analcim-Kristallen – Gabbrosteinbruch Bad Harzburg (BB 2 mm)

Natrolith $Na_2(Si_3Al_2)O_{10} \cdot 2H_2O$ orthorhombisch

Im St. Andreasberger Revier zählt der sonst recht verbreitete Natrolith zu den selteneren Vertretern der Zeolithfamilie. Auf Klüften im Nebengestein fand er sich früher in bis zu 3 cm großen, radialstrahligen Sonnen. Sehr selten ließ sich die Ausbildung von bis zu 1 cm großen „Igeln“ aus stängeligem Natrolith beobachten.

Im Harzburger Gabbrosteinbruch und ebenso im Diabassteinbruch Huneberg fand sich Natrolith als kleine Bällchen aus weißen, seidenglänzenden Fasern zusammen mit Stilbit.

Natrolith in einem „Igel-förmigen" Aggregat – Grube Samson, St. Andreasberg (BB 23 mm)

Phillipsit-(Ca) $(Ca_{0.5}, K, Na)_{4-7}[Al_{4-7}Si_{12-9}O_{32}] \cdot 12H_2O$

monoklin

Phillipsit – Sieberstollen, Samueler Querschlag, St. Andreasberg (BB 6 mm)

Im St. Andreasberger Revier wurde Phillipsit in neuerer Zeit in Form von bis zu 4 mm großen, milchig weißen Kristallen beschrieben, die gern auch Durchkreuzungszwillinge bilden. Als jüngste Bildung überwachsen die winzigen, prismatischen Kristalle ältere Heulandite.

Im Harzburger Gabbrosteinbruch und in den Tonschiefern des Rammelsbergs wurde farbloser oder weißer, oft verzwillingter Phillipsit als seltenes Kluftmineral nachgewiesen.

Harmotom in transparenten Zwillingen – Grube Samson, St. Andreasberg (BB 2 mm)

2.18 Selenide, Telluride und Palladiumminerale

Selenmineralien sind weltweit nicht sehr verbreitet. So ist es umso bemerkenswerter, dass es im Harz zahlreiche kleine Vorkommen gibt, die heute zu den klassischen Fundstätten zählen und eine sehr komplexe Mineralogie bieten.

Das Nichtmetall Selen verhält sich in der Natur wie Schwefel und bildet analog zu den Sulfiden ähnlich strukturierte Selenide. Die mineralogische Erforschung dieser spannenden Mineralgruppe weist im Harz eine lange Tradition auf. Nachdem der neue Grundstoff 1817 durch den berühmten schwedischen Chemiker J. J. Berzelius (1779–1848) in den Rückständen der Schwefelsäurefabrik von Gripsholm unweit von Stockholm entdeckt worden war, bemühten sich Forscher europaweit, natürliche Träger dieses Elements, d.h. Minerale dieses neuen Grundstoffes, ausfindig zu machen. Recht erfolgreich dabei war der in Seesen geborene Bergingenieur und Mineralienfreund Johann Ludwig Carl Zincken (1791–1862), der als Bergrat den anhaltinischen Bergbau im Raum Neudorf-Harzgerode leitete. 1821 entdeckte er Selen-haltige Bleierze, die zusätzlich auch etwas Gold führten, in den Eisensteingruben von Tilkerode im Unterharz. Als Hauptmineral wurde von dem Berliner Mineralogen Gustav Rose (1798–1873) „Selenblei“ analysiert. Wenige Jahre später ließ Zincken auf der staatlichen Silberhütte im Selketal aus diesen Erzen zu wissenschaftlichen Zwecken und für Sammler elementares Selen produzieren, für das es damals sonst keinerlei praktische Verwendung gab. Schnell geriet Tilkerode zu einem mineralogischen Klassiker, wo bald noch weitere Selenverbindungen sowie ein heute Stibiopalladinit genanntes Palladiummineral entdeckt wurden. Heute heißt das zuerst in Tilkerode gefundene „Selenblei“ **Clausthalit**, denn 1824 wurde diese Verbindung auch auf dem Burgstätter Gangzug bei Clausthal (Gruben *St. Lorenz* und *Königin Charlotte*) festgestellt und von den Göttinger Mineralogen F. Stromeyer (1776–1835) und J.F.L. Hausmann (1782–1859) untersucht, die ihre Ergebnisse schneller veröffentlichten, sodass quasi die Zweitfundstätte die Typlokalität darstellt. Der Harz stand damit bezüglich des Selens im Fokus der damaligen internationalen Forschung. Bald fanden eifrige Mineralogen und Chemiker weitere Blei-, Kupfer-, Quecksilber- und Kobalt-haltige Selenerze in einigen Eisensteingruben bei Zorge und Lerbach. Die von hier beschriebenen Erzphasen „Zorgit“ (Selenbleikupfer) und „Lerbachit“ (Selenbleiquecksilber) entpuppten sich später als Mineralgemenge und wurden diskreditiert. Zum Harzer Typmineral wurde allerdings das heute **Tiemannit** genannte Selenquecksilber, 1829 von Jordan in Lerbach und später zusammen mit Clausthalit aus der Grube *St. Lorenz* in Clausthal nachgewiesen.

Clausthalit (graues Band) in Gangstück mit „Braunspat" und Quarz – Eskeborner Berg, Nebenstrecke der Goldschachtsohle, Tilkerode (Breite 10 cm)

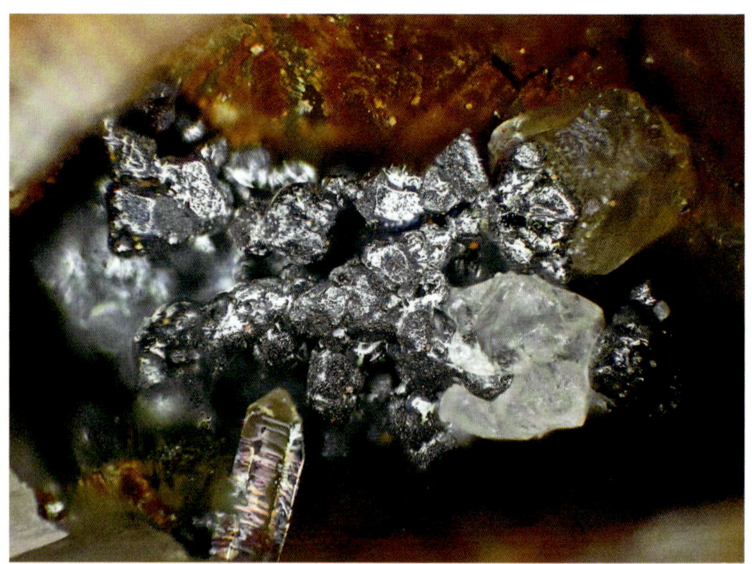

Clausthalit in hypidiomorphen Kristallen mit Quarz – Tilkerode, Unterharz (BB 1 mm)

Tiemannit, Derberz in Calcit – Eskeborner Berg, Tilkerode (BB 8,5 mm)

Tiemannit-Gangstück – Grube Königin Charlotte, 1. Bogentrum, Tiefer Georg Stollen, Clausthal (BB 7 cm)

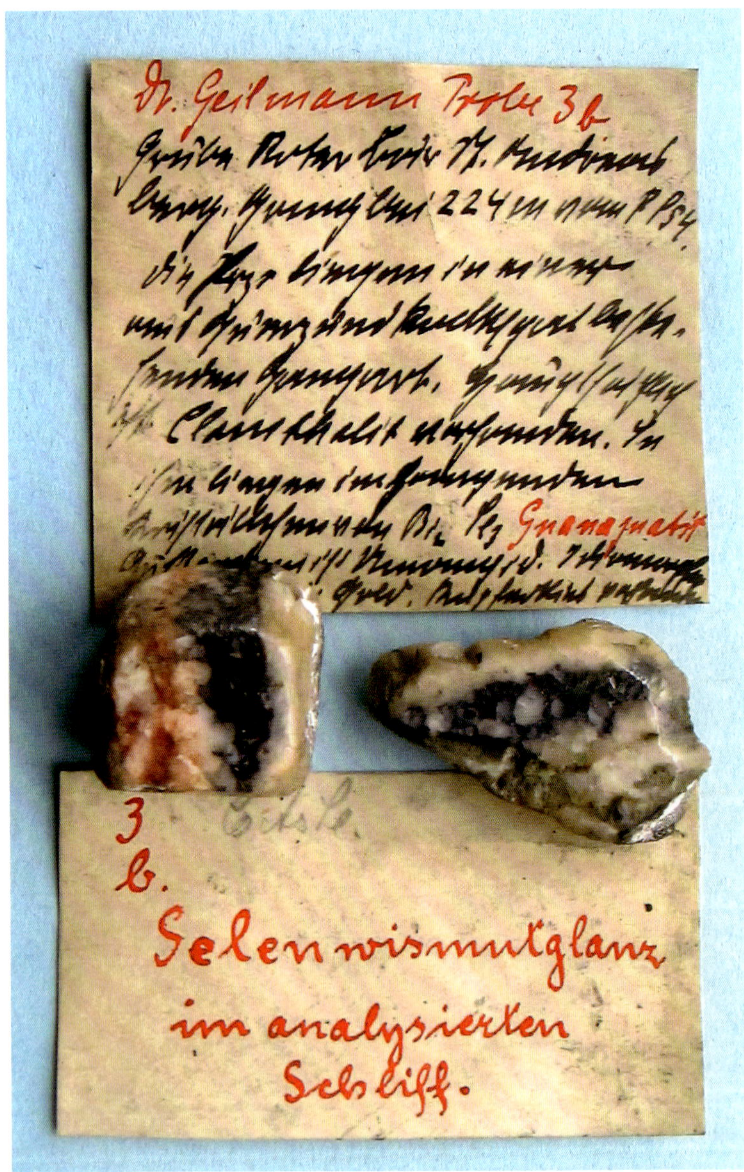

Anpolierte Originalproben aus den 1920er-Jahren mit Etikett von W. Geilmann, in denen der Roterbärit entdeckt wurde

Die Geschichte der Kuriositäten setzte sich 1912 fort, als Mineraliensammler in einem Grauwackesteinbruch im Trogtal unweit der Bergstadt Lautenthal Selen-haltiges Material fanden und zunächst für Clausthalit hielten. Spätere Untersuchungen durch den Hannoverschen Mineralogen G. Frebold wiesen darin Kobalt nach. Die Entschlüsselung dieses sonderbaren Erzfundes gelang erst Anfang der 1950er-Jahre unter Federführung des berühmten „Vaters der Erzmikroskopie" Paul Ramdohr (1890–1985), der in dem wenigen Material der „Trogtalparagenese", die sich als Einzelfund erwies, vier neue Selenminerale bestimmte, nämlich **Freboldi**t (CoSe), **Trogtalit** ($CoSe_2$), **Bornhardtit** (Co_3Se_4) und **Hastit** (später diskreditiert und heute **Ferroselit** ($FeSe_2$) genannt).

Recht spannend verlief auch die Erforschung der 1927 im St. Andreasberger Revier im Rahmen bergmännischer Untersuchungsarbeiten in der Grube *Roter Bär* entdeckten Selenerze. Beim Vortrieb eines Querschlags auf den Sieberstollen im Nordosten des Grubenfeldes wurden drei jeweils nur wenige Zentimeter mächtige Kalkspattrümer angetroffen, in denen sich Schnüre von Selenerzen fanden. Diese erwiesen sich bei der Untersuchung durch den als wissenschaftlichen Berater tätigen Hamburger Mineralogieprofessor Hermann Rose (1883–1976) als außerordentlich komplex und wurden durch den Chemiker Wilhelm Geilmann (1891–1967) an der Technischen Hochschule Hannover nasschemisch untersucht. Darin gelang es, in Begleitung von Gold auch

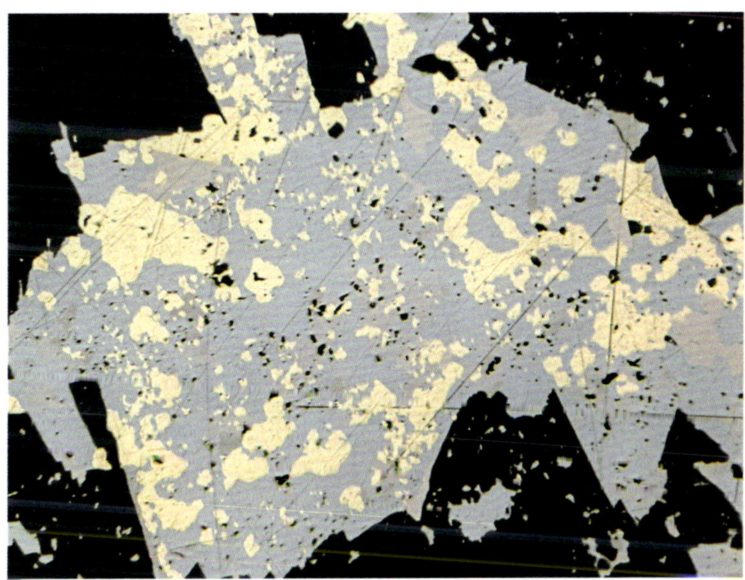

Angeschliffenes Clausthaliterz mit zahlreichen Einschlüssen von gediegen Gold – Grube Roter Bär, St. Andreasberg (BB ca. 0,2 mm)

einen „*Selenwismutglanz*“ (GEILMANN & ROSE 1928) zu entdecken. Da es noch keine Mikrosonde gab, stieß man damals schnell an die Grenzen des Machbaren und konnte vieles nur vermuten oder indirekt berechnen. So erwiesen sich mikroanalytische Neubearbeitungen des alten Probenmaterials als fruchtbar. WALLIS (1994) stellte darin weitere Wismut-, Silber- und Quecksilberselenide fest. Den krönenden Abschluss bildete schließlich der Nachweis eines neuen, von Hämatit, Gold, Clausthalit und Bohdanowiczit begleiteten Palladiumminerals der Zusammensetzung $PdCuBiSe_3$ (CABRAL et al. 2015), das kürzlich unter dem Namen **Roterbärit** von der IMA anerkannt wurde (VYMAZALOVA et al. 2020).

Der Roterbärit im Anschliff (braune Einschlüsse), zusammen mit Gold im grauem Clausthalit – Grube Roter Bär, St. Andreasberg (BB ca. 0,2 mm)

Auch im Tilkeröder Material lohnte sich die Nachuntersuchung. Gerhard Tischendorf (1927–2007), der sich während der DDR-Zeit sehr um die Erforschung der Harzer Selenide verdient gemacht hat, konnte für seine Hauptarbeit (TISCHENDORF 1959) noch nicht auf die moderne Mikroanalytik zurückgreifen. Ihm zu Ehren wurde ein 2002 in Tilkeröder Material entdecktes Palladium-Quecksilber-Selenid **Tischendorfit** genannt. Kurz vor Drucklegung dieses Buches wurde dann der **Tilkerodeit** als neustes Palladium-Quecksilber-Selenid von Eskebornschacht bei Tilkerode von der IMA anerkannt (MA & FÖRSTER, 2020).

Leider stellen die nur derb und eingewachsen vorkommenden Selenide äußerlich nur wenig attraktive, graue Erze dar, die erst unter dem Erzmikroskop ihre mineralogische Vielfalt und interessanten Gefüge offenbaren. Makroskopisch erkennbar sind nur die häufigeren Spezien wie Clausthalit, Tiemannit und bisweilen auch Naumannit, die selten als metallisch graue Erzbänder oder Einschlüsse in den „Braunspatgängen“ zusammen mit Hämatitvererzungen im Graptolithenschiefer von Tilkerode sowie in den Diabasen von Lerbach und Zorge auftreten. Zu den oben genannten „Klassikern“ sind in jüngerer Zeit weitere Minerale wie auch neue Fundorte hinzugekommen. Besonders bemerkenswertes Material lieferte der Grauwackensteinbruch Rieder bei Gernrode. Neben Derberz fand sich hier als große Ausnahme ein verzerrter, kuboktaederischer Clausthalit-Kristall von 0,3 mm Größe (SCHAARSCHMIDT 2007).

Da eine ausführliche Beschreibung der makroskopisch ohnehin sehr ähnlich aussehenden Selenminerale den Rahmen dieses Buches sprengen würde, sollen diese hier nur in tabellarischer Form kurz vorgestellt werden.

Umangit, typische violett angelaufene Erzbutzen – Steinbruch Rieder bei Gernrode (BB 0,3 mm)

Naumannit, frei gewachsen auf Calcit – Hauptschacht Tilkerode (BB 7,5 mm)

Stibiopalladinit, schwarzer Kristall auf gediegenem Gold – Grube Brummerjahn, Zorge, Südharz (BB 0,64 µm)

Fundorte von Selenidmineralisationen im Harz

Fundorte		
entsprechend der Spalten der unteren Tabelle	**A**	Clausthal, Burgstätter Gangzug, Gruben *St. Lorenz* und *Charlotte* [Tischendorf (1959), Cabral et al. (2018)]
	B	Lerbach, Gruben *Weintraube* und *Neue Caroline* [Tischendorf (1959)]
	C	Lautenthal, Steinbruch Trogtal [Ramdohr & Schmitt (1955), Cabral et al. (2012)]
	D	St. Andreasberg, Gruben *Roter Bär* und *Felicitas* [Geilmann & Rose (1928), Cabral et al. (2015 und 2016)]
	E	Siebertal, Grube *Henriette* [Heider (2014)]
	F	Bad Lauterberg, Grube *Frische Lutter* [Koch & Heider (2018)]
	G	Zorge, Gruben *Brummerjahn*, *Jeremiashöhe* und *Kirchberg* [Tischendorf (1959)]
	H	Tilkerode, Hauptschacht und Eskeborner Berg [Tischendorf (1959), Klaus (1989)]
	J	Steinbruch Rieder bei Gernrode [Schaarschmidt (2007), Heider & Siemroth (2012) Heider et al. (2019)]
	K	Treseburg, Herrmannstollen [Augustin (1993)]
	L	Siptenfelde, Brachmannsberg (Analysen Siemroth)

Verteilung der im Harz nachgewiesenen Selenminerale

Mineral	Chem. Formel	A	B	C	D	E	F	G	H	J	K	L
Clausthalit*	PbSe	X	X	X	X	X	X	X	X	X	§	
Naumannit*	Ag_2Se	X			X		X		X	X		
Tiemannit*	HgSe	X	X	X	X	X	X	X	X	X		
Berzelianit	Cu_2Se	X	X		X			X	X	X		
Eukairit	CuAgSe		X	X	X			X	X	X		
Umangit	Cu_3Se_2		X	X	X	X		X	X	X		
Klockmannit	CuSe		X		X	X	X	X	X	X		
Krut'ait	*$CuSe_2$*		X	X					X	X		
Petricekit	*$CuSe_2$*								X			
Athabascait	Cu_5Se_4		X					X	X			
Eskebornit*	*$CuFeSe_2$*		X						X	X		
Tyrrellit	$Cu(Co_{0.68}Ni_{0.32})_2Se_4$			X					X	X		
Freboldit*	*CoSe*			X					X			

Mineral	Chem. Formel	A	B	C	D	E	F	G	H	J	K	L
Trogtalit*	*$CoSe_2$*			X	X				X	X		
Bornhardtit*	Co_3Se_4		X	X					X			
Ferroselit#	$FeSe_2$			X	X				X	X		
Trüstedtit	Ni_3Se_4								X			
Penroseit	$(Ni,Co,Cu)Se_2$			X					X			
Crookesit	$(Cu,Tl,Ag)_2Se$		X					X				
Sabatierit	Cu_6TlSe_4		X					X				
Bukovit	$Tl_2Cu_3FeSe_4$		X									
Hakit	*$Cu_{10}(Hg,Ag)_2(Sb,As)_4(Se,S)_{13}$*									X		
Geffroyit	$(Cu,Fe,Ag)_9(Se,S)_8$								X			
Fischesserit	*Ag_3AuSe_2*								X	X		
Bohdanowiczit	*$AgBiSe_2$*				X	X	X		X			
Guanajuatit	Bi_2Se_3				X		X		X			
Nevskit	*$Bi(Se,S)$*					X	X					
Laitakarit	*Bi_4Se_3*						X				X	
Ikunolith	$Bi_4(S,Se)_3$										X	X
Watkinsonit	$Cu_2PbBi_4Se_8$						X					
Roterbärit*	*$PdCuBiSe_3$*				X							
Christstanleyit	*$Ag_2Pd_3Se_4$*								X	X		
Tilkerodeit*	Pd_2HgSe_3								X			
Tischendorfit*	$Pd_8Hg_3Se_9$								X			
Verbeekit	*$PdSe_2$*									X		
Stilleit	$ZnSe$				X				X			

* Typlokalität im Harz, § Clausthalit-Galenit Mischkristall

Diskreditierte Selenminerale:
Der von Ramdohr & Schmitt (1955) beschriebene *Hastit* wurde diskreditiert, er ist identisch mit Ferroselit (Keutsch et al., 2009).

Der von Rose (1824) beschriebene *Zorgit* („Selenkupferblei") erwies sich als Gemenge von Clausthalit und Umangit, während der von Zincken (1825) beschriebene *Lerbachit* („Selenquecksilberblei“) und der von Haidinger (1845) benannte *Tilkerodit* Gemenge von Clausthalit mit Tiemannit bzw. Kobaltseleniden darstellen.

Das von Zincken (1829) als „Selenpalladium“ erwähnte *Allopalladium* entspricht heute dem Mineral Stibiopalladinit.

Tellurminerale im Harz

Noch wesentlich seltener als Selenide sind im Harz Minerale mit dem „Schwesterelement“ Tellur. Solche ließen sich nachweisen, wenn auch nur als winzige, wenige Mikrometer große Einschlüsse in anderen Erzen, zum Beispiel in derben Pyrrhotinerzen des Gabbrosteinbruchs von Bad Harzburg (Rasche 2018). Hier fand sich als einzige Ausnahme das Wismuttellurid **Tsumoit** als einige Millimeter großer, silbergrauer Einschluss im Galenit eines Schriftgranitganges (Gröbner & Steinkamm, 2019).

Nachfolgende Tabelle informiert über die bislang gefundenen Tellurminerale und ihre Vorkommen im Harz.

Fundorte und Beschreibung von Tellurmineralen im Harz

Mineral	**Chem. Formel**	Fundort	Ref.
Temagamit	Pd_3HgTe_3	Tilkerode	Wallis (1994)
Merenskyit	$PdTe_2$	Steinbruch Rieder	Heider at al. (2020)
Rucklidgeit	$PbBi_2Te_4$	Radau-Oker-Stollen	Schuster (1988)
Tsumoit	BiTe	Gabbrobruch Bad Harzburg	Gröbner & Steinkamm (2019)
Joseit-B	Bi_4Te_2S	Herrmanstollen Treseburg	unveröffentlich
Tellurobismutit	Bi_2Te_3	Gabbromassiv	Rasche (2018)
Hessit	Ag_2Te	Gabbromassiv	Rasche (2018)
Melonit	$NiTe_2$	Gabbromassiv	Rasche (2018)

Palladiumminerale im Harz

Minerale des zur Platingruppe zählenden Edelmetalls Palladium zählen im Harz zu den absoluten Raritäten. Die Vorkommen beschränken sich hier, wie auch weltweit, auf wenige Mikrometer große Einschlüsse in Seleniden oder gediegenem Gold. Es ist daher erstaunlich, dass im Harz 10 verschiedene Palladiumminerale sowie eine weitere, bisher noch unbenannte Gold-Palladium-Legierung nachgewiesen werden konnten (Heider et al. 2020). Bemerkenswerter Neufund ist ein Kupfer-Wismut-Palladium-Selenid, das kürzlich, benannt nach der Typlokalität in St. Andreasberg, unter dem Namen **Roterbärit** als neues Mineral anerkannt wurde. Das Vorkommen von Palladium gemeinsam mit Gold und Selenmineralen in den Erzen von Tilkerode hatte bereits Zincken (1829) erkannt. Mangels entsprechender Analytik beschrieb er es als „*Selenpalladium*". Genkin et al. (1977) erkannten den Antimongehalt und nannten es „*Allopalladium*". Nach der heutigen Nomenklatur handelt es sich um **Stibiopalladinit** (Pd_5Sb_2). Dieser bildet das einzige Harzer Palladiummineral, das in erkennbaren Kristallen vorkommt. Außer in Tilkerode fand es sich in Form schwarzer, sechsseitiger Tafeln von 0,01 µm Größe zusammen mit gediegen Gold auch im Zorger Revier.

Die im Harz nachgewiesenen Palladiumminerale und ihre Fundorte

Mineral	Formel	Tilkerode	Zorge	Rieder	St. Andreasberg
Atheneit	$Pd_2As_{0,75}Hg_{0,25}$	Heider 2020			
Chrisstanleyit	$Ag_2Pd_3Se_4$	Tischendorf 1959		Heider 2019	
Merenskyit	$PdTe_2$			Heider 2020	
Mertieit-II	$Pd_8Sb_{2,5}As_{0,5}$				Cabral 2015
Roterbärit	$PdBiCuSe_3$				Cabral 2015 Vymazalová et. al. 2020
Stibiopalladinit	Pd_5Sb_2	Zincken 1829	Genkins 1977		
Temagamit	Pd_3HgTe_3	Wallis 1994			
Tischendorfit	$Pd_8Hg_3Se_9$	Stanley 2002			
Urvantsevit	$Pd(Bi,Pb)_2$	Anthony 1990			
Verbeekit	$PdSe_2$			Heider 2019	
Gold-Palladium-Legierung	Au_2Pd		Heider 2020		

2.19 Uran- und Molybdänminerale

Uraninit (Uranpecherz, Pechblende) UO_2 kubisch

H: 4-6, D: 6-10,5

Während auf den hydrothermalen Lagerstätten des Ober- und Unterharzes keine Uranminerale in Erscheinung treten, bildet das St. Andreasberger Revier die einzige bislang festgestellte Ausnahme. In Proben vom Ernstgang der Grube *Roter Bär* fand sich punktuell Uranpecherz in Form winziger (bis 30 µm großer) Kügelchen, begleitet von in Calcit eingewachsenen Nickel-Kobalt-Arseniden und oxidisch-silikatischen Vanadiummineralen.

Derbes Uranpecherz fand sich an wenigen Stellen des Mansfelder Kupferschieferreviers. Obwohl sich das Kupferschieferflöz durch erhöhte Urangehalte auszeichnet, beschränken sich makroskopische Anreicherungen von Uranpecherz, in Form schwarzer, traubig-nieriger Massen mit 1–2 mm großen, kugeligen Aggregaten, auf wenige Rückenvererzungen. Begleiter sind rötlicher Baryt, verschiedene Nickelarsenide und Wismut. Historische Fundstücke liegen vom Clotilde- und Graf Hohethals-Schacht vor. Ein Teil des Urans ist auch an amorphe, feste Kohlenwasserstoffe gebunden, die ein teerartiges Aussehen zeigen und unter dem Namen **Thucholit** zusammengefasst werden (SIEMROTH & WITZKE 1999).

Pechblende in „Mausaugen" – Clotildeschacht, Mansfelder Revier (BB 15,5 mm)

Zeunerit $Cu(UO_2)_2(AsO_4)_2 \cdot 10\text{-}16H_2O$ tetragonal

Dieses zur Familie der „Uranglimmer“ zählende, hellgrüne Kupfer-Uranyl-Arsenat ist eines der wenigen uranhaltigen Sekundärminerale, die bisher im Harz gefunden wurden. Fundorte sind die Grube *Frische Lutter* bei Bad Lauterberg, die Grube *Henriette* im Siebertal und die Grube *Ludwig Rudolf* im Steinfelder Revier bei Braunlage. Das überall extrem seltene Mineral bildet hauchdünne, quadratische Tafeln mit Kantenlängen unter 1 mm. Begleiter sind andere Arsenate wie Bariopharmakosiderit, Tirolit oder Olivenit.

Zeunerit in hauchdünnen Tafeln – Grube Frische Lutter bei Bad Lauterberg (BB 1 mm)

Natrium-Zippeit $Na_5(UO_2)_8(SO_4)_4O_5(OH)_3 \cdot 12H_2O$ monoklin

Schröckingerit $NaCa_3(UO_2)(SO_4)(CO_3)_3F \cdot 10H_2O$ triklin

Diese beiden farblich auffälligen Minerale aus der Familie der sogenannten Uranglimmer begleiten als supergene Umwandlungsprodukte von Pechblende die Uranvererzungen im Mansfelder Kupferschieferrevier. Der kanariengelbe **Natrium-Zippeit** bildet pulvrige Beläge und Anflüge zusammen mit Gips. Der meist hellere, grünlich gelbe **Schröckingerit** erscheint in Form hauchdünner, tafeliger Kristalle (bis 0,1 mm), die einen Glasglanz zeigen und gelegentlich kleine Rasen bilden.

Kanariengelber Natrium-Zippeit mit klaren Gipskristallen – Ernstschacht, Mansfelder Revier (BB 2 mm)

Schröckingerit, in gelblichen Tafeln, hier rasenbildend – Graf-Hohethals Schacht, Mansfelder Revier (BB 2 mm)

Da Molybdänit in den Kupferschieferrevieren in einer Paragenese zusammen mit Uraninit auftritt, soll er an dieser Stelle behandelt werden.

Molybdänit (Molydänglanz) MoS_2 hexagonal

H: 1-1,5, D: 4,7-4,8

Kennzeichnend für den Mansfelder Kupferschiefer sind verbreitet erhöhte Molybdängehalte von etwa 400–600 g/t, die auf fein verteiltem Molybdänsulfid beruhen. Auskristallisierter Molybdänit, unverkennbar durch den hellgrau-metallischen Glanz und die sehr geringe Mohshärte (1–1,5), bildet wenige Millimeter große, kugelige Aggregate oder dünne Beläge zwischen Baryttafeln, die häufig durch Hämatit rötlich gefärbt sind. Begleiter ist Pechblende, die hier ebenfalls kugelig ausgebildet erscheint. Den härteren Kern der Molybdänitkugeln untersuchten Schüller & Ottermann (1963) und stellten darin einen deutlichen Kupfergehalt fest. Der von ihnen mit der Zusammensetzung $CuMo_2S_5$ beschriebene ***Castaingit*** wurde allerdings von der IMA wegen ungenügender Daten nicht anerkannt.

Im Harz tritt Molybdänit in Greisen des Randbereichs des Ramberggranits am Kupferberg bei Gernrode auf. Hier werden die wenige Millimeter

Molybdänit als graue, weiche Sphärolithe im Calcit – Freieslebenschacht im Mansfelder Revier (BB 6,2 mm)

großen, blättrigen Pakete von Ferberit, Löllingit und Arsenopyrit begleitet. Erzmikroskopisch war noch gediegen Wismut nachzuweisen (Heider & Siemrorth, 2001).

Im Gabbrosteinbruch bei Bad Harzburg fand sich Molybdänit als metallisch glänzende, weiche Schuppen von einigen Millimetern Größe im Mikroklin der pseudopegmatitischen Gänge mit Albit und Quarz.

Als seltene, in der Regel nur erzmikroskopisch feststellbare Komponente ließ sich Molybdänit in den Massiverzen des Rammelsberges nachweisen.

Erzmikroskopisch lässt sich schüppchenförmiger Molybdänit verbreitet in den derben „Nickel-Magnetkies-Erzen" im Harzburger Gabbronorit feststellen (Rasche 2018).

Schröckingerit als tafeliger Einzelkristall – Walter-Schneider-Schacht, Mansfelder Revier (BB 0,3 mm)

2.20 Minerale mit Selten-Erd-Elementen

Als Seltene Erden werden die chemisch sehr ähnlichen und daher schwer zu unterscheidenden Metalle der 3. Nebengruppe des Periodensystems (Lanthanoide) sowie Yttrium und Scandium zusammengefasst (insgesamt also 17 Elemente). Aufgrund der unterschiedlichen Häufigkeit in der Natur treten allerdings nur wenige dieser Elemente formeldominant auf (Y, Ce, Nd, La). Da sich alle Seltenen Erdmetalle gegenseitig im Kristallgitter ersetzen, sind auch die anderen, selteneren Metalle immer in geringen Gehalten (< 1%) in den unten beschriebenen Mineralien enthalten. In der mineralogischen Nomenklatur setzt man das dominierende Selten-Erd-Element (SEE) in eine Klammer hinter dem Mineralnamen. Mineralien mit verschiedenen dominierenden SEE sind selbständige Mineralarten. Daher gibt es vier verschiedene Agardite im Harz, wobei auch Ca und Bi auf den SEE-Platz im Kristallgitter eintreten kann, die dann als Zalesíit und Mixit bezeichnet werde, da die Klammerregel nur auf SEE angewendet wird.

Synchisit-(Ce) $Ca(Ce, Nd)(CO_3)_2F$ monoklin
Synchisit-(Y) $CaY(CO_3)_2F$ monoklin
Bastnäsit-(Y) $Y(CO_3)F$ hexagonal

Aus der Gangart der Oberharzer Erzgänge wurden erstmals von Haack et al. (1987) Funde von **Synchisit-(Y)** sowie einem einzelnen Korn **Bastnäsit-(Y)** beschrieben. Neuere Untersuchungen haben gezeigt, dass Synchisit in hydrothermal gebildeten Karbonaten im gesamten Harz auftritt (Alles et al. 2019). Außer im Erzbergwerk Grund wurde Synchisit- (Nd, Ce) unter anderem auf dem Lautenthaler Gangzug und im Haldenmaterial von Oberschulenberg gefunden. **Synchisit-(Ce)** ließ sich im St. Andreasberger Revier und im Unterharz auf dem Straßberg-Neudorfer-Gangzug sowie in der Grube *Brachmannsberg* nachweisen. Des Weiteren wurde Synchisit-(Ce) teils eng verwachsen mit **Parisit** im rhyolithischen Ganggestein des „Druidensteins" von Trautenstein im Mittelharz gefunden.

Die Synchisite treten meist in Form von unzähligen, nur 1–20 µm großen, schmalen Leisten in Calcit einsprengt auf, seltener sind unregelmäßige, bis 100 µm große Körner. Insgesamt machen die Selten-Erd-Minerale dabei etwa 0,3 % der Gesamtmasse des Karbonats aus. Die Körner lassen sich am besten im Rückstreuelektronenbild mit der Mikrosonde nachweisen, größere Körner können gelegentlich auch unter dem Auflichtmikroskop beobachtet werden.

Derartige Bildungen sind in klassischen hydrothermalen Erzgängen recht ungewöhnlich und bisher nur aus wenigen anderen großen Lagerstättendistrikten bekannt geworden. Ein Beispiel sind die Fluorit-Calcit-Gänge der sardischen Flussspatlagerstätte Silius. Normalerweise bilden sich die Selten-Erd-Fluorcarbonate Bastnäsit, Parisit, Roentgenit und Synchisit magmatisch-hydrothermal, oft im Zusammenhang mit Karbonatit-Intrusionen, wie z.B. in den bedeutenden Selten-Erd-Lagerstätten Mountain Pass (Nevada, USA) und Bayan Obo (China).

Die Quelle der weit überdurchschnittlich angereicherten seltenen Erden im Harz ist noch unklar, wobei die Granitintrusionen und die sedimentären Nebengesteine der Erzgänge anhand von isotopengeochemischen Untersuchungen als Ursprung ausgeschlossen werden können.

Der einzige frei kristallisierte Synchisit im Harz fand sich im Odertaler Revier, und zwar im Nebengestein der Grube *Neuer Theuerdank* im Morgensterntal. Dort bildet auf Quarz-Rasen aufgewachsener **Synchisit-(Ce)** bräunliche, hexagonale Tafeln. Begleitet wird er von Hämatitschuppen und Anatas in hauchdünnen, schwarz-blauen Täfelchen.

Lanthanit-(Ce) $(Ce, La)_2(CO_3)_3 \cdot 8H_2O$ orthorhombisch

Das SEE-Karbonat Lanthanit-(Ce) konnte für den Harz bislang nur in Material von der Grube *Neuhaus-Stolberg* bei Straßberg im Unterharz nachgewiesen werden (Gröbner et al. 2011). Eingewachsen in einem Brauneisentrum bildet das Mineral kleine, klare, farblose Täfelchen mit hohem Glasglanz. Nach mik-

Lanthanit-(Ce) in klaren farblosen Tafeln mit Malachit auf Brauneisen – Grube Neuhaus-Stolberg bei Straßberg, Unterharz (BB 5 mm)

rochemischen Untersuchungen handelt es sich um Mischkristalle von Lanthanit-(Ce) mit Lanthanit-(La). Begleitminerale sind Brochantit, Langit und Chalkoalumit in Form hellblauer Überzüge auf kugeligem Malachit.

Rhabdophan-(Ce) $Ce(PO_4) \cdot H_2O$ hexagonal
Rhabdophan-(La) $La(PO_4) \cdot H_2O$ hexagonal

Beige, sechsseitige Kristalle in Begleitung von Pyrit in Quarzdrusen von der Halde am Kiesschacht bei Siptenfelde stellten sich bei der Analyse als das SEE-Phosphat Rhabdophan-(Ce) heraus. Die EDS-Analyse ergab hier eine Dominanz von Cer mit erheblichen Gehalten an Nd und La sowie 2 % Sm.

Auch winzige, weiße Skelettkristalle auf Galenit mit braunen Klinozoisit-Nadeln aus einem Quarz/Calcit-Gang von der Halde der Grube *St. Jacobsglück* bei St. Andreasberg wurden als Rhabdophan-(Ce) mit ähnlicher Zusammensetzung bestimmt.

In Zwickeln des Baryts der Grube *Wolkenhügel* fanden sich gelbe bis bräunliche, erdig erscheinende Massen. Im Elektronenmikroskop ist zu erkennen, dass sie aus drei verschiedenen Mineralien bestehen. Rhabdophan-(La) bildet farblose, sechsseitige Säulen mit Basisflächen, die allerdings nur bis 0,1 mm Größe erreichen. Eng verwachsen mit dem Rhabdophan sind flache Blätt-

Rhabdophan-(Ce) in beigen, sechsseitigen Kristallen – Kiesschacht bei Siptenfelde, Unterharz (BB 3 mm)

chen aus Bastnäsit-Ce und **Cerianit** in verästelten Aggregaten (GRÖBNER & KLOSS, 2010).

Gysinit-(Nd) $PbNd(CO_3)_2(OH) \cdot H_2O$ orthorhombisch

Das weltweit sehr seltene Blei-Neodym-Carbonat Gysinit wurde auf den Halden der Grube *Glücksrad* bei Oberschulenberg in blassrosa bis fast weiß gefärbten Pusteln und auf geplatzten Kügelchen beschrieben (BLASS et al. 1996a). Die ringartig aufgebauten Aggregate erreichen nur einen Durchmesser von 1 mm und werden auf der Tonschiefermatrix von spitzförmigen Cerussit-Kristallen oder feinnadeligem Malachit begleitet.

Agardit-(Ce), Agardit-(Nd), Agardit-(La), Agardit-(Y), Zalesíit, Mixit (Ce, Nd, La, Y, Ca, Bi) $Cu_6(AsO_4)_3(OH)_6 \cdot 3H_2O$ hexagonal

Minerale der SEE-haltigen Agardit-Gruppe sind im Harz sehr unscheinbar und klein, doch überraschend verbreitet. Durch ihre Ausbildung als hellgrüne, feine Nadeln lassen sie sich leicht mit dem oft auch nadeligen, aber viel häufigeren Malachit verwechseln. Für eine exakte Ansprache ist eine mikrochemische Analyse unerlässlich, denn von den jeweiligen Anteilen von SEE sowie von Calcium und Wismut hängt der Mineralname ab. Das SEE mit dem höchsten Anteil wird dabei in Klammern gesetzt und mit Bindestrich an den Mineralnamen angehängt. Dominiert Calcium gegenüber der Summe aller Seltene-Erden-Elemente, liegt Zalesíit vor, bei Wismut-Vormacht heißt das Mineral Mixit.

Auf den Halden von Oberschulenberg, wo Agardit insgesamt sehr selten zu finden ist, ließen sich dennoch vier verschiedene SEE-Dominanzen feststellen: **Agardit-(Ce), Agardit-(Nd), Agardit-(La)** und **Agardit-(Y)**, alle vier treten ausschließlich in der Arsenat-Paragenese mit Mimetesit, Olivenit und Bayldonit auf. Sie bilden dünnste Nadeln von heller, grasgrüner, manchmal leicht bläulicher Farbe. Eine optische Unterscheidung der einzelnen Minerale ist nicht möglich, hierzu bedarf es einer quantitativen mikrochemischen Analyse. Weitere Einzelfunde von **Agardit-(Ce)** stammen von der Grube *Ludwig Rudolf* im Steinfelder Revier bei Braunlage und von der Grube *Kupferrose* bei Bad Lauterberg. Etwas verbreiteter ist **Agardit-(La)** auf den Halden an der Goslarschen Gleie bei Hasserode. Der Wismut-haltige **Mixit** konnte von der Grube *Aufgeklärtes Glück* bei Hasserode bestimmt werden. Funde von den Gruben *Alter Prinz Maximilian* und *Fünf-Bücher-Moses* im St. Andreasberger Revier erwiesen sich als **Zalesíit**. In Quarzdrusen von der Grube *Morgenstern* im Odertal bildet **Agardit-(Nd)** dickere Nadeln mit erkennbaren Kopfflächen, außerdem gibt es hier **Agardit-(Ce)** mit einem hohen La-Gehalt. Primäre Träger der in diese supergenen Minerale eingebauten SEE dürften Synchisit und andere SEE-Karbonate sein, die verbreitet als winzige Einschlüsse in den hydrothermalen Calciten auftreten.

Agardit-(Y) als Büschel aus nadeligen Kristallen – Grube Glücksrad bei Oberschulenberg (BB 3 mm)

Radialstrahliger Agardit-(La) – Goslarsche Gleie bei Hasserode (BB 2 mm)

Mixit auf ausgelaugtem Quarz – Grube Aufgeklärtes Glück bei Hasserode (BB 2 mm)

Zalesíit-Nadeln in Barytdruse – Grube Alter Prinz Maximilian, St. Andreasberg (BB 3 mm)

Arsenogoyazit $SrAl_3(AsO_4)(AsO_3OH)(OH)_6$ trigonal
Arsenoflorencit-(Ce) $(Ce, La)Al_3(AsO_4)_2(OH)_6$ trigonal

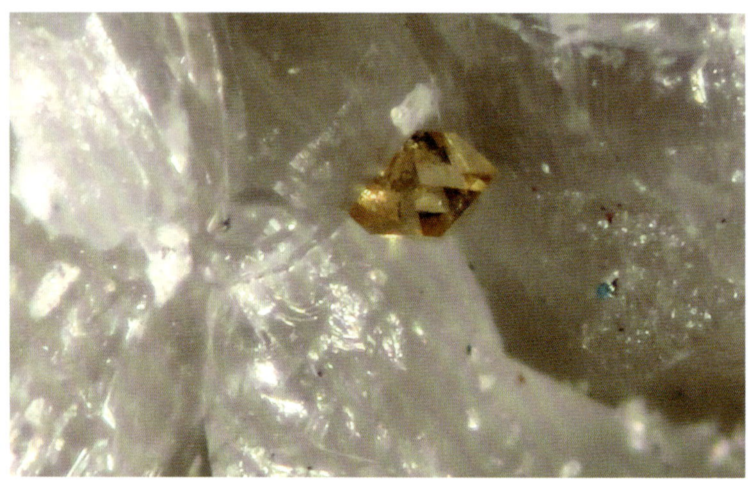

Verwachsung von mehreren Kristallen von Arsenoflorencit-(Ce) zwischen Calcit – Manganerzrevier von Ilfeld (BB 2 mm)

Arsenogoyazit-Kristall mit Quarz und Manganit – Manganerzrevier Ilfeld (BB 2 mm)

Mischkristalle dieser beiden seltenen Arsenate wurden im Harz bislang nur im Manganerzrevier von Ilfeld gefunden. Eingewachsen zwischen Quarz oder Calcit-Kristallen bilden sie winzige, stark glänzende Rhomboeder, deren Farbe zwischen farblos klar über leuchtend gelb bis gelbbraun variiert. Wegen der geringen Größe (< 0,5 mm) und der unauffälligen Färbung sind sie kaum von den hellen Gangartmineralen zu unterscheiden. Eine Bestimmung des jeweiligen Mischkristallgliedes ist nur mittels einer chemischen Mikroanalyse möglich.

Wakefieldit-(Ce) $CeVO_4$ tetragonal
Wakefieldit-(Nd) $NdVO_4$ tetragonal

Diese weltweit extrem seltenen SEE-Vanadate ließen sich im Harz mikroskopisch ausschließlich im Manganerzrevier von Ilfeld nachweisen (Gröbner et al. 2011). Es handelt sich stets um Mischkristalle von Cer und Neodym, die dort in sehr unterschiedlicher Ausbildung und Paragenese vorkommen. Die schönsten Kristalle fanden sich auf Halden des Manganerzbergbaus bei Sülzhayn. Dort bildet auf Quarz-Rasen gewachsener Wakefieldit-(Ce) dunkelgraue, achtseitige, selten bis etwa 1 mm große Bipyramiden. Wegen ihrer geringen Größe sind sie zwischen den glänzenden Quarzspitzen nur schwer zu erkennen. Sie zeigen aber im Gegensatz zu den sechsseitigen Bergkristallen stets eine achtseitige, ditetragonale Symmetrie. Wakefieldite in ganz anderer Aus-

Wakefieldit-(Ce) in achtseitigen Bipyramiden auf gelbbraunen Quarzen – Sülzhayn (BB 3 mm)

Winzige Kristalle von Wakefieldit-(Ce) eingewachsen in einem klaren Quarz-Kristall – Harzeburg bei Ilfeld (BB 2 mm)

bildung lassen sich vereinzelt eingewachsen in Quarz auf den Halden des Manganerzbergbaus am Braunsteinhaus bei Ilfeld beobachten. Es handelt sich um winzige (unter 0,1 mm große), schwarze, pyramidale Einschlüsse, die erst nach gründlicher Reinigung der Quarz-Rasen auffallen. Eine noch seltenere dritte Ausbildungsform, in Begleitung von gelb glänzenden Vanadiniten, findet sich direkt auf Manganit-Kristallen aufgewachsen. Diese rötlich braunen Kristalle sind kleiner als 0,5 mm und zeigen deutlich Nd-Dominanz.

Allanit-(Ce) (Orthit) $CaCeFe^{2+}Al_2[O/OH/SiO_4/Si_2O_7]$ monoklin

Aus pseudopegmatitischen Gängen oder den entsprechenden chloritführenden Gängen im Gabbrosteinbruch im Radautal stammen eingewachsene, schwarze, prismatische oder tafelige Kristalle von Allanit-(Ce) bis einige Zentimeter Größe. In Drusen der hydrothermalen Gänge tritt Allanit-(Ce) freistehend in garbenförmigen Gruppen nadeliger Kristalle auf, die mehr als 2 cm Durchmesser erreichen können. Die Nadeln zeigen graue bis bräunliche Färbung mit leichten Grüntönen und lebhaften Glasglanz. Selten fanden sich auch rosafarbige Büschel aus sehr dünnen, zerbrechlichen Nadeln.

Grauschwarze, radialstrahlige Nadeln von Allanit-(Ce) in einem hydrothermalen Quarzgang, Gabbrosteinbruch Bad Harzburg (BB 5 cm)

Allanit-(Ce) als scharfkantiger Einzelkristall – Gabbrosteinbruch Bad Harzburg (BB 1,5 cm)

Allanit in ganz anderer Ausbildung konnte von der Grube *Kleeblattsglück* im Drängetal (winzige fliederfarbige Tafeln in Quarzklüften) sowie von Bärenrode (Herzberg-Ost) als eingewachsene, graue, radialstrahlige Nadeln oder gelbe, frei aufgewachsene Nadeln zusammen mit braunen Titaniten bestimmt werden.

Kainosit-(Y) $Ca_2(Y, Ce)_2(Si_4O_{12})(CO_3) \cdot H_2O$ orthorhombisch

Zwischen den Quarz-Albit-Rasen aus Pseudopegmatitgängen des Gabbrosteinbruchs finden sich trübe, graue, teilweise auch bräunliche Kristalle vom lang gestreckten, prismatischen Habitus des seltenen Minerals Kainosit-(Y). Während die grauen Kristalle neben Yttrium auch Cer enthalten, sind die bräunlich gefärbten Kristalle deutlich Ytterbium-haltig (Gröbner & Steinkamm 2019).

Kainosit-(Y) als stengeliger Kristall in einer Quarzdruse – Gabbrosteinbruch Bad Harzburg (BB 2 mm)

Gadolinit-(Ce) $(Ce, Y)_2Fe^{2+}Be_2Si_2O_{10}$ monoklin

Gadolinit in ein- und aufgewachsenen Kristallen bis 15 mm Größe ist seit über hundert Jahren aus den pseudopegmatitischen Gängen des Gabbrosteinbruches im Radautal bekannt. Häufiger sind aber tafelige Gadolinit-Kristalle bis höchstens 2 mm. Alle Gadolinite sind metamikt (durch innere Strahlung amorphisiert, was sich durch Sprödigkeit und muscheligen Bruch bemerkbar macht) und vielfach von einem braunen Strahlungshof umgeben. Begleiter sind Allanit-(Ce) und Zirkon.

Gadolinit-(Ce) in Form schwarzer Stengel, eingewachsen im Schriftgranit – Gabbrosteinbruch Bad Harzburg (BB 3 cm)

2.21 Organische Minerale

Falottait $MnC_2O_4 \cdot 3H_2O$ orthorhombisch

Weiße, porzellanartige Falottait-Kristalle – Halde der Grube Kahlenbergsglück bei Zellerfeld (BB 3 mm)

Impsonit auf Grauwacke – Steinbruch im Gr. Andreasbachtal bei Barbis (BB 14 cm)

Dieses ungewöhnliche Manganoxalat ließ sich im Haldenmaterial der Grube *Kahlenbergsglück* bei Zellerfeld im Oberharz nachweisen. Falottait bildet dort weiße, gestreckte Kristalle (< 1 cm) von porzellanartigem Glanz. Als organische Verbindung darf dieses Mineral als ein Exot unter den Haldenbildungen gelten. Typlokalität ist Falotta in Graubünden (Schweiz). Der chemisch sehr ähnlich zusammengesetzte Lindbergit (mit nur zwei Molekülen Kristallwasser) fand sich als Haldenneubildung zum Beispiel bei Bräunsdorf im Erzgebirge.

Impsonit amorph

Dieser Name bezeichnet kein definiertes Mineral, sondern eine besondere Form von Asphalt oder Erdpech, entstanden durch die Oxidation und Entwässerung von Kohlenwasserstoffen (Pyrobitumen). Ein bekanntes Vorkommen im Harz ist der Iberg-Winterberg-Komplex, wo teerartiger Impsonit versteinerte Korallenstöcke imprägniert und dadurch deren filigrane Strukturen ausgezeichnet hervorhebt. Ebenso sind damit Klüfte gefüllt oder Hohlräume ausgekleidet. Die pechschwarze Farbe, die im starken Kontrast zum hellen Kalkstein steht, machte diese Vorkommen recht auffällig. Ähnliche Funde liegen auch aus den Massenkalken des Elbingeröder Komplexes vor.

Interessante Impsonitstufen lieferten die früher bei Barbis am Südharzrand betriebenen Grauwackesteinbrüche im Großen Andreasbachtal. Diese stammen aus drusigen Klüften und bestehen aus glänzenden kugelförmigen Impsonitaggregaten, die zusammen mit tafeligen Siderit-Kristallen und Rauchquarz-Doppelendern in mulmigen Limonit eingebettet sind.

Oftmals unter dem Namen **Anthrakonit**, der früher für kohlenstoffhaltigen schwarzen Calcit verwendet wurde, finden sich in alten Sammlungen diverse Stücke mit kohligen Substanzen, z. T. durch hydrothermale Überprägung und tektonische Zerscherung aus Tonschiefer gebildet. Funde liegen aus dem Andreasberger Revier (z. B. von der Grube *St. Andreaskreuz*) oder von den Eisensteingruben des Elbingeröder Komplexes vor.

Der in Sedimenten des Zechsteins vor allem in den Sanderzen vorkommende ***Asphalt*** ist eine natürliche Mischung aus Bitumen (hochpolymere Kohlenwasserstoffe) mit Harzen. Im frischen Zustand besitzt *Asphalt* ein teerartiges Aussehen und ist oft zähflüssig und klebrig. Austrocknung in Sammlungsräumen führt dann zu Schrumpfungsrissen. Er kommt als Imprägnation und Zwickelfüllungen in den mineralisierten Rücken sowie in den Konglomeraten und Sandsteinen des Zechsteins vor. Fundorte sind daher die Halden des Kupferschieferbergbaus am südlichen und östlichen Harzrand. Uran-haltige *Asphalte* bezeichnete man früher als Thucholit.

2.22 Unbeständige Minerale

Eis (Raureif, Haareis) H_2O hexagonal

Raureif kristallisiert bei Temperaturen knapp unter dem Gefrierpunkt aus der Luftfeuchtigkeit. Bei idealen Bedingungen können die nadelig oder tafelig ausgebildeten Kristalle Größen von einigen Zentimetern erreichen. Durch bevorzugtes Kantenwachstum entstehen häufig hauchdünne Skelettkristalle. Auch an Farne erinnernde Dendriten aus Eis werden beobachtet. Charakteristisch ist allen Eisbildungen die sechszählige Symmetrie, wie sie auch Schneekristalle zeigen.

Das auch Feenhaar oder Eiswolle genannte **Haareis** bildet sich bei geeigneten Bedingungen (Temperaturen knapp unter dem Gefrierpunkt und relativ hoher Luftfeuchtigkeit) unter der Beteiligung winteraktiver Pilze auf morschem und feuchtem Totholz. Durch den aeroben Stoffwechsel einiger holzabbauender Schlauch- und Ständerpilze werden Gase produziert, die das im Holz vorhandene, leicht unterkühlte Wasser an die Oberfläche drängen, wo es bei Frost gefriert und durch weitere nachdrängende, ebenfalls gefrierende Flüssigkeit immer weitergeschoben wird. So wachsen feine Eisnadeln aus dem Holz, die sich mit zunehmender Länge wie ein Wollknäuel biegen. Ähnliche Gebilde entstehen auch beim Gefrieren feuchter Böden.

Auch wenn sich Eiskristalle nicht zum Sammeln eignen, kann doch jedermann die verschiedenen Formen mit Fotos dokumentieren.

„Feenhaar" sprießt aus einem Ast am Waldboden (BB 18 cm)

Stabförmige Eiskristalle, aufgewachsen auf einem Ast (BB 12 cm)

Reif in Form farnähnlicher Dendriten-Kristalle, aufgewachsen auf einem Ast (BB 10 cm)

Anhang

Mineralfundorte und Sehenswürdigkeiten

Das nachfolgende Verzeichnis umfasst eine Zusammenstellung von ausgewählten Mineralfundpunkten und anderen geowissenschaftlich interessanten Sehenswürdigkeiten. Diese finden sich, geordnet nach den Blättern der topografischen Karte 1:25.000, aufgelistet und mit GPS-Koordinaten in Dezimalgrad (WGS 84) angegeben.

Viele der früher gern besuchten „klassischen" Fundstätten sind heute allerdings mehr oder weniger erloschen oder weitgehend abgesucht, andere dürfen aus Gründen des Natur- und Umweltschutzes nicht mehr betreten werden. Dieses gilt vor allem im Nationalpark sowie auf Privatgrund, wo Mineralien sammeln nicht erlaubt ist. Das Aufsuchen der wenigen aktiven Steinbruchbetriebe erfordert unbedingt eine Erlaubnis des Eigentümers. Dennoch bieten anderswo vor allem die zahlreichen Halden des früheren Erzbergbaus einige Möglichkeiten zum Aufsammeln von Belegstücken oder mit etwas Glück Mikromountstüfchen von ausgefallenen supergenen Mineralien. Leider sind diese oft stark überwachsen und nicht immer leicht auffindbar. So lassen sich auch heute noch im Harz interessante Mineralien finden, wenn man nur aufmerksam und ausdauernd danach Ausschau hält.

Über ein rein sammlerisches Interesse hinaus bietet der **Geopark Harz** mit seinen 21 Landmarken, zu denen jeweils Faltblätter verfügbar sind, eine Reihe von Geotopen, Besucherbergwerken und musealen Einrichtungen, die den Harz zu einem attraktiven Zielgebiet für geologisch-montanhistorische Exkursionen machen.

Vorkommen	Beschreibung	Nordwert (Lat.°)	Ostwert (Lon.°)
TK25 Blatt 4027 Lutter am Barenberge			
Renaturierter Steinbruch am Heimberg, Wolfshagen (Diabas)	Themenweg „Spur der Steine", Betreten des Biotops verboten	51.911889	10.326556
Bergbaurevier im Gegental (Quarz-Siderit-Gänge mit Limonit)	Überwachsene Halden	51.909365	10.270851
Grube *Friederike* und Gegentalschacht, Innerstestauseeufer (Quarz-Siderit-Gang mit Limonit)	Halden nur bei Niedrigwasser erreichbar	51.905307	10.273201
TK25 Blatt 4127 Seesen			
Grube im Steigertal (Barytgang mit Cu-Erzen)	Überwachsene Halde	51.893206	10.248313

Vorkommen	Beschreibung	Nordwert (Lat.°)	Ostwert (Lon.°)
Steinbruch Trogtal bei Lautenthal (Grauwacke, klassischer Selenid-Fundpunkt)	Zugewachsener Bruch	51.893446	10.272074
Grube *Anna* im Ochsental (Quarzgang mit Pb-Cu-Erzen)	Überwachsene Halde	51.897946	10.287752
Grube *Wittenbergsglück* (Quarz-Siderit-Gang)	Halden, Gangaufschluss	51.901574	10.279126
Grube *König David*, Wolfshagen (Quarzgang mit Pb-Erzen)	Überwachsene Halden	51.901574	10.279126
Gruben am Kranichsberg, Lautenthaler Gangzug (polymetallische Gangerze)	Ausgedehntes, offenes Haldengelände, Bergbaulehrpfad	51.864938	10.284147
Grube *Lautenthals Glück* (polymetallische Gangerze)	Besucherbergwerk, untertägiger Gangaufschluss	51.865670	10.283995
Steinbruch Winterberg bei Bad Grund (devonischer Riffkalk mit Erz- und Mineralgängen)	Aktiver Abbaubetrieb – Betreten nur mit Genehmigung	51.825328	10.231855
Eisensteingruben am Iberg bei Bad Grund (Limonit-, Calcit- und Barytgänge mit Cu-Erzen)	Pingen und überwachsene Halden	51.819055	10.239644
Erzbergwerk Bad Grund – Grube *Hilfe Gottes*, Tagesanlagen (letztes Harzer Erzbergwerk, polymetallische Gangerze)	Fördergerüst des Achenbachschachtes	51.805890	10.226080
Erzbergwerk Bad Grund – Schachtanlage Knesebeck,	Bergbaumuseum mit Exponaten zur Lagerstätte und Bergbautechnik	51.806705	10242120
Bergbaurevier Hütschental bei Wildemann (polymetallische Gangerze mit Siderit und Baryt)	Überwachsene Halden	51.837607	10.259385
19-Lachter-Stollen, Wildemann (Haus Dithfurter Gang, polymetallische Gangerze)	Besucherbergwerk, mit Blindschacht Ernst-August	51.823485	10.281894
Bergbaurevier Spiegeltal bei Wildemann (polymetallische Gangerze)	Überwachsene Halden	51.831879	10.315261
Bergbaurevier „Bleifeld", Zellerfelder Gangzug (polymetallische Gangerze)	Überwachsene Halden	51.820792	10.309896

Vorkommen	Beschreibung	Nordwert (Lat.°)	Ostwert (Lon.°)
Grube *Bergwerkswohlfahrt*, Silbernaal im Innerstetal (polymetallische Gangerze)	Techn. Denkmal Fördergerüst Medingschacht (Privatgelände)	51.804568	10.286851
Rosenhöfer Revier, Clausthal (polymetallische Gangerze)	Überwachsene Halden, Techn. Denkmal Thurm-Rosenhöfer „runde" Radstube	51.804435	10.324745
Ehem. Zentralaufbereitung an der Bremer Höhe, Clausthal	Techn. Denkmal Fördergerüst Ottiliaeschacht	51.808655	10.312985
TK25 Blatt 4227 Osterode am Harz			
Bergbaurevier Lerbach (lagerförmige hämatitische Eisenerze, Jaspis, klassische Selenidfundstätte)	Überwachsene Halden, Grube *Weintraube*	51.761917	10.315990
TK25 Blatt 4028 Goslar			
Bergbaurevier am Todberg (Quarzgang mit Cu-Erzen)	Überwachsene Halden, Gangausbiss als Felsrippe	51.913991	10.367146
TK25 Blatt 4128 Clausthal-Zellerfeld			
Erzbergwerk Rammelsberg, Goslar (polymetallische Lagererze)	UNESCO-Welterbe, Bergbaumuseum, große lagerstättenkundliche Werkssammlung	51.889895	10.419502
Ehem. Communion-Steinbruch am Rammelsberg (polymetallische Erzlage im devonischen Sandstein)	Aufgelassener Bruch, NSG Blockschutthalden, Ausbiss des stark oxidierten Erzes	51.889325	10425125
Grube *Großfürstin Alexandra*, Großes Schleifsteintal bei Goslar (polymetallische Gangerze, Nickeltrum mit Gersdorffit)	Überwachsene Halden	51.871245	10.400920
Grube *Herzogin Philippine Charlotte*, Hahnenklee (Quarzgang mit Pb-Cu-Erzen)	Überwachsene Halden	51.861864	10.349314
Grube *Kahlenbergsglück*, Bockswieser Gangzug, (polymetallische Gangerze, supergene Mineralneubildungen)	Überwachsene Halden	51.838814	10.359603
Grube *Glücksrad*, Oberschulenberg (polymetallische Gangerze, ausgeprägte supergene Mineralneubildungen)	Gangausbiss, Pingen Haldengelände – Grabungs- und Sammelverbot	51.830792	10.399439

Vorkommen	Beschreibung	Nordwert (Lat.°)	Ostwert (Lon.°)
Grube *König David*, Gemkental (polymetallische Gangerze)	Überwachsene Halden	51.834902	10.472288
Grube *Dorothee Landeskrone*, Burgstätter Gangzug, Galgenberg, Clausthal (polymetallische Gangerze)	Überbaute Halden	51.809119	10.343671
Technische Universität Clausthal Hauptgebäude Adolph-Roemer-Str. 2A	Geosammlung, Mineraliensystematik, große Kollektion von Harzer Mineralien und Erzstufen	51.804540	10.334060
Oberharzer Bergwerksmuseum Clausthal-Zellerfeld, OT Zellerfeld, Bornhardtstraße 16	Erzstufen- und Mineralienkabinett	51.816980	10.335925
TK 25 Blatt 4228 Riefensbeek			
Steinbruch im Huttal, Clausthal-Zellerfeld (Diabas, frühere Ilvait-Fundstelle)	Überwachsene Halden	51.783002	10.376179
Grube *Henriette*, Siebertal (Barytgang mit Cu-betonten polymetallische Erzen)	Überwachsene Halde	51.702127	10.444758
Königsgrube, Siebertal (Barytgänge mit Hämatit)	Überwachsene Halden	51.698018	10.470057
Bergbaurevier am Königsberg-Westhang (Quarz-Hämatit-Erzgänge)	Überwachsene Halden	51.711900	10.465750
Bergbaurevier Eisensteinberg (Quarz-Hämatit-Erzgänge)	Überwachsene Halden, Betretungs- und Sammelverbot im Nationalpark	51.723891	10.492458
TK 25 Blatt 4328 Bad Lauterberg			
Grube *Frische Lutter*, Grade Lutter Tal (Quarz-Baryt-Gang mit polymetallischen Erzen)	Überwachsene Halden	51.671730	10.441561
Schwerspatgrube *Wolkenhügel*, Krumme Lutter Tal (Barytgang mit Cu Erzen)	Halden renaturiert Ausbiss des verquarzten Ganges	51.674205	10.475636
Grube *Charlotte Magdalena* im Schadenbeek (Quarz-Calcit-Gang mit polymetallischen Erzen)	Überwachsene Halden	51.672155	10.471770
Versuchsbergbau im Klingental, (Barytgang mit polymetallischen Erzen)	Ausbiss des verquarzten Ganges	51.668723	10.471988

Vorkommen	Beschreibung	Nordwert (Lat.°)	Ostwert (Lon.°)
Knollengrube, Knollental (Hämatit-Baryt-Erzgang mit Roten Glaskopf)	Gangausbiss, Pingen, überwachsene Halden	51.666295	10.435885
Knollengrube, Luttertalstollen, Grade Lutter Tal (Roter Glaskopf)	Überwachsene Halden	51.665500	10.446985
Grube *Kupferrose*, Heibektal („Quarzsand-Gang" mit Cu-Erzen und Anhydrit)	Überwachsene Halden, techn. Denkmal „Neuer Schacht"	51.636266	10.457611
Bergschachtzeche, Heikenberg (Fluoritgang mit Cu-Erzen)	Überbaute Halde	51.624611	10.454607
Flußgruber- und Herbstberg Gang im Großen Andreasbachtal (Fluorit-Karbonat-Gänge mit Cu-Erzen)	Überwachsene Halden	51.639874	10.425746
Grube *Aufrichtigkeit* im Engental („Quarzsand-Gang" mit Cu-Erzen)	Überwachsene Halden	51.622839	10.481429
Scholmzeche Bad Lauterberg („Quarzsand-Gang" mit Cu-Erzen und Baryt)	Besucherbergwerk	51.630150	10.475330
TK 25 Blatt 4129 Bad Harzburg			
Gabbrosteinbruch im Radautal, Bad Harzburg (vielfältige Gang- und Kluftmineralisationen im Gabbronorit)	Aktiver Abbaubetrieb – Betreten nur mit Genehmigung	51.854270	10.546274
Kolebornskehre im oberen Radautal (Harzburgit, Nephrit, Faserserpentin)	Überwachsener Straßenaufschluss,	51.840270	10.553365
Diabassteinbruch Huneberg (Diabas mit Kluftmineralisationen)	Aktiver Abbaubetrieb – Betreten nur mit Genehmigung	51.847391	10.506792
Bergbaurevier Spitzenberg (kontaktmetamorphe Eisenerzlager, Magnetit)	Überwachsene Pingen und Halden	51.842060	10.511020
TK 25 Blatt 4229 Braunlage			
„Zinngrube" bei Sonnenberg (Schörl und Quarz in verwittertem Granit)	Überwachsene Halden – Betretungs- und Sammelverbot im Nationalpark	51.745791	10.520525
Grube *Neuer Prinz Maximilian* (auch Kupferblume), St. Andreasberg (polymetallische Gangerze mit Ni-Co-Arseniden)	Überwachsene Halde	51.710744	10.497973
Grube *Samson*, St. Andreasberg (polymetallische, Ag-betonte Gangerze)	Bergwerksmuseum mit Mineraliensammlung, keine Fundmöglichkeit	51.713084	10.516180

Vorkommen	Beschreibung	Nordwert (Lat.°)	Ostwert (Lon.°)
Grube *Roter Bär*, St. Andreasberg (Limoniterzlager, Nontronit, polymetallische Gangerze)	Lehr- u. Besucherbergwerk, Führungsbetrieb	51.712500	10.527780
Grube *Wennsglückt*, St. Andreasberg (Eiserner Hut des polymetallischen Erzgangs)	Lehrbergwerk, Betriebsbesichtigung möglich	51.707715	10.523895
Montanlandschaft am Beerberg, St. Andreasberg (polymetallische Gangerze)	Flächendenkmal, keine Sammelmöglichkeit, Geologisch-montanhistorischer Wanderweg vom Parkplatz im Wäschegrund,	51.710438	10.526898
Grube *Engelsburg* im Breitenbeek, St. Andreasberg (polymetallische Gangerze, Baryt)	Halden überwachsen, Betretungs- und Sammelverbot im Nationalpark	51.699733	10.542305
Grube *Morgenstern*, Odertal (polymetallische Gangerze)	Überwachsene Halden, Betretungs- und Sammelverbot im Nationalpark	51.709481	10.568376
Steinfelder Revier, Braunlage (polymetallische Gangerze)	Überwachsene Halden	51.717963	10.591303
Ehem. Granitsteinbruch am Wurmberg, Braunlage (Kluftmineralisationen)	Renaturiert, heute Biotop	51.746934	10.611248
TK25 Blatt 4329 Zorge			
Eisensteinbergbau am „Hüttenweg" zwischen Wieda und Zorge (lagerförmige hämatitische Eisenerze, Jaspis, klassischer Selenidfundort)	Pingen und überwachsene Halden	51.640500	10.615625

Vorkommen	Beschreibung	Nordwert (Lat.°)	Ostwert (Lon.°)
TK25 Blatt 4130 Wernigerode			
Grube *Christine*, Sandtal (polymetallische Gangerze)	Halden	51.828418	10.711284
Goslar'sche Gleie, Hasserode (Cu-führ. Quarzgang)	Halden	51.820713	10.720940
Goslar'sche Gleie, Hasserode (kontaktmetamorphe Zone des Brockengranits)	Wegaufschluss	51.823631	10.721197
Grube *Aufgeklärtes Glück*, Hasserode (polymetallisches Gangerz mit Wismut und Ni-Co-Arseniden)	Pingen und Halde, Bergbaulehrpfad	51.808854	10.728707
Silberner Mann an der Bielsteinchaussee, Hasserode (Quarzgang)	Straßenaufschluss, herausgewitterte Felsrippe	51.815620	10.716940
TK 25 Blatt 4230 Elbingerode			
Grube *Louise Charlotte*, Drängetal (polymetallische Gangerze)	Überwachsene Halden	51.792107	10.738149
Grube *Büchenberg*, Elbingerode (lagerförmige hämatitische Eisenerze)	Besucherbergwerk, überwachsene Halden und Pingen, Bergbaulehrpfad	51.788869	10.817242
Tagebau Elbingerode (devonischer Massenkalk)	Aussichtspunkt, Betreten des aktiven Abbaubereichs nur mit Genehmigung	51.767202	10.828228
Gruben *Blanke* – und *Bunte Wormke*, Mandelholz bei Königshütte (lagerförmige hämatitische und magnetitische Eisenerze mit Pyrit)	Erzaufschlüsse am Pingenrand, Halden	51.744210	10.724810
TK 25 Blatt 4330 Benneckenstein			
Zeche *Gertrud*, Tanne (polymetallische Gangerze)	Überwachsene Halden, Thermalquelle	51.681284	10.756946
Grube *Silbermarie*, Trautenstein (polymetallisch Gangerze)	Halde	51.689352	10.789143
Bärenhöhe am Carlshaus bei Trautenstein Eisenerzschürfe, Phosphate	Überwachsene Halden	51.655679	10.800505
Steinbruch Unterberg bei Ilfeld (Grauwacke mit Hämatit- und Calcitmineralisation)	Aktiver Abbaubetrieb – Betreten nur mit Genehmigung	51.628141	10.830030

Vorkommen	Beschreibung	Nordwert (Lat.°)	Ostwert (Lon.°)
TK 25 Blatt 4430 Nordhausen Nord			
Manganerzbergbau am Braunsteinhaus Silberbachtal bei Ilfeld (Manganit-führ. Gangerze, Baryt)	Bergbaulehrpfad, überwachsene Halden – Sammelverbot	51.589256	10.750766
Grube *Lange Wand*, Ilfeld (Bergbau auf Kupferschiefer und Co-führ. Rückenmineralisation)	Besucherbergwerk und Geotop am Ufer der Bere	51.569655	10.787244
Steinbruch Kohnstein bei Niedersachswerfen (Anhydrit mit Boratmineralisation auf Klüften)	– Betreten des aktiven Abbaubereichs nur mit Genehmigung	51.543586	10.759478
Steinbruch Rüsselsee / Himmelsberg bei Appenrode (Anhydrit mit „Schlangengips")	–Betreten des aktiven Abbaubereichs nur mit Genehmigung	51.566934	10.737162
TK 25 Blatt 4431 Stolberg (Harz)			
Grube *Silberner Nagel*, Stolberg (polymetallische Gangerze)	Überwachsene Halden	51.579416	10.974355
Grube *Louise*, Rottleberode (polymetallischer Erzgang)	Überwachsene Halde – Privatgrund	51.551192	10.978174
Grube *Flußschacht*, Rottleberode (Backöfener Gang, Fluorit)	Überwachsene Halden und Gangausbiss im Wald	51.540170	10.982980
Iberg, Stempeda (Rücken im Kupferschiefer)	Verwachsener Steinbruch	51.535085	10.900176
Bergbaugebiet bei Buchholz (Kupferschiefer und „Sanderz")	Überwachsene Halden	51.542038	10.861273
Steinbruch an der Nordhäuser Talsperre bei Neustadt (Schiefer)	Verwachsener Steinbruch	51.584217	10.871830
TK 25 Blatt 4232 Quedlinburg			
Bodetalschlucht, Thale (kontaktmetamorphe Zone des Rambergplutons)	Lesesteine – Naturschutzgebiet	51.736597	11.017742
Bergbaugebiet Osterberg, Gernrode (polymetallische Gangerze)	Überwachsene Halden	51.719106	11.153655
Grube *Hohe Warte*, Gernrode (Fluorit-Gang)	Überwachsene Halde	51.715756	11.120310
Kupferberg, Hagenbachtal, Gernrode (Greisenmineralisation am Kontakt des Rambergplutons)	Lesesteine im Wald	51.710464	11.111813

Vorkommen	Beschreibung	Nordwert (Lat.°)	Ostwert (Lon.°)
TK 25 Blatt 4332 Harzgerode			
Friedrichsbrunn (kontaktmetamorphe Zone des Rambergplutons)	Lesesteine	51.691195	11.024330
Grube *Brachmannsberg*, Siptenfelde (Fluoritgang)	Überwachsene Halden	51.655998	11.057224
Grube *Schwarzer Stamm*, Mägdesprung (polymetallische Gangerze)	Überwachsene Halden	51.676707	11.139836
Grube *Rautenkranz*, Siptenfelde (Fluorit-Gang)	Überwachsene Halden	51.655199	11.077437
Schwefelgrube, Alexisbad (polymetallische Gangerze)	Überwachsene Halden	51.648836	11.117821
Kiesschacht, Siptenfelde (Quarz-Gang mit Pyrit)	Halden	51.632403	11.046968
Grube *Glasebach*, Straßberg (Fluorit- und Pyritgänge)	Besucherbergwerk	51.632403	11.046968
Grube *Agezucht* und Rinderschächte, Straßberg (polymetallische Gangerze)	Überwachsene Halden	51.61556	11.01222
Grube *Pfaffenberg*, Neudorf (polymetallische Gangerze, „Federpyrit")	Überbaute Halden	51.59433	11.14300
Grube *Birnbaum*, Straßberg-Neudorfer-Gangzug (polymetallische Gangerze)	Bergbaupfad, überwachsene Halden	51.609640	11.082830
Blatt Dankerode 4432			
Kronsberg (polymetallische Gangerze mit Siderit)	Überwachsene Halden	51.586883	11.055808
Weiße Zeche bei Hayn (polymetallische Gangerze mit Siderit)	Überwachsene Halden	51.580297	11.059370
Großer Auerberg (Rhyolith mit Hochquarz-Einsprenglingen)	Lesesteine	51.584003	11.004610
Antimongrube *Graf Jost-Christian-Zeche*, Wolfsberg (Quarzgang mit Pb-Sb-Erzen)	Haldengelände – Privatgrund	51.552126	11.085334
Versuchsbergbau bei Dietersdorf (Quarzgang mit Pb-Sb-Erzen)	Halden	51.538995	11.050272

Vorkommen	Beschreibung	Nordwert (Lat.°)	Ostwert (Lon.°)
TK 25 Blatt 4233 Ballenstedt			
Steinbruch Rieder (Grauwacke, lokal Selenidmineralisation)	Betreten des aktiven Abbaubereichs nur mit Genehmigung	51.717564	11.180649
TK 25 Blatt 4333 Königerode			
Eskeborner Berg, Tilkerode (Karbonatische Gänge mit Hämatit, lokal Gold und Selenide)	Überwachsene Halden	51.717564	11.180649
TK 25 Blatt 4334 Großörner			
Sengelbachtal, Biesenrode (Metamorphe Zone von Wippra mit Karpholith und oxidischer Mn-Mineralisation)	Lesesteine im Wald	51.599267	11.374969
TK 25 Blatt 4433 Wippra			
Röhrigschacht Wettelrode (Kupferschiefer, untertägiger Gipskarst)	Besucherbergwerk und Museum, Zugang zum Altbergbau und Segen Gottes- und Elisabethschächter Schlotte	51.599267	11.374969
Thomas-Münzer-Schacht, Sangerhausen (Kupferschiefer)	Halde Hohe Linde (Werksgelände)	51.493782	11.286049
TK 25 Blatt 4435 Lutherstadt Eisleben			
Glück-Hilf-Schacht, Welfesholz (Kupferschiefer)	Halde – Privatgrund	51.623132	11.565170
Zirkelschacht, Klostermansfeld (Kupferschiefer)	Halde	51.577283	11.528950
Schlüsselstollen-Lichtloch 81, Klostermansfeld (Kupferschiefer)	Halde – Privatgrund	51.581443	11.496634
Graf-Hohenthal-Schacht, Helbra (Kupferschiefer)	Halde – Privatgrund	51.555301	11.520281
Bernard-Koenen-Schacht II, Allstedt (Kupferschiefer)	Halde – Privatgrund	51.432766	11.400822

Literatur zum Harz

AHR, H. (1969): Zur Geschichte des Bergbaus am Südharz. Beiträge zur Heimatkunde des Südharzes, Sangerhausen.

ALLES, J., A.M. PLOCH, T. SCHIRMER, N. NOLTE, W. LIESSMANN & B. LEHMANN (2019): Rare earth element enrichment in post-Variscan polymetallic vein-systems of the Harz Mountains, Germany. Miner Deposita 54: 307–328. https://doi.org/10.1007/s00126-018-0847-8.

AUGUSTIN, O. (1993): Mineralchemische und mikrothermometrische Untersuchungen an den Gangmineralisationen des Unterharzes. 138 S., Dissertation Universität Hamburg.

AUGUSTIN, O. (1994): Neufunde aus dem Unterharz. Mineralien-Welt 5 (1), 12.

BARTELS, C. (1992): Vom frühzeitlichen Montangewerbe zur Bergbauindustrie. Erzbergbau im Oberharz 1635–1866. 740 S., Deutsches Bergbaumuseum Bochum.

BAUMGÄRTEL, B. (1912): Der Oberharzer Erzbergbau. 69 S., Uppenborn Verlag Clausthal.

BAUMGÄRTL, U. (2014): Der Diabassteinbruch Huneberg im Oberharz. Der Aufschluss 65 (4), 240–260.

BERGVEREIN ZU HÜTTENRODE (Hrsg.) (2010): Bergbau im Hüttenröder Revier. Hüttenröder Edition Nr. 1, 240 S., Hüttenrode.

BERGWERKS- UND GESCHICHTSVEREIN BERGSTADT LAUTENTHAL E.V. (Hrsg.) (2002): Lautenthal – Bergstadt im Oberharz – Bergbau und Hüttengeschichte. 349 S., Goslar.

BELENDORFF, K. (1997): Seltene Selenide und Selenite vom Trogtal bei Lautenthal / Harz. Mineralien-Welt 8 (2) 22–24.

BIAGIONI, C., L.L. GEORGE, N.J. COOK, E. MAKOVICKY, Y. MOËLO, M. PASERO, J. SEJKORA, C.J. STANLEY, M.D. WELCH & F. BOSI (2020): The tetrahedrite group: nomenclature and classification. American Mineralogist 105, 109–122.

BINDER, T. (2019): Erzmikroskopisch-mikroanalytische Untersuchungen an einer Uran- und Vanadium-führenden arsenidischen Nickel-Kobalt-Mineralisation aus der Grube Roter Bär in St. Andreasberg Harz. Masterarbeit, 242 S., Institut für Endlagerforschung, TU Clausthal (unveröffentlicht).

BISCHOFF, W. & S. JAHN (2001): Mimetesit und Pyromorphit von der Grube Theuerdank, St. Andreasberg im Harz. Mineralien-Welt 12 (3), 16–23.

BISCHOFF, W. (1990): Wherryit, Wulfenit, Zeunerit und andere Mineralien vom Steinfeld bei Braunlage, Harz. Mineralien-Welt 1 (2), 13–18.

BISCHOFF, W. (1999): Segnitit von St. Andreasberg im Harz. Der Aufschluss 50 (2), 102–104.

BISCHOFF, W. (2007): Odyssee – Wirbel um eine der besten Silberstufen von St. Andreasberg. Allgemeiner Harz-Bergkalender 2008, 100–104, Clausthal-Zellerfeld.

BISCHOFF, W. (2012): Über das historische Buttermilcherz von St. Andreasberg, Harz. Mineralien-Welt, 23 (1), 79–82.

BLASS, G., H.W. GRAF & A. WITTERN (1996a): Gysinit-(Nd), ein ungewöhnliches Seltenerden-Mineral von Oberschulenberg im Harz. Lapis 21 (5), 38–40.

BLASS, G., H.W. GRAF & A. WITTERN (1996b): Weitere Neufunde aus der Grube Glücksrad. Lapis 21 (5), 40.

BLÖMEKE, C. (1885): Über die Erzlagerstätten des Harzes. Limitierter Nachdruck 1986, 144 S., Bode Verlag Haltern.

BODE, R. & A. WITTERN (1989): Mineralien und Fundstellen Bundesrepublik Deutschland. 1. Auflage, 303 S., Bode-Verlag Haltern.

BODE, R. (1991): Mein bester Eigenfund. Mineralien-Welt 2 (3), 48.

Brauckmann, C. et al. (2000): Die Geosammlung der TU Clausthal. 131 S., Technische Universität Clausthal.

BRÜCKNER, J. & D. DENECKE (Hrsg.) (2016): Der Hochharz – vom Brocken bis ins nördliche Vorland. 400 S., Böhlau Verlag Köln.

BRÜNING, K. (1926): Der Bergbau im Harz und im Mansfeldischen Wirtschaftswiss. Gesell. z. Studium Niedersachsens Heft 1, 214 S., Braunschweig.

BUHL, J.-C., C.H. RÜSCHER & K. KLÄNHARDT (2005): Eisen- und Manganoxid-Drusen im Iberg-Winterberg-Massiv bei Bad Grund / Harz. Der Aufschluss 56 (3), 190–196.

BUSCHENDORF, F. et al. (1971): Die Blei-Zink-Erzgänge des Oberharzes. Teil 1. Beih. Geol. Jb. 118, (Band 3 der Monographien der deutschen Blei-Zink-Erzlagerstätten), 212 S., Hannover.

CABRAL, A. R., N. KOGLIN & H. BRÄTZ (2012a): Gold-bearing ferroselite ($FeSe_2$) from Trogtal, Harz, Germany, and significance of its Co/Ni ratio. Journal of Geosciences, 57, 265–272.

CABRAL, A. R., N. KOGLIN & H. BRÄTZ (2012b): Iridium enrichment and poor fraction from gold, platinum and palladium in clausthalite (PbSe) Tilkerode, eastern Harz, Germany. Miner. Petrol. (105) 113–119.

CABRAL, A. R., W. LIESSMANN & B. LEHMANN (2015): Gold and palladium minerals (including empirical $PdCuBiSe_3$) from the former Roter Bär mine, St. Andreasberg, Harz Mountains, Germany: a result of low-temperature, oxidising fluid overprint. Miner. Petrol. (109) 649–657.

CABRAL, A. R., W. LIESSMANN, W. JIAN & B. LEHMANN (2017): Bismuth selenides from St. Andreasberg, Germany: an oxidised five-element style of mineralisation and its relation to post-Variscan vein-type deposits of central Europe. Int. J. Earth Sci (Geol. Rundsch.) (106) 2359–2369.

CABRAL, A.R., A. VAN DEN KERKHOF, G.M. SOSA, N. NOLTE, W. LIESSMANN & B. LEHMANN (2018): Clausthalite and tiemannite (HgSe) from the type locality: new observations and implications for the metallogenesis in the Harz Mountains, Germany.

CRONENBERG, M. (1973): Kluftmineralien im Nebengestein des Bergreviers Bad Grund/Harz. Der Aufschluss 24 (11), 440–442.

DALLOSCH, B. & R. BODE (1994): Die Mineralien des Harzes. 75 S., Bode Verlag Haltern.

DAUBE, F. (1960): Die Bildung von Erzparagenesen im Zusammenhang mit dem initialen hercynischen Magmatismus. Dissertation Bergakademie Clausthal, 159 S.

DENNERT, H. (1993): Kleine Chronik der Oberharzer Bergstädte bis zur Einstellung des Erzbergbaus. 5. Auflage, 180 S. GDMB-Informationsgesellschaft, Clausthal-Zellerfeld.

DIETRICHS, J. (2006): Die Mineralien der Nickelgrube Großfürstin Alexandra im Oberharz. Lapis 31 (6), 28–30.

DZIOBEK, T. (1983): Mineralogische Untersuchungen der Primär- und Sekundärmineralisation des teilweise abgebauten und versetzten Alten Lagers am Rammelsberg unter besonderer Berücksichtigung der Laugbarkeit des „Alten Mannes". Diplomarbeit TU Clausthal, (unveröffentlicht).

ERMISCH, K. (1904): Die Knollengrube bei Bad Lauterberg am Harz. Z. prakt. Geol. 12 160–172, Berlin.

ERMISCH, H. & E. KRONBERG (2000): Nachtrag zur Hayner Ortschronik. Fakten und Dokumente aus der Ortsgeschichte. Harzklubzweigverein Hayn (Harz) e.V.

FESSNER, M., A. FRIEDRICH & C. BARTELS (2002): „gründliche Abbildung des uralten Bergwerks". Eine virtuelle Reise durch den historischen Harzbergbau, CD und Textband (= Montanregion Harz, Band 3), 208 S., Bochum.

FLECK, A. (1909): Die Kupfererzgänge bei Lauterberg am Harz. Glückauf Jg. 45, S. 1069–1079, Berlin.

FRANZ, R. (1961): Kleintektonische Untersuchungen am Flußschächter und Backöfner Gang im Gebiet von Rottleberode (Südharz). Geologie 10, 939–951, Berlin.

FRANZKE, H.- J., M. HAUPT & J. HOFMANN (1969): Die Tektonik der Fluoritlagerstätte Rottleberode (Harz).

FRANZKE, H.-J. & M. SCHWAB (2011): Harz, östlicher Teil mit Kyffhäuser Kristallin. Sammlung geologischer Führer 104, 327 S., Verlag Gebr. Borntraeger Stuttgart.

FRANZKE, H.-J. & W. ZERJADTKE (1999): Übersicht über die Bildung der hydrothermalen Gänge des östlichen Harzes – ein Fortschrittsbericht. Der Aufschluss, Sonderband zur VFMG-Tagung 1999 in Halle, 39–63.

FREBOLD, G. (1927): Beiträge zur Kenntnis der Erzlagerstätten des Harzes. II. Über einige Selenerze und ihre Paragenese im Harz, Centralblatt für Mineralogie Abt. A, 16–32.

FROMME, J. (1927): Die Minerale des Brockengebirges, insbesonderheit des Radautales, Braunschweig.

Fromme, J. (1932): Über ein neues Nephritvorkommen im Radautal im Harz. I. Teil. Centralbl. f. Miner. u. Petrogr,. Abt. A, S. 301, Stuttgart.

Gaevert, H. (2004): Kupfer-, Blei- und Silbererzbergbau in der ersten Hälfte des 18. Jahrhunderts im Raum Stiege – Hasselfelde –Trautenstein. Unser Harz (4) 63–66, (5) 87–93 und (6) 108–122.

Gebhard, G. (1978): Mineralogische Notizen aus dem Harz. Lapis 3 (10), 16–19.

Gebhard, G. (1990): Harzer Bergbau und Minerale: St. Andreasberg. 1. Auflage, 167 S., Verlag Gebhard-Giesen.

Gebhard, G. & U. Steinkamm (1969): Über ein neues Gersdorffit-Rotnickelkies-Vorkommen und einige andere Mineralien aus dem Okertal im Harz. Der Aufschluss 20 (10), 263–267.

Geilmann, W. & H. Rose (1928): Ein neues Selenerzvorkommen bei St. Andreasberg im Harz. N Jb Mineral Geol Paläont Abt A 57: 785–816

Genkin, D. A. & G. Tischendorf (1977): Über „Allopalladium“ von Tilkerode im Harz, DDR. Z. geol. W. (5), 1003–1009.

Gereke, M., F.W. Luppold, M. Piecha, E. Schindler & D. Stoppel (2014): Die Typlokalität der Kellwasser-Horizonte im Oberharz, Deutschland. Z. Deut. Ges. Geowissenschaften Band 165 (2), 145–162.

Giebel, C. (1858): Die Weiße Zeche bei Hayn. In: Der Straßberger Bergbau, seine Vergangenheit und Zukunft. Zeitschrift für die gesamten Naturwissenschaften 1858, 405–422.

Gröbner J. & J. Wesiger (2008): Die Mineralien des Kupferschieferbergbaus an südlichen Harzrand bei Ilfeld in Thüringen. Mineralien-Welt 19, 18–28.

Gröbner, J. & D. Kloss (2010): Neufunde von der Grube Wolkenhügel bei Bad Lauterberg im Harz. Lapis 35 (1), 39–41.

Gröbner, J. & J. Nikoleizig (2009): Mineralien vom Kahlenberg im Oberharz. Mineralien-Welt 20 (4), 34–39.

Gröbner, J. & U. Steinkamm (2019): Die Mineralien und Gesteine des Gabbrosteinbruchs im Radautal bei Bad Harzburg einschließlich des gesamten Gabbromassives. 160 S., Papierflieger Verlag Clausthal-Zellerfeld

Gröbner, J. (2001): Eine neue Mineralisation vom Klingentaler Gang bei Bad Lauterberg im Harz. Mineralien-Welt 12 (6), 16–22.

Gröbner, J. (2007): Neufunde aus den Bergbaurevieren St. Andreasberg, Bad Lauterberg und von Oberschulenberg im Harz. Mineralien-Welt 18 (1), 43–51.

Gröbner, J., I. Dittrich & R. Dittrich (2006): Manganmineralien vom Gegentaler Gangzug im Harz. Lapis 31 (4), 32–33.

Gröbner, J., W. Hajek, R. Junker & J. Nikoleizig (2011a): Neue Mineralschätze des Harzes. 127 S., Papierflieger Verlag Clausthal.

Gröbner, J., U. Kolitsch & J. Wesiger (2011b): Neufunde von Vanadat- und Seltenerden-Mineralien aus dem Manganbergbau Ilfeld Im Harz. Mineralien-Welt 22 (1), 41–49.

Gröbner, J. & W. Liessmann (2016): Zur Mineralisation des Glückaufer Ganges im Beerberg. Glückauf 74n, Jahrbuch des St. Andreasberger Vereins für Geschichte e.V., 21–30.

Gross, M. & F. Heise (2017): Chlorargyrit in einzigartigen Kristallen von St. Andreasberg im Harz. Mineralien-Welt 28 (3), 43–57.

Grundler, P. & N. Meisser (1998): Zwei neu entdeckte Vanadium-Minerale aus dem Westharz: Volborthit und Roscoelith. Lapis 23 (11), 20.

Grundmann, G. & G. Schnorrer-Köhler (1989): ‚reichlich rothgültige Erze nesterweise' – Die Mineralien des Bergbaubezirks St. Andreasberg im Harz. Lapis 14 (7), 23–67.

Grundmann, G., W. Hampel & W. Watzke (1989): Silbersand aus St. Andreasberg. Zwei historische Stufen mit Amalgam-Kristallen und Chlorargyrit-Kristallen. Lapis 14 (8–9), 68–71.

Haack U, G. Schnorrer-Köhler & V. Lüders (1987): Seltenerd-Minerale aus hydrothermalen Gängen des Harzes. Chem. d. Erde 47, 41–45.

Haage, R. (1964): Beitrag zur Genese des Kieselschiefer-Mangankieselvorkommens im Schävenholz bei Elbingerode (Harz). Berichte d. Geol. Ges. d. DDR, Sonderheft 2, 567–580, Berlin.

Haake, R., S. Flach & R. Bode (1994): Mineralien und Fundstellen Bundesrepublik Deutschland. 2. Auflage, 244 S., Bode-Verlag Haltern.

Hajek, W. & T. Lühr (2018): Der Harz bietet für den Mineraliensammler immer noch ein breites Spektrum an Mineralien. Der Aufschluss 69 (3), 141–165.

Hajek, W. (2006): Aktuelle Fundstelle: Die Schwerspatgrube Wolkenhügel im Harz. Lapis 31 (9), 39–40.

Hajek, W. (2008): Linarit und Cerussit: Haldenfunde aus dem Revier Lautenthal, Harz. Lapis 33 (10), 63.

Hake, H. (1961): Schwerspat in der DDR, Freiberger Forschungshefte, A 202, 1961.

Hannak, W. (1978): Die Rammelsberger Erzlager. Der Aufschluss, Sonderband 28, 127–140.

Hansper, U. (2006): Zinkenit mit Miargyrit aus Wolfsberg, Harz. Lapis 31 (2), 37.

Harder, H. (1978): Zur Mineralogie und Genese der Eisenerze des Oberharzer Diabaszuges und ein Vergleich mit denen des Harzvorlandes. Der Aufschluss Sonderband 28, 110–126.

Hartmann, P. (1957): Der Bergbau bei Straßberg im Harz. Ztschr. f. angew. Geol., Heft 11/12, 548–558.

Heberling, E. & D. Stoppel (1988): Vom Schwerspat- und Kupfererzbergbau um Bad Lauterberg. 64 S., Bode Verlag Haltern.

Heider, H. & J. Siemrorth (2001): Das Vorkommen von Erzmineralien im Kupferberggreisen am Nordostrand des Ramberges im Harz. Hallesches Jahrbuch f. Geowissenschaften 32/33, S. 191–198.

HEIDER, J. & J. SIEMROTH (2012): Die Selenidmineralisation im Grauwacke-Tagebau Rieder bei Gernrode, Harz. Der Aufschluss 63, 213–223.

HEIDER, J. (2014): Die Selenidmineralisation der Grube Henriette bei Sieber, Harz. Der Aufschluss 65, 216–226.

HEIDER, J., J. GRÖBNER & W. LIESSMANN (2019): Die Selenidmineralsation im Grauwacke-Tagebau Rieder bei Gernrode, Harz (II). Der Aufschluss 70 (1), 40–53.

HEIDER, J., J. GRÖBNER, J. ALLES & W. LIESSMANN (2020): Über Palladiumminerale aus den Harzer Selenerzvorkommen. Der Aufschluss 71 (2), 106–122.

HESEMANN, J. (1927): Die devonischen Eisenerze des Mittelharzes. Abh. z. Prakt. Geol. u. Bergwirtsch. Bd. 10, 60 S., Halle.

HESEMANN, J. (1930): Die Erzbezirke des Ramberges und von Tilkerode im Harz. Archiv für Lagerstättenforschung, Heft 46, 91 S., Berlin.

HILLEGEIST, H. H. (2006): Die Königshütte in Bad Lauterberg/Harz und das Südharzer Eisenhüttenmuseum. Veröff. Förderkreis Königshütte 8, 61 S., Bad Lauterberg.

HODENBERG, R., W. KRAUSE & H. TÄUBER (1984): Schulenbergit, $(Cu,Zn)_7(SO_4,CO_3)_2(OH)_{10} \cdot 3H_2O$, ein neues Mineral. N. Jb. Mineral. Mh., 1984, 17–24.

HODENBERG, R., W. KRAUSE, G. SCHNORRER-KÖHLER & H. TÄUBER (1985): Ramsbeckite, $(Cu,Zn)_7(SO_4)_2(OH)_{10} \cdot 5H_2O$, a new mineral. N. Jb. Mineral. Mh., (12), 550–556.

HOMANN, W. (1993): Die Goldvorkommen im Variszischen Gebirge, Teil II. Das Gold im Harz, im Kyffhäuser-Gebirge und im Flechtinger Höhenzug. Dortmunder Beiträge zur Landeskunde, Naturwissenschaftliche Mitteilungen, H. 27, 149–266.

HONEMANN, R.L. (1754): Die Alterthümer des Harzes. Clausthal, Nachdruck Pieper Verlag Clausthal-Zellerfeld.

HOTZE, H. (1989): Mineralien sammeln im Harz / Mineralfundstellen im Raum Bad Lauterberg. Bode-Verlag Haltern.

JAHN, S., H. HÖROLD & B. FRIEDRICH (2000): Der Kupferschieferbergbau bei Mansfeld, Eisleben und Sangerhausen – Geschichte, Geologie und Mineralien. Mineralien-Welt 11 (3), 17–32 und (4), 32–56.

JAHN, S., K. STEDINGK & K. KLÄNHARDT (2012). Das Iberg-Winterberg Massiv bei Bad Grund. Mineralien-Welt 23 (4) 30–67.

JANKOWSKI, G. (1995): Zur Geschichte des Mansfelder Kupferschieferbergbaus. 366 S., GDMB, Clausthal-Zellerfeld.

JOHNSEN, O. & O.V. PETERSEN (1977): Ranciéit aus dem Harz. Der Aufschluss 28 (10), 391–393.

JUNKER, R. & V. LÜDERS (2013): Weltklasse-Borate aus dem Anhydritsteinbruch Kohnstein, Südharzrand. Mineralien Welt 24 (4), 52–69.

JUNKER, R., H. KRAUSE, K. SCHUMANN & J. SIEMROTH (1991): Sekundärminerale des Neudorf-Straßberger-Gangzuges im Unterharz. Der Aufschluss 42 (2), 95–100.

KAEMMEL, T. (1992): Zur Kassiteritführung am Ostkontakt des Ramberggranitmassivs (Harz). Zbl. Geol. Paläont. Teil 1, 63–69.

KATH, H. (1973): Pyromorphit und Cerussit vom Communion-Steinbruch bei Goslar. Der Aufschluss 24 (4),140.

KAUTZSCH, E. (1953): Tektonik und Paragenese der Rücken im Mansfelder und Sangerhäuser Kupferschiefer. Geologie 2, 4–24.

KEUTSCH, F. N. et al. (2009): The discreditation of hastite, the orthorhombic dimoph of $CoSe_2$, and observations on trogtalite, cubic $CoSe_2$, from the type locality. Can. Mineral. 47, 969–976.

KLÄNHARDT, K. & U. BAUMGÄRTL (2011): Die Mineralien der Nickelparagenese vom Steinbruch Heimberg bei Wolfshagen, Harz. Mineralien-Welt 22 (5), 50–57.

KLAUS, D. & G. SEIDEL (1993): Vom alten Bergbau und seltenen Mineralienfunden bei Gernrode/Harz. Amtsblatt Gernrode 8.10.1993

KLAUS, D. & K. STEDINGK (1989): Wulfenit – ein neues Mineral für Neudorf / Harz. Emser Hefte 89 (4), 44.

KLAUS, D. (1975): Die Grube “Fürstin Elisabeth Albertine” bei Harzgerode, Fundgrube 11 (3–4), 80.

KLAUS, D. (1982): Paradoxit von Hasserode – ein neues Vorkommen im Harz. Fundgrube 12 (3) 89.

KLAUS, D. (1983): Safflorit von Hasserode – Ein Erstfund im Unterharz. Fundgrube 13 (3) 66.

KLAUS, D. (1984): Die Antimonitlagerstätte Wolfsberg/Harz. Fundgrube 20 (2), 35.

KLAUS, D. (1987): Zur Geschichte des Silbererzbergbaus im Revier Harzgerode – Alexisbad. Fundgrube 23 (1), 2.

KLAUS, D. (1989): Die Hämatit-Lagerstätte Tilkerode/Harz und ihre Selenidparagenese. Emser Hefte 10 (3), 57–73.

KLAUS, D. (1989): Mineralien und Bergbaugeschichte von Neudorf / Harz. Emser Hefte 10 (4), 3–43.

KLAUS, D. (1990): Kurzinformation zum Bernburger Kolloquium: Der Fluorit- und Erzbergbau bei Gernrode.

KLAUS, D. (1990): Neudorf. Die weltberühmte Fundstelle für exzellente Bleiglanzstufen. Mineralien-Welt 1 (1), 18–36.

KLAUS, D. (1993): Zur älteren Bergbaugeschichte von Gernrode / Harz. Nordharzer Jahrbuch Bd. 17.

KLOSE, F. (1990): Der Mineralienführer Ostharz. 139 S., Eigenverlag, Osterode.

KLUGE, H. (1967a): Zur Entdeckungsgeschichte der Harzburger Nephritvorkommen. Der Aufschluss 18 (4), 115–121.

KLUGE, H. (1967b): Eine Fundstelle für Datolith und Lievrit (Ilvait) bei Clausthal-Zellerfeld (Oberharz). Der Aufschluss 18 (9), 272.

KNAPPE, H. (2014): Zur Entwicklung der Karststrukturen im Riffkalkstein von Iberg und Winterberg bei Bad Grund (Westharz). Mitt. Verb. dt. Höhlen u. Karstforscher 60 (3+4), 80–90, München.

KNAPPE, H. & H. SCHEFFLER (1990): Im Harz – Übertage-Untertage. 144 S., Bode Verlag Haltern.

KNOLLE, F., S. MOHR & M. SEITZ (2018): Nordwestliches Harzvorland. Streifzüge durch die Erdgeschichte. Quelle & Meyer Verlag, Wiebelsheim.

KOCH, H.-P. & J. HEIDER (2018): Die Selenidmineralisation der Grube Frische Lutter bei Bad Lauterberg, Harz. Der Aufschluss 69, 1–21.

KOCH, H.-P. (2008): Die Mineralien der Grube Frische Lutter bei Bad Lauterberg, Harz (Teil 1). Der Aufschluss 59 (2), 65–76.

KOCH, H-P. (2015): Delafossit vom Grubenfeld „Wittenbergsglück" bei Lautenthal, Harz. Der Aufschluss 66 (6) 352–354.

KORITNIG, S. (1968): Die Mineralien des Gabbrosteinbruchs am Bärenstein im Radautal. Der Aufschluss, Sonderheft 17, 36–42.

KORITNIG, S. (1972): Stilpnomelan aus dem Oberharzer Diabaszug. Contr. Min. Petr. 34, 175–179.

KORITNIG, S. (1989): Achate aus dem Harz. Der Aufschluss 40 (6), 349–359.

KORITNIG, S., H. RÖSCH, A. SCHNEIDER & F. SEIFERT (1978): Der Titan-Zirkon-Granat aus den Kalksilikatfels-Einschlüssen des Gabbro im Radautal, Harz, Bundesrepublik Deutschland. Tschermaks Min. Petr. Mitt. 25, 305–313.

KRAUME, E. (1954): Die Rammelsberger Erzlager. Der Aufschluss 5 (7/8), 148–152.

KRAUME, E. (1955): Die Erzlager des Rammelsberges bei Goslar. Beih. z. Geol. Jb. 18, 394 S., Hannover.

KRAUSE, H. (1960): Über Lievrit aus dem Huttal bei Clausthal. N. Jb. Miner. Abh. 94, S. 1277–1283.

KRAUSE, W. & W. BISCHOFF (1982): Parasymplesit und Arseniosiderit aus dem Odertal, Harz. Der Aufschluss 33 (10), 361–366.

KRAUSE, W. (1989): Schwefel von der Grube Glücksrad bei Oberschulenberg im Harz. Der Aufschluss, 40 (2), 101–109.

KROLL, J.M. (1962): Die Hämatit-Gänge des Eisensteinsberges bei St. Andreasberg / Harz. Der Aufschluss 13 (5), 125–127.

KULTURKREIS BAD LAUTERBERG IM HARZ E.V. et al. (Hrsg.) (2012): Montanwanderkarte Bad Lauterberg im Harz und Umgebung mit Erläuterungen. Bad Lauterberg.

LADEMANN, J.-H.: Lagerstättenkundlich-mineralchamische Untersuchung an arsenidischen Nickelerzen des heimberg-Dröhneberger Gangzuges bei Wolfshagen im Harz. Bachelorarbeit TU Clausthal. 53 S. Clausthal-Zellerfeld (unveröffentlicht).

LAMPE, W. & O. LANGEFELD (Hrsg.) (2013): „Im 15. Seculo schon Bergbau“. Bad Lauterbergs Montangeschichte. Vorträge aus dem Kolloquium am 20. April 2013 in Bad Lauterberg. 249 S. Clausthal-Zellerfeld.

LAUB, G. (1963): Andreasberger Silbererzverhüttung vor 200 Jahren. Allgemeiner Harz-Bergkalender 1964 Clausthal, Seite 42–44.

LAUB, G. (1968): Der Erz- und Mineralbestand des Iberg-Winterberg-Massivs bei Bad Grund (Harz). Der Aufschluss 19 (3), 53–60.

LAUB, G. (1974): Das Fundgebiet des Magdgrabtals bei St. Andreasberg (Harz). Der Aufschluss 25 (6), 336–349.

LIEBER, W. (2008): Warum bildet Jamesonit Ringe? Der Aufschluss 59 (4), 241–244.

LIESSMANN, W. (1998): Zur Geschichte der Gewinnung und Verarbeitung von Kobalterzen im Raum St. Andreasberg. Beiträge zur Bergbaugeschichte von St. Andreasberg Band 1, 267–301. St. Andreasberger Verein für Geschichte und Altertumskunde e.V., St. Andreasberg.

LIESSMANN, W. (2001): Kupfererzbergbau und Wasserwirtschaft. Zur Montangeschichte von Bad Lauterberg / Südwestharz. 470 S., Mecke Verlag Duderstadt.

LIESSMANN, W. (2002): Der Bergbau am Beerberg bei St. Andreasberg. Ein (Wander-)Führer durch den auswendigen Grubenzug, sowie den Anlagen des Lehrbergwerks Roter Bär. 150 S., St. Andreasberger Verein für Geschichte und Altertumskunde e.V., Mecke Verlag Duderstadt.

LIESSMANN, W. (2010): Historischer Bergbau im Harz. Kurzführer. 3., vollst. überarb. u. erw. Auflage, 470 S., Springer-Verlag Berlin-Heidelberg.

LIESSMANN, W. (2018): Steinreicher Harz. Eine Gesteinskunde für Einsteiger und Fortgeschrittene. 284 S., Quelle & Meyer Verlag, Wiebelsheim.

LIESSMANN, W. (2019): Roterbärit – Neu aus St. Andreasberg. Mineralien-Welt 30 (5) 89–92.

LIESSMANN, W. & M. BOCK (1993): Die Grube Roter Bär bei St. Andreasberg / Harz. Ein Führer zu Geologie, Lagerstättenkunde und Bergbaugeschichte des Lehrbergwerks. 83 S., Verlag Sven v. Loga Köln.

LIESSMANN, W. & K. STEDINGK (2019): Mineralien und Bergbau im Harz: Clausthal-Zellerfeld. Mineralien-Welt 30 (5), 16–55.

LIESSMANN, W. & K. STEDINGK (2020): Weltfundstelle für Antimonit-Kristalle: Der Wolfsberger Gangzug im Unterharz. Mineralien-Welt 31 (2), S. 54–72.

LIVINGSTONE, A., B. JACKSON & P.J. DAVIDSON (1992): The zinc analogue of schulenbergite, from Ramsbeck, Germany. Mineralogical Magazine, Vol. 56, 215–219.

LÖFFLER, H. K. & M. SCHWAB (1981): Die Karpholithe der Wippraer Einheit des Unterharzes. Z. Geol. Wiss. 9, 519–539.

LOOK, E.-R. (1984): Geologie und Bergbau im Braunschweiger Land. Geol. Jb A 88, 467 S., Hannover.

LUEDECKE, O. (1889): Mittheilungen über einheimische Mineralien – Über Axinit im Harze und die chemische Zusammensetzung des Axinits überhaupt. Zeitschr. f. Naturwiss. Bd. XLII, 1–15.

LUEDECKE, O. (1896): Die Minerale des Harzes, 641 S., Verlag Gebr. Borntraeger Berlin.

Ma, C. & H.-J. Förster (2020): Tilkerodeite, IMA 2019–111, in: CNMNC Newsletter 54, Eur. J. Mineral., 32, https://doi.org/10.5194/ejm-32-275-2020.

MARTEN, J. & U. STEINKAMM (1988): Gabbro – 150 Jahre Steinindustrie im Radautal. Hrsg. ISV Ilseder Mischwerke, Bode Verlag Haltern.

MEDENBACH, O. & W. GEBERT (1993): Lautenthalite $PbCu_4[(OH)_6/(SO_4)_3]\ 3\ H_2O$ the Pb analog of devillite – a new mineral from the Harz Mountains, Germany. N. Jb. Min. Mh. 9, 401–407, Stuttgart.

MERTZ, D. F., H.J. LIPPOLT & G. SCHNORRER-KÖHLER (1989): Early Cretaceous mineralizing activity in the St. Andreasberg ore district (Southwest Harz, Federal Republic of Germany). Mineralium Deposita 24, 9–13.

MEYENBURG, G. (2017): Nördlicher Mittelharz – Geologische Vielfalt rund um den Brocken. Streifzüge durch die Erdgeschichte. 200 S., Quelle & Meyer Verlag, Wiebelsheim.

MEYER, T., A.K. SCHUSTER & J. DIETRICHS (1987): Geologie und Mineralien des Diabas-Steinbruchs Huneberg im Harz. Emser Hefte 8 (3), 49–56.

MOHR, K. (1982): Harzvorland Westlicher Teil. Sammlung geologischer Führer 70, 155 S., Verlag Gebr. Borntraeger Berlin-Stuttgart.

MOHR, K. (1986): 400 Millionen Jahre Harzgeschichte. Die Geologie des Westharzes. 9. Auflage, 93 S., Pieper Verlag Clausthal-Zellerfeld.

MOHR, K. (1989): Montangeologisches Wörterbuch für den Westharz. 182 S., Verlag Gebr. Borntraeger Berlin-Stuttgart.

MOHR, K. (1993): Geologie und Minerallagerstätten des Harzes. 2. Auflage, 497 S., Verlag Gebr. Borntraeger Berlin-Stuttgart.

MOHR, K. (1998): Harz – Westlicher Teil. Sammlung geologischer Führer 58, 5. ergänzte Auflage, 216 S., Verlag Gebr. Borntraeger Berlin-Stuttgart.

MÖLLER, P. & V. LÜDERS (1993): Formation of hydrothermal Vein Deposits. A case study of the Pb-Zn, barite and fluorite deposits of the Harz Mountains. Monograph Series on Mineral Deposits, 30, 291 S., Stuttgart.

MOORE, T. P. (2010): Famous mineral localities: Ilfeld, Harz Mountains, Thuringia, Germany. Mineralogical Record 41, 481–505.

MÜCKE, A. (1993): Die hydrothermale polymetallische (Ni-Co-Arsenide, Bleiglanz und Zinkblende) Gangvererzung mit Vanadiummineralen, Thucholith und Pechblende von der Grube Roter Bär, St. Andreasberg / Harz. Der Aufschluss 44, (1), 59–72.

MÜLLER, G. & K.-W. STRAUSS (1987): Gesteine des Harzes. Clausthaler Geol. Abh. Sonderband 5, 297 S., Clausthal-Zellerfeld.

MÜLLER, R. & H.-J. FRANZKE (2014): Oberharz – Tiefe Gruben, hohe Rücken. Streifzüge durch die Erdgeschichte. 144 S., Quelle & Meyer Verlag, Wiebelsheim.

MÜLLER, R., C. BRAUCKMANN, E. GRÖNING, H.J. FRANZKE & H.-J. GURSKY (2008): Von der Klassischen Quadratmeile der Geologie zum Geopark. Der Harz und sein geologisches und bergbauliches Erbe. SDGG; 56, Geotop 2008, 132–145, Hannover.

NIEMANN, H.W. (1991): Die Geschichte des Bergbaus in St. Andreasberg. 154 S., Pieper Verlag Clausthal-Zellerfeld.

OELKE, E. (1970): Der alte Bergbau um Schwenda und Stolberg / Harz. Hercynia N. F. 7, 337–354.

OELKE, E. (1973): Der Bergbau im ehemals anhaltinischen Harz. Ein Überblick. Hercynia N.F. 10, Heft 1, 77–95.

OELKE, E. (1978): Die Silbergewinnung im ehemals stolbergischen Harz. Hall. Jb. f. Geowiss. Bd 3, 57–79.

OELSNER, O., M. KRAFT & H. SCHÜTZEL (1958): Die Erzlagerstätten des Neudorfer Gangzuges. Freiberger Forschungshefte C52, 114 S.

PAWEL, A. (2015): Der Kristallschatz des Mittelharzes. Minerale des Elbingeröder Komplexes. Hüttenröder Edition 6, 170 S. Hrsg. Bergverein zu Hüttenrode e.V. Hüttenrode (Harz).

PAWEL, A. & J. KRUSE (2012): Drei Schlag: Hängen. 221 S., Bergverein Hütterode e.V.

PAWELLEK, T. & C. BETZLER (2013): Das Schaubergwerk „Büchenberg": Blick in einen 390 Mio. Jahre alten Vulkan. Der Aufschluss 64 (2), 81–92.

QUAKENACK, K.-H. (1967): Der Mineralbestand eines Kontaktmarmors im Radautal-Gabbro. Contr. Miner. Petrol. 14, 204–223.

QUEST, A. (2008): Eisenerz-Bergbau am Iberg. In: Ausbeute. Mitteilungsblatt der Arbeitsgemeinschaft Harzer Montangeschichte 8 (2), 30–38.

RAMDOHR, P. (1927): Die Eisenerzlager des Oberharzer (Osteröder) Diabaszuges und ihr Verhalten im Bereich des Brockenkontaktes. N. Jb. Miner. Beil. Bd. 55A, 333–392.

RAMDOHR, P. (1953): Mineralbestand, Strukturen und Genese der Rammelsberg Lagerstätte. Geol. Jb. 67, 115–242.

RAMDOHR, P. & M. SCHMITT (1955): Vier natürliche Kobaltselenide vom Steinbruch Trogtal, N. Jb. Min., Mh., 133–142.

RAMMELSBERG, C. (1845): Über den Nickelantimonglanz vom Harze. Poggendorff's Annalen, 189–191.

RAPPSILBER, I., K. STEDINGK, S. KÖNIG, J. HECHNER & M. THOMAE (2007): Geologisch-montanhistorische Karte Mansfeld-Sangerhausen 1:50.000 – Geotourismus in den Kupferschieferrevieren. Hrsg.: Landesamt für Geologie und Bergwesen Sachsen-Anhalt, 3. Auflage, Halle (Saale).

RASCHE, K. (2018): Mineralogisch-lagerstättenkundliche Untersuchungen an ausgewählten Sulfiderzproben aus dem Harzburger Basit-Komplex/Harz. 56 S., Bachelorarbeit TU Clausthal (unveröffentlicht).

REDAKTION MINERALIEN-WELT (2011): Achat-Magazin: Kleine Raritäten aus Ilfeld im Südharz. Mineralien-Welt 22 (5) 83–83.

RENTSCH, J. & G. KNITSCHKE (1968): Die Erzmineralparagenesen des Kupferschiefers und ihre regionale Verbreitung. Freiberger Forschungshefte C 231, 189–211.

RIECH, E., U. STEINKAMM & E. WALCHER (1987): Erzbergbau im Harz. Der Rammelsberg. Alles über Bergbau, Geologie, Mineralien, 56 S., Bode Verlag Haltern.

ROCKHAUSEN, E. (1953): Genetische Untersuchungen der Lagerstätten am Ostrand des Brockengranits. Diplomarbeit, Bergakademie Freiberg (unveröffentlicht).

ROSENECK, R. (Hrsg.) (2001): Der Rammelsberg – Tausend Jahre Mensch-Natur-Technik. Band 1 (559 S.) und Band 2 (552 S.), Verlag Goslarsche Zeitung.

RUNSCHEIDT, W. (1926): Beitrag zur Kenntnis der Manganlagerstätten zwischen Ilfeld und Sülzhayn im Südharz und die Geschichte ihres Bergbaus. Jb. d. Halleschen Vereins NF. 5, 87–111.

RUSSWURM, P. (1958): Der ehemalige Manganbergbau im Harz. Zeitschr. f. angew. Geol. 4 (1) 105–107.

SCHAARSCHMIDT, H. (1992): Bergbau und Mineralien der ehemaligen Schwefelkiesgrube ‚Einheit' bei Elbingerode im Harz. Mineralien-Welt 3 (5), S.16–21.

SCHAARSCHMIDT, H. (2007): Weltweit einmalig: Clausthalit als freie Kristalle aus dem Harz. Lapis 32 (3), 41–42.

SCHAARSCHMIDT, H. (2014) Bergbau Hüttenrode, Harz: Kristalldrusen im Eisenerz. Lapis 39 (4), 19–23.

SCHAKEL, E.H. (1989): Aikinit – Ein neues Mineral für den Harz. Lapis 14 (7) 80.

SCHEFFLER, H. (2001): Besucherbergwerk Drei Kronen und Ehrt, Elbingerode / Harz. 96 S., Wernigerode.

SCHEFFLER, H. & H. KNAPPE (1982): Aus dem Mineralreich des Harzes – Albit. Der Harz, 6.

SCHELL, F. (1882): Der Bergbau am nordwestlichen Oberharz. Z. Berg-, Hütten u. Salinenwesen 30, Abh., 83–143.

SCHELL, F. (1883): Die Grube Bergwerkswohlfahrt bei Clausthal. Z. Berg-, Hütten u. Salinenwesen 31, Abh., 371–398.

SCHELLHORN, M. (1987): Barysilit $Pb_8Mn[Si_2O_7]_3$ – Ein weiterer Neufund aus dem Haldenmaterial der ehemaligen Grube Glücksrad / Oberschulenberg. Der Aufschluss 38 (10), 339–340.

SCHELLHORN, M. (1989): Neufunde von den Halden der Grube Glücksrad bei Oberschulenberg/Harz. Der Aufschluss 40 (2), 121–123.

SCHILLING, W. (Hrsg.) (2013): Grube Büchenberg – Eisener Schatz im Harz. 304 S., Blankenburg.

SCHILLING, W. (Hrsg.) (2016): Grube Einheit – Goldener Schatz im Harz. 320 S. Buch Projektgruppe Einheit Harz, Blankenburg.

SCHLEIFENBAUM, W. (1894): Der auflässige Gangbergbau der Kupfer- und Kobalterzbergwerke bei Hasserode im Harz, Grafschaft Wernigerode; Schr. d. naturwiss. Ver. d. Harzes VIII 53–57 und IX 12–101, Wernigerode.

SCHLEIFENBAUM, W. (1908): Das Schwefelkies-Vorkommen am Großen Graben bei Elbingerode im Harz. Jb. d. königl. Preuß. Geol. Jb. XXVI, 406–417.

SCHNORRER-KÖHLER, G. (1981a): Zinnoberkristalle mit ungewöhnlichem Habitus von der Erzgrube in Bad Grund, Harz. Der Aufschluss 32, 221–224.

SCHNORRER-KÖHLER, G. (1981b): Neue Mineralien von den Halden der Grube Glücksrad. Lapis 6 (10), 15–16 u. 36.

SCHNORRER-KÖHLER, G. (1982): Neue Nickel-Erzkluft im Steinbruch Am Heimberg bei Wolfshagen, Harz. Der Aufschluss 33, 265–270.

SCHNORRER-KÖHLER, G. (1983a): Mineralogische Notizen aus dem Harz. Der Aufschluss 34 (3), 135–138.

SCHNORRER-KÖHLER, G. (1983b): Das Silbererzrevier St. Andreasberg im Harz. Der Aufschluss 34 (5), 153–175, (6), 189–203 und (7), 231–332.

SCHNORRER-KÖHLER, G. (1984): Mineralogische Notizen II. Der Aufschluss 35 (6), 219–230.

SCHNORRER-KÖHLER, G. (1986): Mineralogische Notizen III. Der Aufschluss 37 (7), 245–254.

SCHNORRER-KÖHLER, G. (1987): Die Minerale in den Schlacken des Harzes. Der Aufschluss 38 (5) 157–168, (6) 181–197, (7) 231–246, (8/9) 291–300.

SCHNORRER-KÖHLER, G. (1988): Mineralogische Notizen IV. Der Aufschluss 39 (3), 153–168.

SCHNORRER-KÖHLER, G. (1990): St. Andreasberg / Harz : Neue Mineralfunde aus dem ehemaligen Silbererzrevier. Lapis 15 (9), 32–34.

SCHNORRER-KÖHLER, G. (1991): Mineralogische Notizen V. Der Aufschluss 42 (3), 155–171.

SCHNORRER-KÖHLER, G. (1993): Mineralogische Notizen VI. Der Aufschluss 44 (1), S. 44–58.

SCHNORRER-KÖHLER, G. & G. GRUNDMANN (1986): Neufunde von St. Andreasberg. Lapis 11 (3), 13–17.

SCHNORRER-KÖHLER, G. & H.-P. KOCH (1989): Neue Mineralfunde von St. Andreasberg. Lapis 14 (8–9), 72–73.

SCHNORRER, G. (1994 a): Brianyoungit, ein neues basisches Zink-Carbonat. Lapis 19 (5), 24–27.

SCHNORRER, G. (1994 b): Neues aus St. Andreasberg / Harz und Kaatialait von Lauta bei Marienberg / Sachsen. Lapis 19 (5), 35.

SCHNORRER, G. (1995): Mineralogische Neuigkeiten von bekannten deutschen Fundorten. Lapis 20 (12), 43–48.

SCHNORRER, G. (2000): Mineralogische Notizen VII. Der Aufschluss 51 (5), 281–293.

SCHNORRER, G. (2004): Mineralogische Notizen VIII. Der Aufschluss 55 (6), 381–384.

SCHNORRER, G. & M. GROSS (1995): Die Chlorargyrit-Paragenese – ein Neufund klassischer Minerale aus St. Andreasberg / Harz. Lapis 20 (11), 20.

SCHNORRER, G. & M. GROSS (2009): „Silber-Findling" im Tambachtal in St. Andreasberg im Harz. Der Aufschluss 60 (5), 251–262.

SCHNORRER, G. & K. KLÄNHARDT (2009): Die Minerale des Iberg-Winterberg-Massives bei Bad Grund / Harz. Der Aufschluss 53 (4), 181–199.

SCHNORRER, G. & G. TETZNER (2006): Klinotirolit, Cupro-Allophan, Chrysokoll, Partzit und Clarait von der ehemaligen Fluoritgrube Floßberg im Großen Andreasbachtal, Barbis bei Bad Lauterberg im Südharz. Der Aufschluss 57 (1), 39–42.

SCHNORRER, G., A. KRONZ, W. LIESSMANN & A. KEHR (2009): Zur Mineralogie der ehemaligen Grube Alter Theuerdank auf dem Reiche-Troster-Gang, am Beerberg bei St. Andreasberg/Harz. Der Aufschluss 60 (1), 29–62.

SCHNORRER, G., F. PFEIFFER & L. SCHWARZ (2006): Redgillit – ein neues Cu-Sulfatmineral von zehn Fundstellen aus Deutschland. Der Aufschluss 57 (1), 15–21.

SCHOT, E. H. (1973): Erzmikroskopische, petrographische und geochemische Betrachtungen an der Erzlagerstätte Rammelsberg bei Goslar / Harz. Dissertation Univ. Heidelberg.

SCHRIEL, W. (1954): Die Geologie des Harzes. Wirtschaftswiss. Gesellschaft z. Studium Niedersachsens N.F. Bd. 49, 308 S., Hannover.

SCHRÖDER, E. (1929): Über die Extrusion der Quarzporphyre vom Auerberg im Unterharz. Sitzungsber. preuß. Geol. Landesanst. 4, 13–24, Berlin.

SCHÜLLER A. & E. WOHLMANN (1955): Betechtinit, ein neues Blei-Kupfer-Sulfid aus den Mansfelder Rücken. Geologie 4, 535–547.

SCHUSTER, N., K. STEDINGK & U. STEINKAMM (1988): Der Radau-Oker-Stollen im Oberharz, seine Gesteine, Erze und Mineralien. Emser Hefte 9 (2), S. 33–52.

SCHWANECKE, H. (1952): Über einige kleine Kupfer- und Schwefelkiesvorkommen im Mittel- und Unterharz, I. Hallesches Jahrbuch für mitteldeutsche Erdgeschichte 1, 7–15, Halle.

SCHWERDTFEGER, K. (1998): Eisensteingruben, Hochofen- und Hammerhütten im Bodegebiet des Harzes 446 S. Kultur & Heimatverein Benneckenstein (Hrsg.), Clausthal-Zellerfeld.

SIEMEISTER, G. (1982): Mineralien und Gesteine im westlichen Harz. 88 S. Clausthal-Zellerfeld.

SIEMROTH, J. (1990a): Manganlagerstätten von Ilfeld im Ostharz. Lapis 15 (7), 13–18.

SIEMROTH, J. (1990b): Neudorf im Harz, eine klassische Fundstelle für Bleiglanz- und Bournonitkristalle. Lapis 15 (7), 19–27

SIEMROTH, J. (1990c): Cronstedtit-Kristalle von Gernrode im Ostharz. Lapis 15 (7), 38–40.

SIEMROTH, J. (1990d): Karpholith aus der Wippraer Zone des Harzes. Lapis 15 (7), 59–60.

SIEMROTH, J. (1991): Die klassische Antimon-Lagerstätte Wolfsberg im Harz und ihre Mineralien. Lapis 16 (3), 17–26 und 35–42.

SIEMROTH, J. (1992): Die Minerale des Anhydrit-Steinbruchs von Niedersachswerfen bei Nordhausen. Lapis 17, 52–55.

SIEMROTH, J. (1999): Vanadinit aus Ilfeld im Harz – Ein unerwarteter Fund. Der Aufschluss 50, 284–286.

SIEMROTH, J. (2008): Das Vorkommen von Boratmineralien im Werra-Anhydrit des Steinbruchs Kohnstein bei Niedersachswerfen am Südharz. Der Aufschluss 59 (6), 353–366.

SIEMROTH, J. (2009): Das Vorkommen von Amethyst und Kryptomelan / Hollandit im Brockengranit bei Schierke im Harz. Der Aufschluss 60 (1), 25–28.

SIEMROTH, J. & E. HEBESTEDT (1982): Die Minerale der Flußspatlagerstätte Rottleberode, 1. Mitt. Kupfer. Fundgrube 18 (1), 5.

SIEMROTH, J., G. SCHNORRER, A. WITTERN, G. BLASS & T. WITZKE (1997): Die Minerale der ehemaligen Grube „Das Aufgeklärte Glück" bei Wernigerode im Ostharz. Der Aufschluss 48 (1), 21–39.

SIEMROTH, J. & T. WITZKE (1999): Die Minerale des Mansfelder Kupferschiefers. Schriftenreihe des Mansfeld-Museums (Neue Folge) 4, 1–67.

SIMON, P. (1979): Die Eisenerze des Harzes. Geol. Jb. D31, 65–109, Hannover.

SLOTTA, R., K. STEDINGK & U. STEINKAMM (1987): Der Blei-Zink-Erzbergbau von Bad Grund, Harz. Emser Hefte 8 (1), 1–49.

SOHN, W. (1957): Der Harzburger Gabbro. Geol. Jb. 72, 117–172.

SONNTAG, H. (1984): Ergänzung zu: Die Antimonitlagerstätte Wolfsberg/Harz. Fundgrube 20 (4), 109.

SPERLING, H. (1973): Die Erzgänge des Erzbergwerks Grund (Silbernaaler Gangzug, Bergwerksglücker Gang und Laubhütter Gang). Geol. Jb. D 2, 205 S., Hannover.

SPERLING, H. (1978): Die Gangerz-Lagerstätte Grund (Harz). Der Aufschluss, Sonderband 28, 86–93.

SPERLING, H. (1986): Das Neue Lager der Blei-Zink-Lagerstätte Rammelsberg. Geol. Jb. D 85, 177 S, Hannover.

SPERLING, H. & D. STOPPEL (1979): Die Blei-Zink-Erzgänge des Oberharzes. Lfg. 3 Beschreibung der Oberharzer Erzgänge. Geol. Jb. D 34, 345 S., Hannover.

Sperling, H. & D. Stoppel (1981): Die Blei-Zink-Erzgänge des Oberharzes. Lfg. 4 Gangkarte des Oberharzes mit Erläuterungen, Geol. Jb., Reihe D 46, 90 S., Hannover.

Sperling, H. & E. Walcher (1990): Die Blei-Zink-Lagerstätte Rammelsberg (ausgenommen Neues Lager). Geol. Jb. D 91, 153 S., Hannover.

Spier, H. (1988): Historischer Rammelsberg. Ein Führer durch die erhalten gebliebenen über- und untertägigen historischen Rammelsberger Bergbauanlagen und die Besonderheiten der Rammelsberger Vitriole. 73 S., Verlag Pfeiffer Wieda.

Spier, H. (1992): Das Rammelsberger Gold. Vorkommen, Gewinnung, Verarbeitung und Verwendung. 35 S., Hagenberg Verlag Hornburg.

Stanley, C.J., A.J. Criddle, H.J. Förster & A.C. Roberts (2002): Tischendorfite $Pd_8Hg_3Se_9$ a new mineral species from Tilkerode. Canadian Mineralogist 40, 739–745.

Stark, M., J. Gröbner & U. Kolitsch (2017): Ianbruceit aus Oberschulenberg im Harz. Lapis 42 (4), 42–43.

Stedingk, K. (1982): Die Mineralisation des Kahlebergsandsteinkomplexes im Umfeld der Rammelsberger Lagerstätte. Dissertation TU Clausthal, 67 S., Clausthal-Zellerfeld.

Stedingk, K. (2002a): Der Bergbau im Gegental. In: Lautenthal-Bergstadt im Oberharz-Bergbau und Hüttengeschichte. Bergwerks- und Geschichtsverein Bergstadt Lautenthal von 1976 e.V.

Stedingk, K. (2002b): Potenziale der Erze und Spate in Sachsen-Anhalt. In: Rohstoffbericht 2002, Mitt. z. Geol. v. Sachsen-Anhalt, Beiheft 5, Halle (Saale).

Stedingk, K. (2010): Die Silberlagerstätte von St. Andreasberg im Mittelharz-Ganggebiet. In: W. Lampe & O. Langefeld (Hrsg.) „Dieses ist die letzte Tonne Erz, Gott schütze uns ferner vor Leid und Schmerz“ 100 Jahre Ende Silberbergbau in St. Andreasberg, Vorträge zum Kolloquium, Papierflieger Verlag Clausthal-Zellerfeld.

Stedingk, K. (2012): Die Grunder Lagerstätte im Oberharzer Ganggebiet. In: W. Lampe & O. Langefeld (Hrsg.) „Arsch ab!“ 20 Jahre Stilllegung Erzbergwerk Grund“, Vorträge zum Kolloquium, Papierflieger Verlag Clausthal-Zellerfeld.

Stedingk, K. (2012): Geologie und Erzlagerstätten im Oberharz. Exkursionsf. und Veröff. DGG 247, 9–81, Hannover.

Stedingk, K. (2013): Erz- und Schwerspatlagerstätte im westlichen Südharz – ein Überblick. In: W. Lampe & O. Langefeld (Hrsg.) „Im 15. Seculo schon Bergbau“, „Bad Lauterbergs Montangeschichte“, Vorträge zum Kolloquium, Papierflieger Verlag Clausthal-Zellerfeld.

Stedingk, K. (2017): Über das Karpholith-Vorkommen bei Blesenrode (Wippraer Zone) im Harz. Mineralien-Welt 28 (3), 40–42.

STEDINGK, K. & K. KLEEBERG (Hrsg.) (2012): Erzbergbau und Oberharzer Wasserwirtschaft – Bergbaufolgen im UNESCO-Weltkulturerbe – Tagungspublikation zum 32. Treffen des Arbeitskreises Bergbaufolgen der Deutschen Gesellschaft für Geowissenschaften 27.–28. April 2012 in Clausthal-Zellerfeld. Exkursionsf. und Veröff. DGG 247, Hannover.

STEDINGK, K., W. LIESSMANN & R. BODE (2016): Harz, Bergbaugeschichte, Mineralschätze, Fundorte. Edition Krüger-Stiftung, 804 S., Bode-Verlag GmbH Salzhemmendorf.

STEDINGK, K, I. RAPPSILBER et al. (2014): Geologisch-montanhistorische Karte Elbingeröder Komplex 1:20.000 Geotourismus im Mittelharz. Hrsg. Landesamt f. Geologie und Bergwesen Sachsen-Anhalt, Halle (Saale).

STEDINGK, K. & G. SCHNORRER-KÖHLER (1988): Ein neues Vorkommen von Rotem Glaskopf, Antimonit und Stibiconit am Erzbergwerk Grund (Oberharz). Der Aufschluss 39 (5), 282–288.

STEINKAMM, U. (1969): Apatit aus der Marmor-Kalksilikatfels-Scholle des Gabbrosteinbruchs im Radautal bei Bad Harzburg. Der Aufschluss 20 (4), 109–110.

STEINKAMM, U. (1981): Mineralien sammeln im Harz – Der Gabbrosteinbruch bei Bad Harzburg. 48 S., Bode-Verlag Haltern.

STEINKAMM, U. (1989): Der Gabbrosteinbruch im Radautal bei Bad Harzburg. Emser Hefte 10 (1), 2–48.

STEINKAMM, U. (2005): Das Harzburger Gabbromassiv und der Gabbrosteinbruch im Radautal bei Bad Harzburg. In: Exkursionsführer, VFMG Sommertagung 2005 in St. Andreasberg / Harz. S. 110–121.

STEINKAMM, U. (2016): Gabbro-Steinbruch. In: STEDINGK et al. Harz, Bergbaugeschichte, Mineralschätze, Fundorte, Bode-Verlag GmbH Salzhemmendorf, 530–547.

STEINKAMM, U. & G. SCHNORRER-KÖHLER (1981): Der Gabbrosteinbruch im Radautal bei Bad Harzburg und seine Minerale. Der Aufschluss 32 (7/8), 253–273.

STEINKAMM, U. & G. SCHNORRER-KÖHLER (1988): Die Oxidations-Mineralien vom Rammelsberg. Lapis 13 (6), 16–38.

STERNAL, B. (2018): Bergbau im Gernröder Revier. Verlag Sternal Media Gernrode.

STOPPEL, D. & H. GUNDLACH (1972): Baryt-Lagerstätten des SW-Harzes (Raum Sieber – St. Andreasberg). Beih. Geol. Jb. 124, 120 S., Hannover.

STOPPEL, D., H. GUNDLACH & E. HEBERLING (1983): Schwer- und Flußspatlagerstätten des Südwestharzes. Geol. Jb. Reihe D 54, 269 S., Hannover.

STOPPEL, D. & E. HEBERLING (1983): Mineralienfunde im Bad Lauterberger Schwerspatbergbau. Emser Hefte 83 (4), 56.

STROMEYER, F. & J.F.L. HAUSMANN (1824): Analyse des Selenbleis von der Grube Lorenz, Burgstätter Zug bei Clausthal. Pogg. Ann. 2, 409.

SUESSE, P. & G. SCHNORRER-KÖHLER (1983): Richelsdorfit, $Ca_2Cu_5Sb[Cl(OH)_6(AsO_4)_4] \cdot 6H_2O$, ein neues Mineral. N. Jb. Mineral. Mh., 1983, 145–150.

TÄUBER, H. & W. KRAUSE (1981): Glücksrad: Seltene Mineralien von den Halden der Grube Glücksrad bei Oberschulenberg im Harz. Lapis 6 (5), 9–12.

TIMPE, M. & L. GEBHARD (2011): Kieselhölzer aus dem Ilfelder Becken am Südharzrand. Veröff. Museum f. Naturkunde Chemnitz 34.

TISCHENDORF, G. (1959): Zur Genese einiger Selenidvorkommen insbesondere von Tilkerode im Harz. Freiberger Forschungshefte C 69, 168 S., Akademie-Verlag Berlin.

TISCHENDORF, G. (1960): Über Eskebornit von Tilkerode im Harz. N. Jb. Miner, Abh. 94, 1129–1182.

TISCHENDORF, G. (1970): The influence of the country rock of the formation of the paragenesis at Tilkerode, Harz Mts. Prob. Hydrotherm. Ore deposits, 316–321, Stuttgart.

VOIGT, I. (1978): Mikrosondenanalysen von einigen komplexen Mineralen Oberharzer Gangsysteme. Diplomarbeit Universität Göttingen, 57 S. (unveröffentlicht).

VOLLSTÄDT, H. (1981): Einheimische Minerale. 6. Auflage, 400 S., Verlag für Grundstoffindustrie Leipzig.

VOLLSTÄDT, H., J. SIEMROTH & S. WEISS (1991): Mineralfundstellen Ostharz, Sachsen-Anhalt und Lausitz. 128 S., Verlag Chr. Weise München.

VYMAZALOVA, A., A.R. CABRAL, F. LAUFEK, W. LIESSMANN, C. STANLEY & B. LEHMANN (2020): Roterbärite $PbCuBiSe_3$ – a new mineral species from the Roter Bär mine, Harz Mountains, Germany. Mineralogie and Petrology (im Druck).

WALENTA, K. (1968): Antlerit vom Rammelsberg bei Goslar. Der Aufschluss 19 (5), 112–115.

WALLIS, E. (1994): Erzparagenetische und mineralchemische Untersuchung der Selenide im Harz. Diplomarbeit Universität Hamburg (unveröffentlicht).

WALTHER, S. & M. KAPPLER (2014): Bergbau und Geologie des Kupferschiefer im Besucherbergwerk „Lange Wand“ in Ilfeld. Der Aufschluss 65 (4), 181–195.

WELCH, M. D., C.J. STANLEY, J. SPRATT & S.J. MILLS (2018): Rozhdestvenskayaite Ag10Zn2Sb4S13 and argentotetrahedrite Ag6Cu4(Fe2+,Zn)2Sb4S13: two Ag-dominant members of the tetrahedrite group. Eur. J. Mineral. 30, 1163 1172

WERNER, H. (1910): Die Silbererzgänge von St. Andreasberg. Glückauf 46 (29/30) Essen.

WERNER, H. & D. FRAATZ (1910): Samsonit ein manganhaltiges Silbermineral von St. Andreasberg im Harz. Cbl. Miner. Geol, Paläont. 1910 361–336, Stuttgart.

WILKE, A. (1952). Die Erzgänge von St. Andreasberg im Rahmen des Mittelharzer Ganggebietes. Beih. Geol. Jb. 7, 228 S., Hannover.

WILKE, A. (1958): Die Erzgänge von St. Andreasberg. Der Aufschluss 9 (8/9), 193–198.

WITTERN, A. & G. SCHNORRER-KÖHLER (1986): Die Minerale der Glücksrad-Halde bei Oberschulenberg / Harz. Lapis 11 (1), 9–18.

WITTERN, A. (1994): Sekundärmineralien durch Feuersetzen in Oberschulenberg, Bönkhausen, Bleialf und Badenweiler. Der Aufschluss 45 (1), 36–42.

WITTERN, A. (1995): Mineralien finden im Harz. Ein Führer zu 40 Einzelfundstellen.135 S., Verlag Sven von Loga-Verlag Köln.

WITZKE, T. (1999): Mineral-Erstbeschreibungen aus Sachsen-Anhalt. Der Aufschluss, Sonderband zur VFMG Sommertagung in Halle.

WITZKE, T. (2013): Die Mineralien der Manganlagerstätte Schävenholz bei Elbingerode, Harz. Der Aufschluss 64 (2), 69–80.

WREDE, V. (1972): Kleine Erzvorkommen und alter Bergbau in der Umgebung von Goslar am Harz. Der Aufschluss 23 (12), 399–406.

WREDE, V. (1974): Erzmineralien aus den älteren Schichten des Rammelsberges bei Goslar. Der Aufschluss 25 (4), 211–214.

ZERJADTKE, W. (2016): Der Bergbau auf Flussspat im Unterharz – ein Beitrag zur Technikgeschichte. In: H.-J. GRÖNKE (Hrsg.). Zur Industriegeschichte im Südharz. Harz-Forschungen 31, Lukas Verlag Berlin.

ZIMMERMANN, CH. (1834): Das Harzgebirge in besonderer Beziehung auf Natur- und Gewerbskunde geschildert, 206 S., Darmstadt.

ZIMMERMANN, CH. (1837): Die Erzgänge und Eisensteins-Lagerstätten des nordwestlichen hannoverschen Oberharzes. Arch. Miner. Geogn. Bergbau u. Hüttenkde. 10, 27–90 Berlin.

ZINCKEN, J.L.C. & G. ROSE (1828): Über den Nickelglanz am Harze, auf der Grube Fürstin Elisabeth Albertine bei Harzgerode inkl. Nachschrift von G. Rose. Poggendorff's Annalen, S. 165–169.

ZINCKEN, J.L.C. (1825): Der östliche Harz mineralogisch und bergmännisch betrachtet. Braunschweig.

ZINCKEN, J.L.C. (1829): Über das Palladium im Herzogtum Anhalt-Bernburg. Poggendorff's Annalen, 16, S. 491–498.

ZINCKEN, J.L.C. & C. RAMMELSBERG (1849): Beiträge zur Kenntnis von Mineralien des Harzes. Poggendorff's Annalen d. Chemie u. Physik, Band 77.

Literatur zur Allgemeinen und Speziellen Mineralogie

BETECHTIN, A.G. (1977): Lehrbuch der speziellen Mineralogie. 681 S., Verlag für Grundstoffindustrie Leipzig.

CORRENS, C.W. (1968): Einführung in die Mineralogie. 458 S., Springer Verlag Berlin, Heidelberg, New York.

DUTHALER, R. & S. WEISS (2008): Mineralien reinigen, präparieren und aufbewahren. 230 S., C. Weise Verlag München.

EVANS, A.M. (1992): Erzlagerstättenkunde. 356 S., F. Enke Verlag Stuttgart.

HANN, H.P. (2016): Grundlagen und Praxis der Gesteinsbestimmung. 2. Auflage, 352 S., Quelle & Meyer Verlag Wiebelsheim.

HOCHLEITNER, R. (2019): Der Kosmos Mineralienführer. 2. Auflage, 448 S., Franckh-Kosmos Verlags-GmbH Stuttgart.

HOCHLEITNER, R., H. v. PHILIPSBORN & K.L. WEINER (1996): Minerale Bestimmen nach äußeren Kennzeichen. (3. Auflage der Tabellen von H. v. Philipsborn) 390 S., Schweizerbart Stuttgart.

KIPFER, A. (1972). Der Micromounter. 212 S., Ott Verlag Thun.

KORBEL, P. & M. NOVAK (1998): Mineralien Enzyklopädie. 296 S., Dörfler Verlag Eggolsheim.

LÜSCHEN, H. (1979): Die Namen der Steine. Das Mineralreich im Spiegel der Sprache. 2. Auflage, Ott Verlag Thun.

MARKL, G. (2015): Minerale und Gesteine. Mineralogie – Petrologie – Geochemie. 3. Auflage, 610 S., Springer-Spektrum.

MEDENBACH, O. & H. WILK (1977): Zauberwelt der Mineralien. 205 S., Sigloch Edition.

MEDENBACH, O. & C. SUSSIECK-FORNEFELD (1982): Steinbachs Naturführer Mineralien. 287 S., Mosaik Verlag München.

NICKEL, E. (1971–1983): Grundwissen in Mineralogie. Band 1 Einführung (1971), 207 S., Band II Aufbaukursus Kristallographie (1973), 301 S., Band III Aufbaukursus Petrographie (1983), 300 S., Ott Verlag, Thun.

OKRUSCH, M. & S. MATTHES (2013): Mineralogie – Eine Einführung in die spezielle Mineralogie, Petrologie und Lagerstättenkunde. 9. Auflage, 728 S., Springer Verlag Berlin, etc.

PAPE, H. (1977): Leitfaden zur Bestimmung von Erzen und mineralischen Rohstoffen. 206 S., F. Enke Verlag Stuttgart.

POHL, W. L. (2005): Mineralische und Energie-Rohstoffe. 527 S., E. Schweizerbart'sche Verlagsbuchhandlung Stuttgart.

RAMDOHR, P. & H. STRUNZ (1980): Klockmanns Lehrbuch der Mineralogie. 16. Auflage, 876 S., F. Enke Verlag, Stuttgart.

RÖSLER, H.J. (1991): Lehrbuch der Mineralogie. 5. Auflage, 644 S., Deut. Verl. f. Grundstoffe Leipzig.

SCHUMANN, W. (1972): BLV Bestimmungsbuch Steine und Mineralien. 227 S., BLV München.

SCHUSTER, N. (2008): Mineralbestimmung durch einfache chemische und physikalische Methoden. 196 S., C. Weise Verlag München.

STRÜBEL, G. (1977): Mineralogie – Grundlagen und Methoden. 472 S., F. Enke Verlag Stuttgart.

STRUNZ, H. (1978): Mineralogische Tabellen. 7. Auflage, 621 S., Akademische Verlagsgesellschaft Leipzig.

WEISS, S. (2918): Das große Lapis Mineralienverzeichnis. 7. Auflage, 297 S., Weise Verlag München.

Internetquellen

Mineralien-Atlas: Datenbank der Mineralien samt Eigenschaften und deren Fundorte mit zahlreichen Bildern (in deutscher Sprache) **https://www.mineralienatlas.de**

Mindat.org *is the world's largest open database of minerals, rocks, meteorites and the localities they come from.* (in englischer Sprache) https://www.mindat.org/

Steinsalz-Würfel durchkreuzt von Gips-Kristall – Salzbergbau Bleicherode (BB 6 cm)

Mineralienregister

(alte und synonyme Bezeichnungen sowie Varietäten sind kursiv gekennzeichnet)

Orts- und Sachregister

Bildquellennachweis

Die Abkürzungen bedeuten: o = oben, u = unten, l = links, r = rechts

Cabral, Alexandre: 442
Gleichmann, Joachim: 76
Hajek, Walter: 169u, 202, 279, 324, 325u, 330u, 336o, 399o,
Heider, Johannes: 100u, 155, 158o + u, 159, 163, 168o, 177o, 186o + u, 189, 193o, 200u, 211 u, 215u, 216o + u, 218, 229, 231o, 233o + u, 238u, 243u, 333, 344u, 356, 359u, 360o, 361, 362, 363o, 366o, 367, 370, 376, 383, 385, 386o + u, 387, 388o + u, 389o + u, 390, 391, 392o + u, 393, 399u, 410, 413o + u, 415, 426u, 427, 433u, 438o + u, 439o + u, 441, 443, 444o + u, 449, 453
Hintze, Gerd: 30u, 43, 45
Junker, Rolf: 200o
Knappe, Hartmut: 11o
Markworth, Lutz: 72or
Schwieder, Peter: 72ul + ur
Stedingk, Klaus: 14o, 20, 37lu, 49o, 50, 58, 70lu, 77o, 80, 82u, 85,

Alle übrigen Aufnahmen stammen von den Autoren.

Umschlag:

vorne: o.l. Calcit, St. Andreasberg; o.r. Linarit, Obrschulenberg; u. Bergstadt Sankt Andreasberg, von Nordosten gesehen

hinten: o. Tagebau Winterberg bei Bad Grund; u.l. Granat, Spitzenberg; u.r. Olivenit, Oberschulenberg

Herkunftsnachweis der abgebildeten Mineralien

Die Abkürzungen bedeuten: o = oben, u= unten, l = links, r = rechts

Bergwerksmuseum Grube Samson in St. Andreasberg: 141u
Geosammlung der TU Clausthal: 28o, 37ul, 72ol, 144, 161o, 164o, 171, 180, 184o, 195, 197, 198o, 203u, 207u, 238o, 243o, 254o, 257u, 420, 422u, 442
Hajek, Walter: 336o
Heider, Johannes: 100, 155, 158o + u, 159, 163, 168o, 177 o, 186o + u, 189, 193o, 200u, 211 u, 215u, 216o + u, 218, 229, 231o, 233o + u, 238u, 243u, 333, 344u, 356, 359u, 360o, 361, 362, 363o, 366o, 367, 370, 376, 383, 385, 386o + u, 387, 388o + u, 389o + u, 390, 391, 392o + u, 393, 399u, 410, 413o + u, 415, 426u, 427, 433u, 438o + u, 439o + u, 441, 443, 444o + u, 449, 453
Junker, Rolf: 200o
König, Herbert: 150u, 242u, 247u, 254u, 365
Kulzer, Reinhard: 281, 301u, 328
Markworth, Lutz: 202, 399o
Naturhistorisches Museum London: 72u
Steinkamm, Uwe: 37or, 124, 131, 304, 402o, 422o
St. Andreasberger Verein für Geschichte und Altertumskunde e.V.: 33, 250, 220, 237 u, 373, 440, 242 o, 433 o, 435 o

Alle übrigen Stücke stammen aus den Sammlungen der Autoren.